4차 산업혁명
스마트 건설
스마트 시티
스마트 홈

The Fourth Industrial Revolution,
Smart Construction
Smart City
Smart Home

산업의 변화와 혁신에 대한 방향을 제시한 전략서

4차산업혁명,
스마트 건설
스마트 시티
스마트 홈

김선근 지음

THE FOURTH
INDUSTRIAL
REVOLUTION

건설 산업에서 4차 산업혁명의 적용 가능 분야를 사례를 통해서 알아보고, 앞으로의 방향을 제시하고자 한다.
이제 건설 산업도 4차 산업혁명의 요소기술을 활용하여 SMART CONSTRUCTION, SMART CITY,
SMART HOME 분야로 발전시켜 나가야 하겠다.

한솔아카데미
H/A/N/S/O/L/A/C/A/D/E/M/Y

Prologue

4차 산업혁명과
건설 산업

이제 4차 산업혁명은 전문가들만의 연구대상이 아니며 아주 먼 미래의 이야기가 아니다. 4차 산업혁명은 시대의 흐름이고 조류이며 살아 움직이는 유기체이며 지속적으로 성장해 가는 산업이라고 볼 수 있다. 또한 전 방위적으로 적용되지 않는 분야가 없다. 농업, 금융, 유통, 제조, 의료 등 모든 분야에 확산되고 있다. 이러한 때 건설 산업도 현실을 직시하지 못하고 안주해 있으면 다른 산업에 흡수될 수도 있고, 변화에 신속한 대응을 하면 또 다른 기회를 가져올 수도 있다는 양면성이 있다.

지금까지 보수적이라고만 생각했던 건설 산업도 산업혁명 때마다 새로운 도약을 해 왔다. 1차 산업혁명 때에는 증기기관의 발명으로 교통을 중심으로 건설 분야의 급격한 성장을 가져왔고, 2차 산업혁명 때에는 전기 발명으로 인하여 건물이 대형화, 고층화되어 건설 분야 재성장의 기회를 가졌으며, 3차 산업혁명 때에는 인터넷의 발명으로 인하여 건물이 첨단화, 지능화되어 건설 분야의 패러다임 전환기를 맞이하였다. 그리고 현재 4차 산업시대를 맞이하여 건설 산업의 또 다른 혁신을 가져올 때라고 생각한다. 그래서 이 책에서는 4차 산업혁명과 건설 산업을 접목하여 정리하여 보았고, 미력하나마 이것을 계기로 건설 산업이 시대의 흐름에 맞추어 좀 더 성장하길 바라면서 글을 써 본다.

세계경제포럼(WEF)의 설립자인 클라우스 슈바프는 그의 저서 『4차 산업혁명』에서 '이미 준비된 기업가, 재능 있거나 혁신을 추구하는 사람들은 4차 산업혁명으로 승리하겠지만 다른 편에 있는 사람, 특히 뒤처져 있는 사람은 패배하게 될 것이다. 그리고 4차 산업혁명은 현재의 불평등을 더욱더 심화시킬 것'이라고 말하였다.

세계 최대 IT 전시회이며 세계 3대 국제전자제품 박람회 중 하나인 CES(Consumer Electronic Show, 국제전자제품박람회), 스위스 다보스에서 열리는 WEF(World Economic Forum, 세계경제포럼 – 일명 다보스포럼), 아시아 최대 비즈니스 포럼인 WKF(World Knowledge Forum, 세계지식포럼)에서도 4차 산업혁명으로 인하여 초연결(Hyper-Connected) 사회로의 전환이 가속화되고 있다고 말하고 있다.

세상은 굉장히 빠른 속도로 변화되고 있어 빅뱅 파괴가 일어날 것이다. 다시 말해, 창조(bigbang)와 붕괴(disruption)를 동시에 발생시키는 혁신, 즉 기존 제품이나 서비스를 개선하는 데 그치지 않고 자율주행 자동차, 핀테크(Fin Tech) 등 시장을 새롭게 창조하고 기존의 질서를 깨는 혁신이 일어날 것이다. 빅뱅 파괴가 발생하면 동시다발적으로 붕괴와 창조가 일어나 기업과 제품의 수명은 매우 짧아지고 빠른 적응과 혁신이 기업의 생존과 성장에 큰 영향을 미치게 된다.

IT 기술의 발전으로 우리의 산업 분야에 어떠한 기술이나 서비스가 순식간에 나타나 인기를 끌다가 갑자기 사라지는 현상이 일어나고 있다. 실례로 애플의 스마트폰이 나타나면서 무선전화의 절대강자인 노키아는 2년 만에 사라졌다. 하물며 같은 IT 업종인 내비게이션 업계조차도 위협을 받아 블랙박스 업체로 전환하고 있다.

또한 인터넷과 모바일의 만남인 스마트폰을 통해 우리 생활에 혁신을 가져오고 있고, 인터넷과 자동차의 만남은 스마트 카, 즉 자율주행 자동차의 본격적인 등장을 예고하고 있다. 100년 동안 디젤기관차 발명 이후 변하지 않았던 화석연료와 내연기관 자동차는 하드웨어와 소프트웨어의 변화로 모빌리티 혁명을 가져오고 있는 것이다. 전기자동차의 가속화와 자율주행 자동차의 모빌리티 영역의 확장은 산업구조의 개편을 가져와 기존 완성차업체의 위상을 흔들고 부품산업, 정비업, 주유소 등 관련 산업의 위기를 가져올 것이다. 한편으로는 공유 모빌리티 등장, 폐배터리의 활용산업, 전장부품업체의 성장 등 새로운 영역의 성장과 빅뱅 파괴가 일어날 것으로 예측된다. 빅뱅 파괴의 일례로 신기술 제품이 5,000만 명의 사용자를 확보하는 데 걸리는 기간을 보면 전화기 75년, 라디오

38년, 텔레비전 13년, 인터넷 4년, 페이스북 3.5년, 인터넷 게임인 앵그리 버드(ANGRY BIRDS)는 모바일 폰과 SNS 발달로 35일밖에 걸리지 않았던 것과 같이 엄청난 기술의 빅뱅 파괴가 일어나고 있다 (출처 : Citi Digital Strategy Team).

　기업의 평균수명 또한 시간이 갈수록 짧아지고 있다. 1960년대에는 60년, 1980년대에는 35년, 2000년에는 25년, 앞으로 2020년대에는 20년으로 짧아질 것이다. 따라서 기술의 빅뱅 파괴 현상이나 기업의 평균수명이 줄어드는 것에 대해 사전에 준비를 철저히 해야 하겠다(출처 : innosight). 대표적인 예로 전 세계 필름 시장의 절대 강자이면서 전체 시장의 80% 차지하던 코닥은 문을 닫아야만 했다. 이유는 시장을 읽지 못해서가 아니라 시점을 놓쳤기 때문이다. 코닥은 이미 1975년에 세계 최초로 디지털카메라를 발명해 놓고 있었고, 그 신제품을 언제 시장에 내놓을 것인지 고민하면서 아날로그 시장의 판매나 매출이 떨어지지 않아 안심하고 있다가 디지털카메라의 등장으로 인하여 갑자기 매출이 감소하여 2012년도에 파산신고를 하게 되었다. 반면, 필름업계의 2대 강자인 후지필름은 지금은 더욱더 강자가 되어있다. 그 이유는 끊임없는 도전을 해왔기 때문이다. 자기 회사가 가지고 있는 기술 중 강점인 부분을 신시장과 접목하여 디지털카메라, 다기능 복합기, 초음파 진단장치, 화장품(사진보호 약품 이용) 등으로 전환하여 더욱더 성장시켜 나갔고, 원래는 핵심기술이었으나 시대에 뒤떨어지는 제품인 복사기,

사진필름은 과감히 버리는 장기적인 전략을 세워서 변화하였기에 강자로 살아남은 것이다.

앞에서 보는 것과 같이 산업의 변화는 급속하게 변화되어 가고 있고 4차 산업혁명은 우리의 현실 앞에 가까이 다가와 변화와 혁신을 가져올 것이다. 코로나19가 아직 끝나지 않은 상황에서 우크라이나-러시아 전쟁, 미·중 패권전쟁의 가속화 등 대내외적인 악재 속에서도 세계 각국은 생존을 위한 대비책을 강구해야 한다. 또한 이동의 제한을 가져오고 비대면을 통한 새로운 비즈니스 모델이 자리 잡아 가고 있는 흐름 속에서 새로운 세계를 열고 인간의 욕구를 충족시키기 위한 전 방위적인 기술적 혁신이 필요한 것이다.

이 책에서는 우리 앞에 현실로 다가와 있는 4차 산업혁명에 건설 산업이 어떻게 준비하여야 하는가에 대해서 기술하기 위하여, 산업사회가 어떻게 변화해 왔으며, 4차 산업혁명이 무엇인지, 4차 산업혁명 요소기술은 무엇이고, 이러한 요소기술을 활용하여 건설 산업에 어떻게 적용하고 있는지, 마지막으로 4차 산업혁명에 따른 건설 산업이 가야 할 방향인 스마트 건설(Smart Construction), 스마트 시티(Smart City), 스마트 홈(Smart Home)에 대해서 개념부터 적용사례 그리고 추진방향까지 제시하고자 하였다.

공학박사 김선근

Contents

Prologue   4차 산업혁명과 건설 산업 · 004

CHAPTER 01   산업사회의 변화와 건설 산업의 현주소 · 013

CHAPTER 02   4차 산업혁명이란 무엇인가? · 019
- **PART 1**   4차 산업혁명의 정의 · 021
- **PART 2**   4차 산업혁명의 프로세스 · 025
- **PART 3**   4차 산업혁명의 특징 · 029
- **PART 4**   한국의 4차 산업혁명 추진현황 · 041
- **PART 5**   국가별 4차 산업혁명 추진현황 · 049
- **PART 6**   4차 산업혁명의 긍정적 측면과 부정적 측면, 해결방안 · 053

CHAPTER 03   4차 산업혁명 요소기술, 산업 적용사례 · 065
- **PART 1**   사물인터넷(IoT) · 067
- **PART 2**   빅데이터(Big Data) · 087
- **PART 3**   인공지능(AI) · 107
- **PART 4**   드론(Drone) · 131
- **PART 5**   3D 프린터(3D Printer) · 151
- **PART 6**   증강현실(AR), 가상현실(VR), 혼합현실(MR), 메타버스(MetaVerse) · 167
  1. 증강현실(Augmented Reality, AR) · 168
  2. 가상현실(Virtual Reality, VR) · 177

    3. 혼합현실(Mixed Reality, MR) · 188
    4. 메타버스(MetaVerse) · 194
PART 7 자율주행 자동차(Self-driving car) · 205

CHAPTER 04 **4차 산업혁명에 따른 건설 산업의 방향** · 227

 PART 1 스마트 건설 · 233
    1. 스마트 건설 정의 · 234
    2. 스마트 건설 추진배경 · 235
    3. 국가별 스마트 건설 추진사례 · 237
    4. 건설사별 스마트 건설 추진사례 · 244
    5. IT 기술을 활용한 현장관리 적용사례 · 263
    6. IT 기술을 활용한 안전관리 적용사례 · 282
    7. IT 기술을 활용한 상품홍보 적용사례 · 289
    8. 국 · 내외 스마트 건설 사례 · 292

 PART 2 스마트 시티 · 297
    1. 스마트 시티 정의 · 298
    2. 스마트 시티 추진 배경 및 방향 · 301
    3. 스마트 시티 비교 · 304
    4. 스마트 시티 구성요소 · 306
    5. 한국의 스마트 시티 추진방향 · 308
    6. 한국의 스마트 시티 발전방향 · 310
    7. 한국의 도시별 스마트 시티 추진목표 및 추진사례 · 320

8. 국가별 스마트 시티 추진목표 및 추진사례 · 331
9. 스마트 시티 서비스 · 347

PART 3 스마트 홈 · 367
1. 스마트 홈 정의 · 368
2. 디지털 홈 변화 · 371
3. 스마트 홈 추진방향 · 374
4. 국가별 스마트 홈 추진사례 · 377
5. 업체별 스마트 홈 추진사례 · 379
6. IoT 기술을 활용한 스마트 홈 · 389
7. 현재의 스마트 홈 · 395
8. 미래의 스마트 홈 · 425

Epilogue 4차 산업혁명에 대응하기 위한 건설 산업의 준비 · 432

The Fourth Industrial Revolution,
Smart Construction/Smart City/Smart Home

CHAPTER
01

CHAPTER 01

산업사회의 변화와 건설 산업의 현주소

기술의 혁명이란 혁신적인 새로운 기술이 나타나 기존의 기술을 능가하여 세상을 바꾸어 주는 것을 말한다. 고대의 석기시대에서 청동기시대, 철기시대로 전환하여 새로운 문명으로 새로운 강자가 나타나 세상을 변화해 준 것과 같은 것이다. 그럼 근대 이후 산업혁명이 어떻게 일어났고 어떻게 변화되어 왔는지 보면, 1차 산업혁명은 1784년(18세기 말)에 영국에서 증기기관 발명으로 기계화 생산설비를 갖춤으로써 양적 증가를 가져왔고, 2차 산업혁명은 1870년(19세기 말)에 미국에서 에디슨이 전기를 발명함으로써 대량생산의 본격화에 따른 질적 향상을 가져왔다. 또한 3차 산업혁명은 1969년(20세기 말)에 컴퓨터와 디지털 기계를 기반으로 하여 자동화 생산 시스템과 정보화, 첨단화가 본격화됨으로써 소통과 연결이 이루어졌다.

산업혁명의 변화

1, 2차 산업혁명은 100년을 지속해 왔고, 3차 산업혁명은 40년을 지속해 오고 있다. 그럼 4차 산업혁명은 어떻게 진행될 것인가? 4차 산업혁명은 로봇과 인공지능(AI) 등이 이끄는 새로운 미래를 여는 신호탄이 될 뿐만 아니라, 1차 산업혁명에 비해 속도는 10배,

크기는 300배, 파괴력은 3,000배에 달할 것으로 예상된다. 2017년도 세계경제포럼(WEF)에서 2017년도는 4차 산업혁명이 본격적으로 시작하는 원년이 될 것이라고 발표하였다.

그럼 산업혁명에 따른 사회의 변화에 대해서 알아보도록 하겠다. 인간은 끊임없는 혁신을 통해 지난 100년간 8배 잘 살게 되었다. 기술 발전으로 인하여 실업률은 대공황 같은 경제적인 issue가 없는 한 7% 전후 성장하였다. 대신 산업혁명으로 인하여 주당 근무시간의 변화를 가져왔다. 1900년대에는 주당 60시간(하루에 10시간씩 6일), 2차 산업혁명으로 인하여 주당 40시간으로 줄었고, 3차 산업혁명으로 인하여 주당 34시간으로 줄었다. 앞으로 30년 이내에 주당 24시간(하루에 6시간씩 4일)만 일하는 것으로 변화될 것으로 예상이 된다.

그럼 우리나라의 4차 산업혁명의 준비상태를 점검해 보자. 경제협력개발기구(OECD) 38개국을 대상으로 4차 산업혁명 기반기술 이용 가능성 조사에서 한국은 10점 만점에 5.6점으로 전체 평균 5.9점에 못 미치는 점수를 받았다. IT 강국이라고 자부하며 첨단기술에서 경쟁력이 있다고 생각하였는데 우리가 생각하는 것과 현실은 차이가 있는 것 같다. 기반기술은 하루아침에 이루어지지 않는다. 수많은 시행착오를 거치면서 축적의 시간이 쌓이고 더불어 중장기 육성전략이 있어야만 혁신적인 기술이 탄생하고 이러한 것들이 모여서 그것이 4차 산업혁명의 근간이 되는 것이다.

건설 산업도 산업혁명에 따라 비약적으로 발전해 왔다. 1차 산업혁명 때에는 증기기관의 발명으로 인하여 교통을 중심으로 한 건설 분야의 급격한 성장이 있었고, 2차 산업혁명 때에는 전기 발명으로 인하여 건물이 대형화, 고층화되면서 건설 분야 재성장의 기회를 가져왔다. 또한 3차 산업혁명 때에는 인터넷의 확산으로 인하여 건물이 첨단화, 초고층화, 인텔리전트화되면서 건설 분야의 패러다임 전환기를 맞이하였다. 4차 산업혁명 때에도 건설 산업의 또 다른 변화와 혁신을 가져올 것이라고 확신한다.

건설경제에서 조사한 건설 산업에서의 4차 산업혁명 관련 지표를 보면 건설 산업의 4차 산업혁명 관련 기술 수준은 10점 만점 기준으로 했을 때 4.5~5점이고, 건설 산업의 4차 산업혁명 선점을 위한 노력은 10점 만점 기준으로 했을 때 5.5~6점 수준에 머무르고 있다. 또한 건설 산업계의 4차 산업혁명 관련분야 연구개발 투자 계획은 이미 투자하고 있다는 응답이 32%, 1~3년 이내 투자를 시작할 계획인 응답이 32%, 4~10년 내 투자를 시작할 계획이라는 응답이 20%이고, 투자계획이 없다는 응답도 16%로 나타나 있다. 또한 30대 건설사 연구소 및 연구부서 조사결과에 따르면 건설 산업계가 가장 중점적으로 채택해야 할 4차 산업혁명 관련 기술 순위를 보면 사물인터넷(IoT) 20%, 로봇시공 14.7%, 빅데이터 12%, 드론 12%, 미래신소재 12%, VR&AR 10.7%, 3D 프린터 9.3%, 인공지능(AI) 8%, 자율주행 자동차 1.3% 순이다. 투자하고 있거나 투자계획 중인 분야는 사물인터넷(IoT)이 36%로 가장 높았고, 드론 19%, VR&AR 17%, 빅데이터 12%, 3D 프린터 7%, 미래신소재 7%, 로봇 시공 순이었다. 또한 4차 산업혁명의 요소기술이 건설 현장에 광범위하게 적용되는 시점은 2020년부터 시작하여 2022년이라고 전망하고 있다(건설 산업의 4차 산업혁명 관련 지표, 출처 : 건설경제).

앞의 자료에서 보듯이 건설 산업 분야의 4차 산업혁명에 대한 준비는 아직은 부족한 면이 많다. 따라서 건설 산업 분야도 4차 산업혁명에 대해 더욱더 많은 관심을 가지고 준비해야 타산업 분야에 종속되지 않고 지속적으로 발전·성장해 나아갈 것이다.

The Fourth Industrial Revolution.
Smart Construction/Smart City/Smart Home

CHAPTER
02

CHAPTER 02

4차 산업혁명이란 무엇인가?

4차 산업혁명이란 1차 산업혁명의 양적 증가와 2차 산업혁명의 질적 증가, 3차 산업혁명의 서비스가 융·복합하여 지능화된 모든 것이 연결되어 일과 재미가 같이 공존하고 개인만의 독특한 맞춤형 서비스를 제공하는 것이다.

다시 말해 4차 산업혁명은 1, 2, 3차 산업혁명에 비해 고정되어 있는 것이 아니라, 살아 움직이면서 지속적으로 성장해 가는 산업이라고 볼 수 있다. 또한 4차 산업혁명은 진행속도가 기하급수적으로 빠르게 변화한다는 특징이 있다. 4차 산업혁명을 상징하는 표현으로 '쓰리고'를 말한다. 천재 바둑기사를 인공지능(AI)이 맥없이 무너뜨린 '알파고', 실체도 없는 괴물을 찾기 위해 관광지 순위가 바뀌었던 '포켓몬고', 주인 없는 가게에서 물건을 사고파는 '아마존고(amazon go)'이다. 이렇게 우리가 상상하지 못하는 곳에서 나타나서 바로 사라져 버리기도 한다.

4차 산업혁명의 핵심 키워드는 Convergence, 다시 말해 융합이다. 사물과 사물, 서비스와 서비스, 사물과 서비스 등 업종 간, 분야 간 구분 없이 종횡무진 결합하는 것이다. 즉, 융합하는 것이 키워드이다. 4차 산업혁명의 핵심 키워드와 연관관계가 있는 분야는 빅데이터(Big Data)를 비롯하여 공유경제, 3D 프린팅, 바이오 알고리즘, 소프트 웨이브 등과 같은 것들이 그물망처럼 유기적으로 연결되어 있다.

클라우드컴퓨팅, 센서, 빅데이터(Big Data), 고객맞춤형 생산, 인공지능, 공유, 경제, 자율주행 자동차, 스마트시티, 데이터과학, 온디맨드경제(on demand economy)[01], GPS, RFID, 로보틱스(robotics)[02], 사이버물리시스템(Cyber Physical System), 미래분석, 사물인터넷(IoT), 바이오알고리즘, 산업인터넷, 오픈소스, 안드로이드(android), 클라우드서비스, 유비쿼터스컴퓨팅, 머쉰러링, 디지털 프레즌스[03], 워어러블, 메이커운동(Maker Movement)[04], 무어의 법칙(Moore's Law)[05], 소프트 웨이브

01 On demand economy : 수요자가 요구하는 대로 서비스, 물품 등이 온라인 또는 모바일 네트워크를 통하여 제공되는 경제 시스템이다.

02 Robotics : 로봇과 테크닉스(공학)의 합성어로, 로봇에 관한 기술 공학적 연구를 하는 학문으로 센서공학·인공지능의 연구, 마이크로일렉트로닉스 기술의 종합적 학문 분야이다.

03 Digital Presence Management, DPM : 디지털 콘텐츠 관리 통합 플랫폼으로 사진, 소셜콘텐츠 등 다양한 방식의 콘텐츠를 전송하고 관리한다.

04 Maker Movement : 오픈소스 제조업 운동이다. 미국 최대 IT 출판사 오라일리 공동창업자였던 데일 도허티가 만든 말로 그는 메이커 운동이 일어나는 모습을 보고 2005년 DIY 잡지 'MAKE'를 펴냈다. 그는 메이커 운동이 스스로 필요한 것을 만드는 사람들, 『메이커』가 만드는 법을 공유하고 발전시키는 흐름을 통칭하는 말이라고 풀이했다.

05 Moore's Law : 1965년 페어차일드(Fairchild)의 연구원으로 있던 고든 무어(Gordon Moore)가 마이크로 칩의 용량이 18개월마다 2배가 될 것으로 예측하며 만든 법칙이었으나, 1975년 24개월로 수정되었다. 마이크로칩 기술의 발전 속도에 관한 것으로 마이크로 칩에 저장할 수 있는 데이터의 양이 24개월마다 2배씩 증가한다는 법칙이다.

또한 4차 산업혁명을 인더스트리 4.0이라고도 한다. 인터스트리 4.0은 사물 인터넷(Internet of Things, IoT)을 통해 생산기기와 생산품 간의 정보교환이 가능한 제조업의 완전한 자동 생산 체계를 구축하고, 전체 생산과정을 최적화하는 산업정책으로 제4세대 산업생산 시스템이라고도 한다. 증기기관의 발명으로 인한 1차 산업혁명, 전기의 발명으로 인한 2차 산업혁명, IT가 산업에 접목된 3차 산업혁명에 이어, 사이버 물리 시스템(Cyber Physical System, CPS)이 네 번째 산업혁명을 가져올 것이라는 의미에서 붙여진 명칭이다.

인더스트리 4.0의 핵심요소는 첫째, 제조업과 같은 전통 산업에 IT 시스템을 결합하여 생산 시설들을 네트워크화하고 지능형 생산 시스템을 갖춘 스마트 팩토리(Smart Factory)로 진화시켜야 한다. 둘째, 사물, 서비스 간 인터넷의 확산으로 지능형 생산 시스템이 구축됨으로써 기존 제조업의 생산 방식을 스마트 생산 방식으로 전환하여야 한다. 셋째, 스마트 생산 등이 실현되기 위해서는 사물, 서비스 간 인터넷 기반 위에서 상품이 제조될 수 있도록 통제할 수 있는 플랫폼인 사이버 물리 시스템(Cyber Physical System, CPS)이 구축되어야 한다.

PART 2
4차 산업혁명의 프로세스

4차 산업혁명은 일정한 프로세스와 이것을 움직이는 요소기술이 있다. 4차 산업혁명은 I. C. B. M이라는 4 Cycle Process를 가지고 있다.

자료수집(IoT) ▶ 저장(Cloud server) ▶ 분석(Big Data) ▶ 최적화(AI)

여기에서 말하는 **I**는 IoT 센서를 이용하여 자료를 수집하고, **C**는 수집된 자료를 Cloud Server에 저장하고, **B**는 저장된 자료를 Big data로 분석하는 것이다. **M**은 Mobile로 분석된 자료를 Mobile 형태로 서비스를 제공한다는 것이다. 여기서 M을 A로 변경하여 설명하고자 한다.

A는 AI(인공지능)이다. 빅데이터(Big Data)로 분석된 자료를 인공지능(AI)을 이용하여 현실 세계를 최적화하여 우리의 실생활에 유용하게 사용할 수 있도록 서비스를 제공하는 것이다.

예를 들면, 중장비 공급 세계 1위 업체인 캐터필러(Caterpillar)는 중장비에 센서를 부착하여 생산·판매하고, 중장비 센서에서 데이터를 수집하여 I, 클라우드 서버에 저장하고 C, 저장된 데이터로부터 사용 시간대별 장비 상태 및 고장 사례를 분석하여 B, 고장 예측 및 사전에 고객에게 정보 제공하여 중장비를 항상 최적화 상태로 유지하게 함으로써 작업 효율을 높이는 형태로 서비스를 제공하고 있다 M.

더불어서 장비에 부착한 센서를 통해 어느 지역이 장비가 활성화되고 있는지를 확인할 수 있어 유지·보수를 선제적으로 관리할 수 있고, 영업 데이터로도 활용할 수 있다.

비전링크 시스템
| 출처 : Caterpillar |

미국 미시간주에 본사를 둔 다국적 사무 가구 제조회사인 스틸케이스(Steelcase)[06]는 스마트 오피스 트렌드에 맞춰 단순한 가구가 아닌 센서를 내장하여 공간을 최적화하고 업무의 효율을 높이기 위하여 사무실의 테스트 공간에 센서를 부착하여 사용자의 형태와 동선을 시간대별로 파악하고 분석하여, 분석한 자료를 바탕으로 데이터화하여 사무공간의 최적점을 찾아 업무환경을 공간 디자인 한 후 가구 배치하여 소비자들에게 쾌적하고 사용이 편리한 배치 공간을 제공하고 있다.

스마트 오피스 | 출처 : STEEL CASE |

06 Steel case : 1912년 창립한 미국 미시간주 그랜드 라피즈에 있는 다국적 철제 사무가구 제조회사. 현재는 인테리어 자재, 가구, 산업용품을 생산하고 있다. 1914년 The Metal Office Furniture Company 란 회사이름으로 창업, 1954년 스틸케이스로 사명을 변경했다.

4차 산업혁명의 특징은 제품과 서비스가 결합하는 PSS(Product Service System), 온라인과 오프라인이 결합하는 O2O(online to Offline) 서비스, 내가 말하기 전에 알아서 처리해 주고 내 삶을 최적화해 주는 캄테크(Calm-Tech) 기술이다.

PSS는 제품이 서비스와 결합하여 최상의 시너지를 창출하는 현상이다. 즉, PSS는 제품과 서비스가 결합하는 서비타이제이션(Servitization)과 서비스를 상품화하는 프로덕트제이션(Productization) 그리고 기존 서비스와 신규 서비스가 결합하는 것이다.

세계 최대의 인터넷 서점이자 종합 쇼핑몰 업체인 아마존(Amazon)은 물건 구매 시 사용자 구매 패턴을 인식하여 예상 구매 품목을 추천하여 물건구매의 결정을 도와주는 큐레이션 서비스(Curation service)07를 제공해 주거나, 물건구매를 예상하여 예측 배

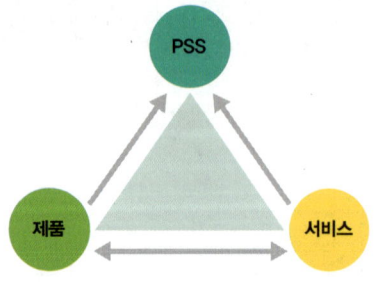

07 Curation service : 정보과잉 시대에 의미 있는 정보를 찾아내 더욱 가치 있게 제시해 주는 것으로 박물관이나 미술관에서 주로 쓰는 용어, 즉 개인의 취향을 분석해 적절한 콘텐츠를 추천해 주는 것으로 마케팅이나 엔터테인먼트 분야에서 활용한다.

송하여 주는 예측배송 서비스, 아마존고 · 무인계산대 · QR code 등을 이용하여 식료품을 구매 후 자동 결제해 주는 자동결제 서비스 등을 제공하고 있다. 또한 미국의 130년 된 산업 장비 공급 세계 1위 업체인 GE(General Electric Company)는 항공기 엔진에 200~300개 센서를 자사 항공 엔진에 부착하여 고장예측진단서비스를 제공하는 것과 같이 단순제조에서 엔진설계 및 성능관리 서비스 회사로 변모하고 있다.

GE 항공기엔진 | 출처 : GE |

또 다른 예로 영국 항공기 제조업체인 롤스로이스(Rolls-Royce)는 항공기, 선박, 헬리콥터 등 롤스로이스에서 생산하는 모든 엔진에 내장돼 있는 센서로 엔진을 가동하는 부품과 시스템 데이터를 수집하고 수집된 정보를 본사에 전송하고, 이 데이터를 본사 엔지니어들이 상시 모니터링하고 분석하여 엔진에 작은 이상이라도 감지되면 그 원인에 대한 조치를 실시간으로 하고 있다. 또한 비행 중에도 원격 조치가 가능하여 항공사는 엔진에 대한 안전성을 보장받고 고장 발생 시 수리 시간을 단축함으로써 운행 지연 시간을 최소화하고 있다.

구독 경제(subscription economy) 또한 PSS 사례로 볼 수 있다. 구독 경제란 신문배달과 같이 고객이 일정한 돈을 내면 제품이나 서비스를 주기적으로 배달하여 주는 서비스를 말한다. 종류로는 서비스 형태에 따라 분류할 수 있는데 첫 번째로, 디지털 콘텐츠 서비스는 무제한 영화를 제공하는 넷플릭스나 전자책 등이 있고 이 서비스의 특징은 제품 전달이 용이하다는 것이다. 두 번째로, 물리적 서비스는 무비 패스(Movie Pass)와 같이 무제한 영화관이라든가 항공사 등이 여기에 해당하고 이 서비스의 특징은 시설 보유 시 유리하지만 비용 예측이 어렵다는 단점이 있다. 세 번째로, 정기 배송 서비스는 면도기나 커피 배송 등과 같이 정기적으로 물건을 배송해 주는 서비스로 가성비가 좋고 편리해야 사용성이 높다는 특징을 가지고 있다. 마지막으로 렌털 서비스는 정기적으로 소모품을 제공한다든지 정기적으로 부품을 교환 해주는 정수기 그리고 그림과 같은 고가품의 서비스 제공하는 분야이다. 이 서비스는 제공자의 Quality가 높아야 한다는 특징을 가지고 있다. 이와 같이 구독경제서비스는 가성비와 가심비를 제공하고 정확한 큐레이션 서비스(Curation Service)를 제공하여야 한다. 그래서 이것을 통해 얻어지는 정보로 새로운 비즈니스 모델을 창출할 수 있다.

대우건설은 부동산 종합 서비스[08] 플랫폼 D.Answer(디앤서)를 론칭하여 고객과 직접소통이 가능한 장을 마련했다. 임차인은 계

---

[08] 부동산 종합 서비스 : 기업이 개발·분양·임대·관리·중개·금융 등 모든 부동산 서비스를 일괄적으로 제공하는 원스톱 서비스를 의미한다.

약현황에서부터 공과금, 입주민 설문, 주거생활 등의 전반을 간편하게 확인할 수 있고, 임대인 역시 공실현황에서 임대료, 임대현황표 등을 한눈에 볼 수 있다. 이외에도 생애주기별 맞춤 주거서비스, 마을공동체 구성 및 관리 서비스를 제공한다.

D.Answer　| 출처 : DAEWOO E&C |

건설회사 또한 건물이나 집만 짓는 것이 아니라 IoT와 빅데이터(Big Data)를 이용하여 거주자의 주거 형태나 생활패턴을 분석하여 입주 후 서비스를 개발하고 제공함으로써 새로운 비즈니스 모델을 창출하고 있다. 단순 시공업이 아닌 엔지니어링 설계, 성능관리, 유지보수 서비스 업체로 변신하고 있다. 예를 들면, 인테리어 공사, 짐 보관 서비스, 욕실 청소 및 케어 서비스, 침대 및 매트리스 청소, 가전청소, 주기적으로 교체되어야 하는 부품(수전, 양변기, 세면대, 전등, 필터 등) 교환 서비스, 부동산 매매 및 전세·월세 계약, 세무 상담 등을 들 수 있다.

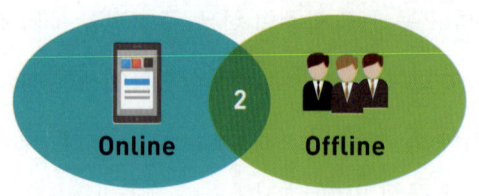

　O2O는 정보 유통 비용이 저렴한 온라인과 실제소비가 일어나는 오프라인의 장점을 결합하여 새로운 서비스를 제공하는 것이다. 이용자가 스마트폰 등의 온라인으로 상품이나 서비스를 주문하면 오프라인으로 이를 제공한다. 정보통신기술과 근거리 통신기술의 발달을 기반으로 성장한 O2O 서비스는 일상생활의 다양한 분야에 침투해 있다. 음식 배달, 택시 예약, 숙박 예약 등이 구체적인 예이다. 국내에서는 특히 다양한 배달음식 주문 서비스가 O2O의 형태로 이루어지고 있으며, '요기요', '부탁해' 등의 음식 배달 앱이 이에 해당한다. 이외에도 카카오 택시나 미국의 우버 택시 등이 있다. 스마트폰 앱을 통해 주문과 결제를 하면 서비스를 제공하는 매장에서 이를 처리하여 오프라인으로 배달 또는 배송해 주는 형태이다. 국내의 O2O 산업은 2016년 기준으로 음식배달 앱 서비스가 12조 원, 퀵·화물 서비스가 10조 원, 택시 서비스가 8조 5,000억 원, 렌터카 서비스가 4조 원 규모의 시장으로 성장 중이다. 뿐만 아니라 위치정보를 기반으로 하여 고객 정보를 파악하여 근거리에 있는 매장으로의 방문이나 구매를 유도하기도 한다. 국내에서는 롯데백화점 앱에서 이러한 마케팅을 활용하고 있는데, 예를 들면 고

객이 자주 찾는 브랜드 매장을 지나가면 관련 정보나 쿠폰을 제공하여 고객을 유도한다. 적용 사례를 보면 국내 카카오택시 서비스의 경우 국내 스마트폰 사용자 가운데 97%가 설치한 카카오톡의 고객 기반에 다음의 지도와 검색 서비스를 결합하여 카카오택시 서비스를 택시기사와 승객에게 모두 제공한다.

미국의 세계적인 커피 체인점이며, 대표적인 오프라인 회사인 스타벅스(Starbucks)는 매장에 가기 전에 미리 online으로 상품을 주문과 결제를 마치고, 매장에 가서는 바로 커피를 들고 나올 수 있는 사이렌 오더 서비스(Siren Order Service)[09]를 한국에서 최초로 시작하였다. 사전에 online으로 주문을 함으로써

Starbucks drive-thru | by s. k |

손님은 주문 대기시간을 줄일 수 있고, 스타벅스는 손님 대기를 위한 불필요한 공간이 필요가 없어 타매장에 비해 경쟁력을 가지고 있다.

스티치 픽스(Stitch Fix)는 오프라인에서 근무하던 1,000명의 코디, 스타일리스트를 온라인으로 고용하여 소비자가 직접 채운 '스

---

[09] Siren Order Service : 커피를 마시러 가기 전 모바일 APP으로 미리 제품을 주문하면, 매장으로 주문내역이 전송되고 매장에 들어서면 줄을 서서 기다릴 필요도 없이 주문한 커피를 받을 수 있는 서비스이다. 2014년 5월 스타벅스 커피 코리아가 최초로 자체 개발한 시스템으로 현재 스타벅스 주문 건 중 약 13%가 사이렌 오더를 통해 들어온다고 한다. O2O(online to Offline) 마케팅의 대표적 사례이다.

타일 프로필'을 기반으로 옷을 주문하면 등록된 옷 중 인공지능(AI)이 1차적으로 옷을 추천해 주고 추천한 옷 중 코디와 스타일리스트들이 고객에게 최적의 옷과 액세서리를 맞춤 추천해서 5 BOX를 오프라인으로 보내 주면 소비자는 패션쇼를 해 보고, 그중 마음에 드는 BOX를 선택하여 결제하는 서비스이다.

한국에서도 2018년 11월에 창업한 스타일 그랩이 있다. 스티치 픽스를 모티브로 한 블록체인 기반으로 AI 스타일링 서비스를 제공하고 있고 인공지능(AI) 알고리즘과 데이터 큐레이션을 통해 소비자의 취향을 분석하고, 패션 전문가의 감성을 더하여 소비자에게 가장 어울리는 스타일링을 제안해 주는 서비스이다.

스타일 프로필 | 출처 : STITCH FIX |

또한 일본 도쿄에 있는 생활 잡화기업인 무지(MUJI)는 온라인과 오프라인 행동 데이터를 분석해 오프라인 매장 방문 수를 증가시키고, 온라인과 오프라인의 접점을 연결시키는 O2O 마케팅 전략을 추진하고 있다. 이는 빅데이터(Big Data)를 활용하여 모든 데이터를 하이큐브(Hi-QUBE)라는 BI(Business Intelligence) 솔루션에 입력하고 그 결과물이 곧바로 반영 웹으로 접속하여 일, 주, 월 단위 실적을 손쉽게 입력 그래프로 표현해 직관적 파악이 가능하게 하여 업무속도 30배 향상, 커뮤니케이션 증대, 분석 자료를 통한 전략수립, 비용절감 등의 효과를 보고 있다.

한 단계 더 나아가서 O4O(online for Offline) 서비스이다. O4O 서비스는 오프라인을 위한 온라인 서비스로 오프라인에서는 직접 체험하는 경험을 주고, 구매는 온라인에서 할 수 있도록 연계한 것이 특징이다. 온라인과 오프라인의 경계가 희미해 온라인 고객 DB를 기반으로 오프라인 매출을 증대시키는 방식의 서비스로 O4O를 활용하면 많은 충성 고객의 확보가 가능하다.

욕실 전문 업체인 아이에스동서는 타일과 위생도기는 소비자가 직접 눈으로 보고 결정하기를 원한다는 소비자의 성향을 파악하고, 매장에서 제품을 직접 보고 그 자리에서 온라인 또는 모바일로 주문을 받을 뿐만 아니라 온라인 판매가격이나 할인 혜택 그대로 적용하여 제품을 구매하고, 제품을 온라인으로 받거나 매장에서 직접 수령도 가능한 O4O 서비스를 제공하고 있다.

미국의 대형 온라인 유통업체인 아마존은 아마존고(amazon go)라는 오프라인 마트를 설립하여 매장에서 물건을 가지고 나오면 아마존닷컴의 계정을 통해 자동으로 상품의 결제가 이루어지도록 하고 있다. 기존의 오프라인 마트에 비해 10% 이내로 종업원은 고용하고, 수익은 10배 이상을 얻는 효과를 거두고 있다.

아마존고 시애틀 매장
| by s. k |

캄테크(Calm-Tech) 기술은 Calm과 Technology의 합성어로 일상 생활 환경에서 센서, 컴퓨터, 네트워크 장비 등 각종 기술을 보이지 않게 내장하고 이를 활용해 사람들이 인지하지 못한 상태에서 여러 서비스를 제공하는 기술이다. 캄테크 기술은 평소에는 그 존재를 드러내지 않고 있다가 사용자에게 필요할 때 나타나 적절한 맞춤 서비스를 제공하여 주고, 사용자에게 최소한의 주의와 관심만 가지게 하는 기술이다. 예를 들면, 평상시에는 꺼져 있다가 사람이 나타나면 켜지는 아파트 현관 센서등이나 공원에서 입장하는 사람의 수와 나오는 사람의 숫자를 자동으로 카운팅해 주는 피플카운팅 센서(people counting sensor)가 대표적인 예이다.

    LG전자 스마트 홈(Smart Home) 에어컨은 사람의 수, 위치, 활동량 등을 감지하고 분석하여 냉방이 필요한 곳에만 냉기를 공급함으로써 에어컨 성능을 극대화하고 에너지를 절감하고 있다. 스마트 홈 에어컨은 인공지능 딥러닝(Deep Learning) 기술인 딥 씽큐(Deep ThinQ) 기반의 스마트 케어 기능이 적용이 되어 사람이 주로 생활하는 공간과 그렇지 않은 공간을 스스로 구분하고 사람의 습관이나 주변 환경 등을 스스로 학습함으로써 새로운 장소에 설치 후 일주일이 지나면 실내 공간 데이터를 확보한다. 이 데이터를 종합하여 사람이 주로 머무르는 공간을 찾아내 사람이 있는 공간에만 집중적으로 작동함으로써 실내 전체에 냉방을 공급할 때보다 최대 20% 에너지 절감이 가능하다.

Smart Home 에어컨 | 출처 : LG 전자 |

    네스트랩(Nest Labs, Inc)은 모바일 기기와 연결되는 스마트 온도 조절 장치로써 실시간으로 집 안 온도를 자율조정 및 원격 조정하여 준다. 설정방법을 보면 사용자는 첫 2주간 수동 또는 무선 인터넷을 통해 원격으로 원하는 실내 온도를 설정하고, 2주간 온도조절기는 사용자가 설정한 온도와 그 환경을 클라우드 서버에 저장한 후 같은 상황이라 판단되면 자동으로 그 상황에 맞는 온도를 설정하여 준다. 시간이 지날수록 사용자의 생활 패턴, 선호 온도 등을 정교하게 파악해 최적화하여 준다.

클리오(CLIO) IoT Smart Switch는 사용자의 사용패턴을 인지하여 조명의 밝기나 냉·난방 온도 설정 등을 자동으로 해 주고 집 안의 거주자 유무에 따라 외출 및 재실모드를 자동 설정하여 에너지 절감을 유도해 준다.

IoT Smart Switch | by s. k |

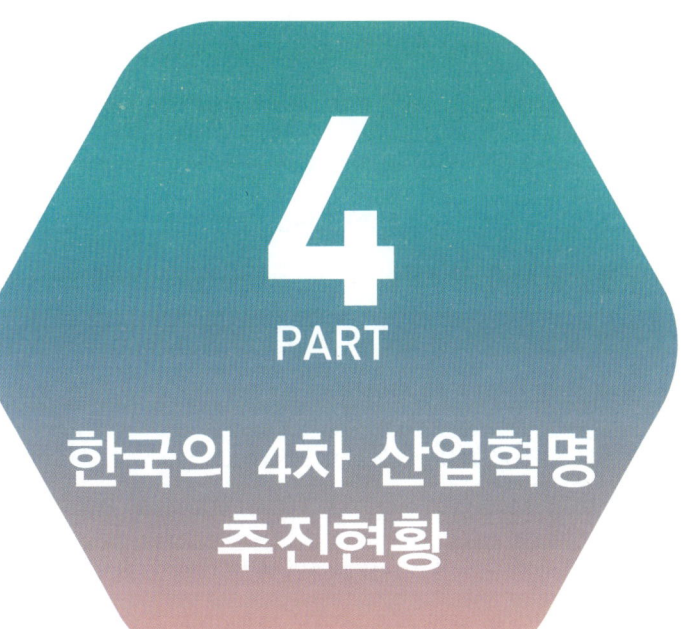

요즘 한국의 사회적 현상을 보면 첫째, 고령화로 인한 노동력 및 숙련공 부족 현상이 심화되고 있다. 21세기 진입하면서 대한민국은 저출산, 고령화, 개인중심의 생활패턴 그리고 근로시간 단축에 따른 근로환경의 대변혁의 시대로 진입하였다. 특히 팬데믹이 종식되지 않은 상황에서 비대면 생활 습관의 고착화, 환경문제의 중요성 등 산업구조의 재편을 가속화 시키고 있다. 2018년부터 우리나라는 고령화 사회에 진입하였으며, 2017년 3,612만 명을 정점으로 생산 가능 인구(Working Age Population)[10]가 감소함으로써 국가 경제 성장을 둔화시키는 요인으로 작용하고 있다. 둘째, 근무환경이 변화되어 가고 있다. 국내 중산층의 성장으로 인하여 생활의 쾌적함, 여가 수요증가 등 삶의 질 향상에 대한 관심과 수요가 증가하고 있는 추세이며, 또한 소득증가로 인하여 경제적 여유가 생기면서 개인과 가족의 행복을 중시하는 경향이 강해지고 웰빙, 건강, 안전 등에 높은 가치를 부여하고 있다. 셋째, 주 52시간 도입으로 근무시간이 줄어듦에 따라 고용해야 하는 근로자의 수도 늘어나게 되면서 원가 상승 요인으로 기업의 경영난 및 경쟁력 약화가 우려되는 상황이다. 또한 해외 사업

---

[10] Working Age Population : 인구학적 관점과 노동력 관점에서 다르게 정의된다. 인구학적 관점에서는 경제활동이 가능한 만 15세부터 64세까지의 인구를 말하며, 노동력 관점에서는 만 15세 이상 인구를 말한다. OECD에서는 인구학적 관점의 정의를 따르고 있으며, 우리나라의 경우 노동력 관점의 정의를 흔히 쓰고 있으나, 통계 목적에 따라서 혼용하여 사용한다. 노동력 관점의 생산 가능 인구를 노동 가능 인구라고 부르기도 하며, 15세 이상일지라도 현역군인, 공익근무요원, 전투경찰 및 의무경찰, 교도소 수감자 등은 제외된다. 노동 가능 인구는 경제활동 인구와 비경제활동 인구로 나누어진다. 경제활동 인구는 다시 취업자와 실업자로 나뉘며, 비경제활동 인구에는 육아, 가사 등을 하는 주부, 심신장애자, 취업준비생 등이 포함된다.

의 경우 현지의 근로관계 법령과 계약조건 및 근무환경 등 해외의 특수성에 대한 고려 없이 국내와 동일한 주 52시간 근무를 적용해야 하기 때문에 해외 수주경쟁력이 약화되고 있고 시간을 맞추기 위해서 인력 충원이 불가피하여 인건비, 간접비 등의 증가가 우려되는 상황이다.

이러한 사회적 현상을 반영한 한국의 4차 산업혁명 핵심정책을 보면 '지능정보기술기반확보'를 중심 플랫폼으로 하고 있다. 주요 추진 전략으로는 '제조혁신3.0'과 대통령직속 '4차 산업혁명위원회'[11]를 중심으로 민간이 혁신을 주도하고 정부는 조력자로 지원하는 방향으로 추진하고 있다. '제조혁신3.0'은 2014년에 발표한 정부핵심 개혁과제로 2020년까지 스마트공장 1만 개 확산할 계획을 핵심과제로 삼고 있다. '4차 산업혁명위원회'는 2017년 2월 4차 산업혁명 대응을 위한 민·관 합동의 컨트롤 타워로서 정부 부처의 관련정책 조율 및 민간의 의견을 수렴하여 국가적 비전과 대응전략을 마련하기 위해 기획재정부를 중심으로 신설하였고 위원회에서는 3가지 추진방향 제시하였다. 첫째, 4차 산업혁명 장애요인을 해결하고 우선순위에 따라 추진과제를 선정한다. 둘째, 경제·사회 시스템을 리모델링하여 추격자에서 벗어나 선도자 전략으로

---

11 4차 산업혁명위원회 : 4차 산업혁명 시대를 맞아 국가 전략과 정책을 점검하고 정부 부처 간 정책을 조정하는 대통령 직속기구로, 2017년 8월 4차 산업혁명위원회 설치 및 운영에 관한 규정이 국무회의에서 의결되면서 출범하였다. 초연결·초지능 기반의 4차 산업혁명 도래에 따른 과학기술 및 데이터 기술 등의 기반을 확보하고, 신산업·신서비스 육성 및 사회 변화 대응에 필요한 주요정책 등에 관한 사항을 효율적으로 심의·조정하기 위하여 설치된 기구이다.

전환하고, 청년 기업이 창의적 아이디어로 자유롭게 창업할 수 있도록 지원하고, R&D 제도 개선, 창의적인 인재 양성을 위한 교육제도 개편, 산업의 스마트화, 플랫폼화를 촉진하여 기업 생산성과 글로벌 경쟁력 강화한다. 셋째, 정부의 역할을 지원과 협력에 중점을 두고, 개방·연결 혁신 플랫폼으로 전환한다. 또한 시장진입을 가로막는 규제를 개선하고 인센티브 지원제도를 개편하여 민간이 선제적이고 적극적인 투자를 할 수 있는 환경을 조성하고, 기술변화에 대응하고, 유연하고 탄력적인 노동시장 구축과 사회안전망을 보완하는 것을 추진과제로 제시하였다.

하지만 우리의 4차 산업혁명 준비는 주요국들과 비교하여 뒤처져 있거나 신흥국들의 추격을 받고 있는 상황이다. 중국이 빠른 속도로 추격하면서 이미 주요 첨단기술 분야에서 우리나라를 앞지르거나 격차를 상당히 좁힌 상황이다. 우리나라 경제·사회 시스템의 유연성이 4차 산업혁명의 변화에 대응하기에 좋다고 말하기에는 부족함이 많이 있다. 스위스 연방은행(Union Bank of Switzerland, UBS)[12]에서 발표한 국가경쟁력 보고서(Global Competitiveness Report)[13]에 의하면

---

[12] UBS : 1854년도에 설립된 스위스 취리히에 본사를 둔 글로벌 금융기업이다. 시가총액으로 볼 때 유럽에서 두 번째로 큰 은행이고, 전 세계 50개국에서 활동하고 있다. UBS는 합병하기 전 기업인 스위스연방은행(Union Bank of Switzerland)의 약자이고, 1998년 스위스 연방은행과 스위스 은행이 합병하여 탄생했다.

[13] Global Competitiveness Report : 세계경제포럼(WEF)에서 발간되는 연간 보고서로서 1979년에 최초로 발간되었다. 이 보고서에서는 시민들에게 높은 수준의 번영을 제공하는 국가의 능력을 평가한다. 결과적으로 국가가 얼마나 효율적으로 유효한 자원을 사용하는지가 중요한 평가 요소가 된다.

한국의 4차 산업혁명 준비 정도는 노동시장 유연성 측면에서는 83위, 법적 보호는 62위, 기술 숙련도 측면에서는 23위, 혁신 수준은 19위, 사회 인프라는 20위이다. 이 자료에서 보듯이 기술 숙련도나 사회 인프라, 혁신 수준은 높은 편이지만 법적 보호나 노동시장 유연성 측면에서는 4차 산업혁명의 준비에 걸림돌이 되고 있다.

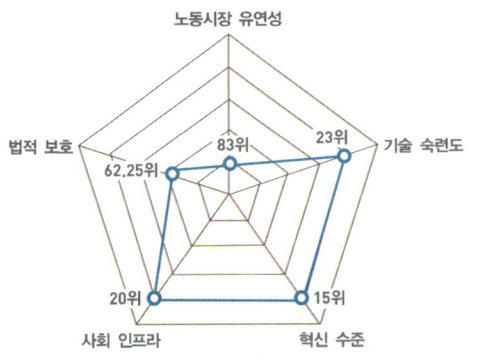

한국의 4차 산업혁명 준비정도 평가결과 | 출처 : UBS |

이러한 문제점에 대응하기 위해서는, 첫째 패러다임 변화에 대한 신속한 대응이 필요하다. 4차 산업혁명은 ICT 기술과 각종 산업분야가 융합하는 모습으로 빠른 속도로 변화하고 있다. 이러한 패러다임의 변화에 대응하지 못하면 기업의 성장 및 글로벌 경쟁력이 약화되겠지만, 반대로 4차 산업혁명이라는 시대적인 변화에 대응하여 혁신을 이루어 낸다면 지속적으로 성장할 수 있는 기회를 확보할 수 있을 것이다. 또한 2019년도 세계경제포럼(World Economic Forum, WEF)에서 발표한 국가 경쟁력 순위를 보면 평가대상 141개국 중 한국은 2018년 15위에서 2019년 13위로 2단계 올라갔고[싱가포르(1) → 미국(2) → 홍콩(3)], 동아시아-태평양 국가 17개국 중에서는 5위 [싱가포르(1) → 홍콩(3) → 일본(6) → 대만(12) → 한국(13)], 경제협력개발기구(OECD) 38개국 중에서는 10위를 기록하였다. 또한 30~50 club[14] 중에서도 일본, 미국, 독일, 영국은 하락하였으나, 프랑스, 이탈리아와 함께 상승하여 7개국 중 5위를 기록하였다.

미국 (↓1)	일본 (↓1)	독일 (↓4)	영국 (↓1)	한국 (↑2)	프랑스 (↑2)	이탈리아 (↑1)
1 → 2	5 → 6	3 → 7	8 → 9	15 → 13	17 → 15	31 → 30

국가경쟁력 순위 – 연도별(2018년 → 2019년) | 출처 : WEF |

부문	기본환경				인적자원	
	제도	인프라	ICT 보급	거시경제 안정성	보건	기술
2018	27	6	1	1	19	27
2019	26	6	1	1	8	27

부문	시장				혁신생태계	
	생산물 시장	노동 시장	금융 시스템	시장 규모	기업 활력	혁신 역량
2018	67	48	19	14	22	8
2019	59	51	18	14	25	6

국가경쟁력 순위 – 부분별(2018년 → 2019년) | 출처 : WEF |

14 30~50 club : 1인당 국민소득 3만 달러 이상, 인구 5,000만 명 이상의 조건을 만족하는 국가를 가리키는 용어로서 2020년 현재 30~50 클럽에 가입된 국가는 일본(1992), 미국(1996), 영국(2004), 독일(2004), 프랑스(2004), 이탈리아(2005), 한국(2019) 등 7개국에 불과하다. 즉, 한 국가가 높은 수준의 국가경쟁력을 갖추기 위해서는 국민경제 규모의 기준이 되는 1인당 국민소득과 함께 적정선의 인구경쟁력도 갖추어야 한다는 의미이다.

부문별 순위를 보면, 총 12개 부문 중에서 5개 부문은 상승, 5개 부문은 유지, 2개 부문은 하락하였다. 이 결과로 보면 강점으로는 '거시경제 안정성' 관리 노력과 적극적인 'ICT 보급', '인프라 확충', '혁신역량 추진' 등에 힘입어 기본 환경과 혁신역량이 매우 우수하고, 약점으로는 '생산물 시장'의 경쟁구조, '노동시장'의 경직성 등이 상대적으로 취약하여 전체 순위를 하락시키는 요인으로 작용하고 있다. 정부는 앞으로도 국가경쟁력 제고를 위해 거시경제의 안정적 관리와 인프라 확충 등을 통해 우수분야에서 경쟁우위를 지속적으로 확보하고, 혁신플랫폼 투자, 신산업 육성 등 혁신성장을 가속화하여 시장의 효율성과 경제 전반의 혁신역량을 지속 제고하여야 하며, 사회적 대타협을 토대로 규제혁신, 노동시장 개혁 등을 지속적으로 추진하여 경제 체질을 개선해 나가야 할 것이다.

국가별 4차 산업혁명 추진현황을 보면 정부 주도로 4차 산업혁명에 대한 핵심정책 및 추진전략을 수립하여 준비하고 있다.

미국의 4차 산업혁명 핵심정책은 클라우드 중심 플랫폼으로 하고 있다. 주요 추진요소로는 국가제조업혁신네트워크(National Network of Manufacturing Innovation, NNMI)[15]와 산업인터넷컨소시엄(Industrial Internet Consortium®, IIC)[16]을 중심으로 한 빅데이터, ICT 혁신 등으로 하고 있다. 미국은 국가제조업혁신네트워크(NNMI)를 구축하고, 민관 컨소시엄 형태의 제조혁신연구소(MII)를 미국 전역에 설립하고 있다. 민관 협력 혁신연구소를 통해 3D 프린팅, 경량화 금속 제조, 클린 에너지 등 제조업 기술 혁신을 지원하고, 생산 단가 절감을 위해 해외로 생산 시설을 이전했던 기업을 다시 미국으로 불러들이는 전략이다.

독일의 4차 산업혁명 핵심정책은 설비·단말 중심 플랫폼으로 하고 있다. 주요 추진요소로는 Industry 4.0, Smart Factory, 표준화

---

15 NNMI(현재, Manufacturing USA) : 산업체, 대학 및 연방 정부 기관 간의 공공·민간 파트너십을 통해 제조 기술을 개발하는 데 초점을 맞춘 미국 연구소 네트워크이다. 현재 네트워크는 14개 기관으로 구성되어 있고, 연구소는 여러 가지 첨단 기술에서 독립적 또는 연대하여 업무를 수행하고 있다.

16 IIC : 산업인터넷 확산을 목적으로 설립된 개방형 회원제 비영리기관으로 산업인터넷 적용사례 발굴을 통한 산업인터넷 성장 촉진을 목표로 AT&T, Cisco, GE, IBM, Intel 등 5개 글로벌 기업 주도로 설립 되었으며, 운영은 미국의 OMG(Object Management Group)에서 담당하고 있다. 기업, 연구기관, 대학, 정부기관 등이 참여하여 2016년 기준 약 260개 회원기관을 확보하고 있다. 운영 목적은 실생활에 적용할 수 있는 새로운 산업 유스 케이스(Use Case) 발굴 및 Test Bed 운영을 통한 혁신 촉진이다.

등으로 하고 있다. Industry 4.0 정책은 독일의 경우 제조업 경쟁력이 세계 최고 수준이지만, 경쟁 심화 등에 대비해 이 정책을 적극적으로 추진하고 있다.

일본의 4차 산업혁명 핵심정책은 로봇 중심 플랫폼으로 하고 있다. 주요 추진요소로는 일본재흥전략 2015(JAPAN is BACK 2015)로 Robot 기술, Society 5.0 등으로 하고 있다. 일본재흥전략 2015는 아베정권 출범 이후, 일본 경제 재건을 목적으로 수립된 전략이다. 아베노믹스로 불리는 경제정책 중 세 번째 성장전략의 구체적인 정책으로서 GDP와 소득 증가 등 경제성장 실현을 기본목표로 제시하고, 대담한 금융정책, 기업과 국민의 자신감 회복을 위한 새로운 성장전략, 경제 활성화를 위한 신속한 자금운용 등을 정책기조로 설정하고 있다. 세부적으로 일본산업 재흥계획, 전략시장창조계획, 국제 활동 전개전략 등을 실천계획으로 수립하고 13대 전략분야를 제시하고 있다(출처 : 한국경제신문).

중국의 4차 산업혁명 핵심정책은 설비·단말중심 플랫폼으로 하고 있다. 주요 추진요소로는 중국제조 2025(Made in china 2025)이다. 중국제조 2025는 중국정부가 발표한 산업고도화 전략으로 과거 중국의 경제성장이 양적인 면에서 제조 강대국이었다면, 앞으로는 혁신역량을 키워 질적인 면에서 제조 강대국이 되고자 하는 전략이고, 중국제조 2025를 통하여 10대 중점 산업분야 집중 육성을 계획하고 있고, 10대 중점산업 분야에는 차세대 정보기술(IT),

하이클래스 디지털 제어공작기기와 로봇, 우주항공시설, 선진적 지하철 및 도시철도설비, 저에너지와 신에너지 자동차, 전력설비, 신재료 등을 포함하고 있다(출처 : 파이낸셜뉴스).

영국의 4차 산업혁명 핵심정책은 컨슈머형(consumer type) 산업에 주력하고 있다. 컨슈머형 산업은 스마트 시티나 스마트 그리드 등 생활·에너지 관련 분야가 중심을 이루고 있다. 제조업에 관해서는 이 산업을 복원하기 위한 국가 이노베이션 정책으로서 '하이 밸류 매뉴팩처링(High value manufacturing, HVM, 고가치 제조)'이 추진되고 있다. 제조업의 제조공정에 초점을 맞추는 독일의 Industry 4.0 전략과는 달리, 차세대 제조업 기반이 되는 기술군을 넓게 포함한 이노베이션을 축으로 하는 전략이다.

PART 6

4차 산업혁명의 긍정적 측면과 부정적 측면, 해결방안

4차 산업혁명은 개인, 기업 그리고 사회적인 측면에서 서로 이해관계자 중심으로 미치는 영향이 긍정적인 측면과 부정적인 측면이 있다. 긍정적인 측면은 더욱더 강화하고 부정적인 측면은 최소화하는 방향으로 대안을 제시해 보도록 하겠다.

이해관계자	긍정적 측면	부정적 측면
개인	• 개인 맞춤형 서비스가 제공되고, 안전 및 편의성이 극대화되는 삶 • 기술 르네상스를 바탕으로 세계 경제의 고성장으로 인한 개인적인 풍요로운 삶	• 사이버 보안, 사생활 개인 정보 침해(감시 시스템, 해킹, 보이싱 피싱 등) • 사회 구조 변화에 따른 일자리 감소
기업	• 고부가 가치 형태의 능동형 업무 환경 제공 • 고속, 멀티, 모듈 형태의 생산성 혁신 및 산업 간 융합을 통하여 새로운 기회 창출이 가능	• 새로운 기술 제시, 적용에 대한 실패 위험 • 신기술, 신공법에 대한 벤치마킹 업체 부재 • 네트워킹, 플랫폼 기술의 난립으로 기기 간 연결 방해
사회	• 기계와 산업이 보다 똑똑해지는 초지능화 사회가 구현 • 국가 및 세계 경제의 신성장 기대	• 판단오류로 인한 피해 발생 • 조작된 정보에 의한 피해 발생 • 빈부격차 및 기술격차 등의 양극화 심화 문제 발생

먼저 긍정적인 측면을 정리하여 보도록 하겠다. 첫째, 개인 맞춤형 제품 및 서비스가 제공될 뿐만 아니라, 안전 및 편의성이 극대화되는 삶이 이루어질 것이다. 둘째, 기술 르네상스를 바탕으로 세계 경제의 고성장이 이루어질 것이다. 셋째, 기업에서는 고부가 가치

형태의 능동형 업무 환경이 제공될 것이다. 넷째, 산업계에서는 고속, 멀티, 모듈 형태의 생산성 혁신 가속을 가져올 것이고 산업 간 융합을 통하여 새로운 기회 창출이 가능하게 될 것이다. 다섯째, 기계와 산업이 보다 똑똑해지는 초지능화 사회가 구현될 것이다. 로봇 어드바이저, 펀트 투자 매니저, 의학 상담 등 인공지능이 사람의 일을 대신하여 정확한 의견을 제시해 줄 것이다. 마지막으로 국가 및 세계 경제의 신성장이 기대될 것이다.

다음은 부정적인 측면을 정리해 보도록 하겠다. 첫째, 사이버 보안, 사생활 개인 정보 침해(감시 시스템, 해킹, 보이스 피싱 등) 문제가 발생될 것이고 이에 따른 문제가 발생할 경우 책임소재 및 법적 분쟁이 심화될 것이다. 둘째, 사회구조의 변화, 즉 로봇이 일자리를 대체함으로써 일자리가 감소하는 문제가 발생될 것이다. 셋째, 새로운 기술 제시, 적용에 대한 실패 위험이 발생할 것이다. 넷째, 신기술, 신공법에 대한 벤치마킹 업체가 없어서 시행차고가 많이 발생할 것이다. 다섯째, 네트워킹, 플랫폼 기술이 난립하여 기기 간 연결 방해가 될 것이다. 여섯째, 판단오류로 인한 피해 발생이 심각할 것이다. 일곱째, 조작된 정보에 의한 피해 발생이 심각한 사회문제로 대두될 것이다. 마지막으로 국가 간, 기업 간, 개인 간 양극화가 더욱더 심화될 수 있을 것이다.

4차 산업혁명의 대표적 부정적인 측면이라고 보는 두 가지 사항에 대해 정리해 보겠다. 첫 번째로 일자리 감소의 문제이다. 세계

경제포럼 2016(WEF 2016)보고서에서 기업 경영자 설문조사를 통해 2020년까지 약 510만 개의 일자리 감소 현상이 나타날 것이며, 주로 사무행정직 및 제조업 중심으로 일자리 감소가 이루어질 것으로 예상을 하였다. 하지만 꼭 일자리가 없어지는 것만은 아니라고 생각한다. AI 기술과 같은 새로운 일거리가 생겨날 것이고, 4차 산업혁명으로 인하여 생겨나는 AI 기술이나 로봇에 의해 생겨나는 일거리보다 없어지는 일거리가 많아진다고 하면, 어렵고 힘들고 위험한 일 그리고 반복적으로 하는 일은 로봇에게 시키고 우리는 현재 주 5일 근무를 주 4일, 주 3일 근무하고 현재의 주 52시간 근무를 주 32시간 이하 줄여서 근무함으로써 해결하면 된다. 4차 산업혁명으로 인하여 인간은 더욱더 창조적인 일, 하고 싶은 일을 하면서 행복해질 수 있는 것이다.

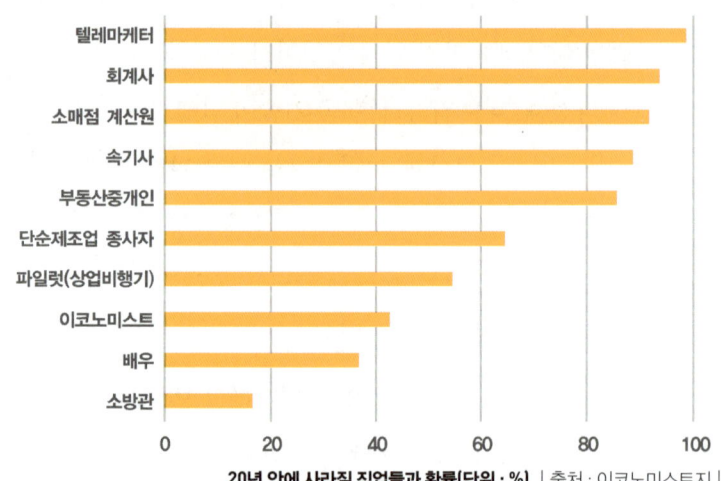

경제, 경영 분야

브레인퀀트, 최고경험 관리자, 세계자원 관리자, 인도전문가, 금융기술전문가, 대안화폐전문가, 창업투자전문가, 오피스 프로듀서, 인재 관리자, 매너 컨설턴트, 개인 브랜드 매니저

의료, 복지 분야

복제 전문가, 유전자 상담사, 기억수술 전문가, 두뇌시뮬레이션 전문가, 치매 치료사, 생체로봇 외과의, 장기 취급 전문가, 임종 설계사

환경, 에너지 분야

탄소 배출 기록 전문가, 탄소 배출권 중개인, 우주 관리인, 에너지 수확 전문가, 미세조류 전문가, 수소연료 전문가, 4세대 핵발전 전문가, 날씨조절 관리자, 종 복원 전문가, 초음속 비행기 기술자

경제, 경영 분야

홀로 그래픽 전문가, 증강현실 전문가, 인공지능 전문가, 양자 컴퓨터 전문가, 정보보호 전문가, 로봇 기술자, 자율주행 자동차 엔지니어, 군사 로봇 전문가

문화, 예술 분야

특수효과 전문가, 나로 캐스터, 나노 섬유 의류 전문가, 캐릭터 MD, 미래 예술가, 디지털 고고학자

생활, 여가 분야

아바타 관계 관리자, 미래 가이드, 결혼 및 동거 강화 전문가, 세계 윤리 관리자, 건강관리 전문가, 배양육 전문가, 식품구매대행자, 단순화 컨설턴트, 우주여행 가이드, 익스트림 스포츠 가이드

2040 UN 미래보고서에 따른 신규직업 | 출처 : UN |

두 번째로는 양극화가 심화되는 문제이다. 글로벌 웰스 보고서에 따르면 세계 0.9% 인구가 전체 부의 43.9%를 차지하듯이 양극화는 더욱더 심화될 것이다. 하지만 새로운 기술을 빨리 받아들이고 개발하는 회사는 더욱더 크게 성장하겠지만, 현재의 부자가 아닌 사람이 지금보다 더 못 살지는 않을 것이다. 미국의 애플이나 아마존이나 구글과 같은 부자기업들을 많이 양성하여 부자기업들에게 더 많이 돈을 벌게 하고 세금을 많이 내게 하면 될 것이다. 세금

을 많이 거두어 복지에 사용한다면 모든 사람들이 보다 더 풍요롭게 잘 살게 될 것이고 이렇게 되면 양극화의 간극은 좁혀질 것이다.

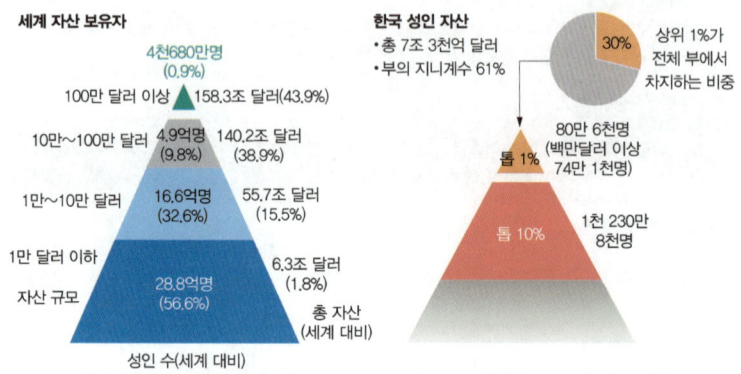

글로벌 웰스 보고서 | 출처 : 크레이트스위스

이러한 긍정적인 측면과 부정적 측면을 고려해서 우리가 나아가야 할 방안으로 첫째, 기술 표준화를 통해 국제적인 지적 재산권을 확보하여 국가 경쟁력을 강화하여야 한다. 둘째, 지식 산업에 대한 투자를 통해 인력구조를 재편성할 필요성이 있다. 즉, IT · SW 전문 인력 양성을 통해 일자리 문제에 대응하고 맞춤형 교육 플랫폼 구축으로 사회변화에 대응하는 역량을 배양해야 한다. 셋째, 정부 차원에서는 법적 · 제도적 대응책 마련과 정부 지원 체계를 강화하여 기업이 스스로 투자를 확대할 수 있도록 유도해야 할 것이다. 마지막으로 윤리 문제에 대한 사회적 대합의가 필요하다. 기술 표준화를 통한 국제적인 지적 재산권을 확보하여 국가 경쟁력을 강화하는 측면에서 보면, 민간·정부 구분 없이 많은 국제표준화기구에 참여하고 활동하여 우리의 기득권을 확보해야 할 것이다. 특히 범정부차원의 조직을 이용하여 추진한다면 더욱더 효과적일 것이다. 그렇게 해서 우리의 기술을 관련 국제표준화기구에 많은 부분을 등재해야 한다. 이제는 과거 선진국들이 독점한 기술표준을 우리가 선점해야 한다고 생각한다. 과거 국제기술표준의 종속에서 벗어나 우리 기술이 많은 분야에서 국제 표준이 될 수 있도록 민간과 정부가 다 같이 노력해야 한다.

지식산업에 대한 투자를 통한 인력구조를 재편성할 필요성의 측면에서 보면, 조직은 살아 있는 생물과 같이 움직여야 살아남을 수 있다고 생각한다. 요즘 대학을 보면 과거에는 토목·건축학과가 활성화되어 있었고 학생 수도 많았는데 요즘 대학 학과 구성을 보면 토목·건축학과를 통합해서 운영하는 대학들이 많이 있다. 이것은 공급과 수요가 맞지 않기 때문에 통폐합하는 것이다. 이처럼 필요한 곳에 자원을 공급해 줄 수 있는 유연한 인력구조를 재편성할 수 있는 시스템을 구축해야 한다. 미국 실리콘밸리 근처의 대학들을 보면 학교에 학생과 교수가 없다고 한다. 모두 기업에서 배우고 있는 것이다. 이러하듯이 인력의 물꼬를 터 줄 수 있는 제도적 장치가 필요하다.

정부 차원에서는 법적·제도적 대응책 마련과 정부 지원 체계 강화 측면에서 보면, 우리나라는 새로운 사업을 추진하는 경우 규제받는 법이 너무 많다. 규제 측면에서 보면 중국보다 못하다는 생각이 든다. 드론(Drone)을 띄우려면 장소제한, 자율주행 자동차를 운행하려면 교통관련법, 3D 프린터를 이용하여 제품을 생산하려면『중소기업 보호법』, 빅데이터(Big Data)를 활용하려면『개인정보 보호법』등 권장보다는 제한적인 법이 더 많은 것 같다. 『중소기업 보호법』때문에 실패한 사례인 LED 산업의 전철을 밟아서는 안 된다고 생각한다. 과거 정부에서 LED를 중소기업 적합품목으로 선정하여 결국은 준비 중이었던 대기업이 참여하지 못하여 현재는 그 시장을 오스람, GE, 필립스 등 세계 대기업이 차지하고 있고, 중국은 그 틈을 타 가격 경쟁력과 기술력을 확보하여 세계시장을 공략하고 있다. 무조건적인 보호보다는 시장 성숙의 첫걸음 단계에서는 오히려 대기업과 중견기업, 중소기업의 적극적인 참여와 협력으로 시장을 키워 나가는 것이 우선인데 진입규제 정책으로 성장의 싹부터 자르는 꼴이 되어서는 안 될 것이다.『개인정보 보호법』에 의해 성장을 막고 있는 사례를 보면, 개인정보와 관련한 법이『개인정보 보호법』,『정보통신망법』,『신용정보법』등의 3개의 법이 있어 다른 나라에 비해 규제의 강도가 너무 높아 빅데이터(Big Data)로서의 활용도가 크게 떨어지고 있다. 거기에 3가지의 법이 담당하는 부처가 행정안전부, 방송통신위원회, 금융위원회 등으로 나누어져 있어 겹겹규제를 받는 꼴로 되어 있다. 여러 부처로 흩어져 있는 3개 법을 일원화하고 독립적인 감독기관을 만든 뒤 규제

완화를 실시해야 한다. 반면, 두바이는 3D 프린팅 기술을 활성화하기 위해 정부의 전폭적인 입법지원, 인프라구축, 금융지원, 인재유치, 그리고 수요 창출이라는 '3D 프린팅 5대 전략 이니셔티브(Initiative)'를 세워 지원하고 있다.

마이크로소프트(MS)는 애리조나주 피닉스시 외곽에 100km^{2}의 스마트 시티(Smart City)를 건설하여 초고속 5G(5th generation mobile communications) 네트워크 신경망과 데이터 센터를 허브로 자율주행 자동차 운행 및 스마트 홈을 건립하고 거대한 3D 프린터를 갖춘 스마트 공장 등 새로운 제조 기술과 물류 시스템으로 도시개념을 바꾸고 있다. 그러한 것은 주정부가 2015년도에 자율주행이 가능한 도로로 승인을 내주는 등 4차 산업혁명 기술에 파격적인 규제완화를 시행하였기 때문에 가능하였다.

애리조나주에 건설되는 스마트 시티 | 출처 : JCT 600 on Flickr |

4차 산업혁명은 일어나는 것이 아니라 시대의 흐름에 따라 시대의 필요성에 의해 만들어지는 것이다. 민간이 아닌 정부주도로 만들어 가야 한다. 이제 누가 먼저 만들어 가느냐가 중요한 때이다.

러시아 경제학자인 콘드라티예프(Nikolai Dmitrievich Kondratiev)는 그의 저서 '장기 순환론'에서 50년 주기설을 주장하였다. 그 내용을 보면 1782년~1845년까지 63년간 증기기술을 바탕으로 영국이 주도해 왔고, 1845~1892년까지 47년간 철도를 중심으로 영국이 주도하였다. 또한 1892~1948년까지 56년간 전기를 중심으로 영국이 주도해 왔다. 이어서 1948~1991년까지 43년간 미국이 자동차를 중심으로 주도해왔고 1991년부터 현재까지 정보통신기술(Information and Communications Technologies, ICT)을 기반으로 미국이 주도해 오고 있다. 정리해보면, 1차 산업혁명은 영국이 주도하여 기계화가 이루어졌고, 2차 산업혁명의 대량 생산화와 3차 산업혁명의 정보화는 미국이 주도하였다. 대한민국은 1, 2차 산업혁명의 시대적 흐름에 동참하지 못하여 뼈아픈 시련을 겪었다. 그래도 3차 산업혁명의 정보화는 대한민국이 동참을 하여 세계적으로 경제적 위상을 드높이고 있는 것이 사실이다. 이제 4차 산업혁명은 이미 시작은 되었지만, 어느 나라도 선점하지 못하고 있다. 이러할 때에 기초체력이 튼튼한 대한민국이 4차 산업혁명의 리더가 될 수 있는 좋은 기회를 맞이하였다. 이 기회를 잘 살려서 대한민국이 4차 산업혁명의 주역이 되어야겠다.

The Fourth Industrial Revolution,
Smart Construction
Smart City
Smart Home

The Fourth Industrial Revolution,
Smart Construction/Smart City/Smart Home

CHAPTER
03

CHAPTER 03

4차 산업혁명 요소기술, 산업 적용사례

4차 산업혁명 요소기술들은 모든 산업분야에 응용되어 혁신적인 제품과 서비스 등이 새롭게 등장함으로써 우리 삶의 변화와 일하는 방식 등의 혁신을 가져오고 있다. 건설 산업도 예외가 될 수는 없다. 건축, 토목, 기계, 전기 그리고 조경 분야와 같은 세부적인 분야 및 건설 운영 분야까지 4차 산업혁명의 핵심요소가 응용이 되어 새로운 건설기술의 혁신과 관리의 혁신이 이루어질 것으로 생각한다. 그림, 4차 산업혁명의 요소기술인 사물인터넷(IoT), 빅데이터(Big Data), 인공지능(AI), 드론(Drone), 3D 프린터(3D printer), 증강현실(AR), 가상현실(VR), 혼합현실(MR), 메타버스(MetaVerse), 자율주행 자동차(Self-driving car)가 무엇이고 각각의 요소기술이 건설 산업에 어떻게 적용되고 활용되는지 알아보도록 하겠다.

4차 산업혁명 요소기술 | by s. k

PART 1

사물인터넷 (IoT)

사물인터넷(Internet of Things, IoT)은 세상에 존재하는 모든 유·무형의 객체들(사람, 사물, 공간, 데이터 등)이 인터넷으로 연결되어 서로 소통하고 작동함으로써 새로운 기능을 제공하는 지능형 인프라 시스템이다.

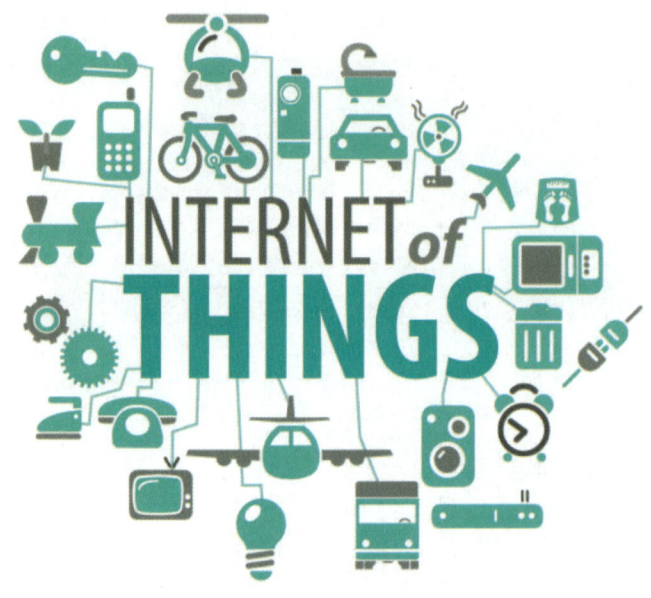

모든 사물에 센서(Sensor)[17]가 부착되어 인터넷으로 연결하여, 사람과 사물이 대화하는 세상을 구

---

[17] Sensor : 온도, 압력, 속도와 같은 물리적인 환경 정보의 변화를 전기적인 신호로 바꿔 주는 장치이다. 접촉식 센서와 비접촉식 센서가 있고, 접촉식 센서는 측정하고자 하는 매개체에 직접적으로 접촉하여 데이터를 측정하고, 비접촉식 센서는 측정하고자 하는 매개체에 에너지양 변화를 발생시키지 않고 측정이 가능하다. 비접촉식은 접근하기 어려운 곳의 측정이 가능하여 건물 외벽의 열 발산량 측정시 건물의 외벽을 타고 올라가서 측정하는 것이 아니고 멀리서 적외선 촬영 등을 통해 측정이 가능하다.

현하는 기술이다. 과거에는 사람과 사람을 연결하여 주었지만, 사물인터넷(IoT)은 사물과 사물을 연결함으로써 엄청난 변화가 일어날 수 있다. 예를 들면, 청소기와 카펫이 연결되면 카펫의 오염 여부에 따라 청소기가 먼지 및 진드기를 제거해 줄 수 있을 것이다. 사물인터넷(IoT)은 있는 것을 효율적으로 잘 사용할 수 있고, 또한 있는 것을 나누어 쓸 수 있어 불필요한 생산을 줄일 수 있고, 자원 낭비에 따른 환경문제는 해결될 수 있는 특징을 가지고 있다. 요즘은 한 단계 더 나가 AIoT(Artificial Intelligence of Things)로 진화하고 있다. AIoT는 정보기술을 기반으로 연결성과 지능성을 확장하고 융합하는 과정에서 만들어지는 사물지능융합기술이다. 즉, 어떤 문제를 해결하거나 목표를 달성하기 위해 데이터를 수집하고 인공지능을 개발하여 사물에 탑재 또는 융합하고 활용하는 데 필요한 기술과 역량 그리고 산업의 총체를 말한다.

사물인터넷(IoT)의 시장 전망은 마켓앤마켓(MarketsandMarkets)의 2027년까지 IoT 기술 시장 전망(IoT Technology Market - Global Forecast to 2027) 보고서에서 발표한 내용을 보면 2021년 3,845억 달러에서 2027년에는 5,664억 달러로, 연간 6.7% 성장을 전망하였고, 5G 통신 기술의 보급, 무선 스마트 센서 및 네트워크 사용자 증가, IP 주소 증가와 향상된 보안 솔루션 등이 시장 성장을 견인할 것으로 분석하고 있다. 또한 산업용 5G 사물인터넷(IIoT) 시장규모는 마켓앤마켓의 '5G Industrial IoT Market by Component-Global Forecast to

2026 보고서'에서 발표한 내용을 보면, 2026년까지 79.1%의 연평균 성장률을 기록하며 고속 성장할 전망을 하고 있고, 2020년 5억 달러의 시장 규모에서, 2026년이 되면 157억 달러로 증가할 것으로 예측하고, 성장 요인으로는 제조업에서 IoT 장치 수와 트래픽 증가 및 높은 신뢰성과 저지연 네트워크 수요 증가, 중요 장비에 대한 예방 유지 보수 필요성 증가 등을 예로 들고 있다.

사물인터넷(IoT)을 구현하기 위한 기술은 첫째, 유무선 통신 및 네트워크 인프라 기술을 말한다. 기존의 WPAN(Wireless Personal Area Network)[18], Wi-Fi, 3G · 4G · LTE, 위성통신 등 인간과 사물, 서비스를 연결하는 기술이다. 사물인터넷은 대용량 고속 전송을 주목적으로 하는 기존 통신과 달리 다량의 저용량 데이터를 안정적으로 전송하는 것이 중요하다. 또한 연결 대상 사물들이 기하급수적으로 증가할 때 다른 통신 데이터들과 충돌이 없어야 하고 송수신에 따른 에너지 소모도 적어야 한다. 둘째는 센싱기술이다. 온도, 습도뿐만 아니라 원격감지, 레이더, 위치, 모션센서 등 주변환경으로부터 정보를 얻을 수 있는 물리적 센서[19]를 포함하는 기술

---

18 WPAN : 10m 이내의 거리에서 무선 서비스를 제공하기 위한 무선 개인 통신망으로 UWB, ZigBee, 블루투스 기술 등이 활용된다.

19 물리적 센서와 소프트웨어적 센서 : 물리적 센서는 온도나 압력, 소리, 가스 등의 변화가 전기적인 값의 변화를 일으키는 소자로 구성된다. 가상 센서(virtual sensor)라 불리는 소프트웨어적 센서는 물리적 센서가 만들어 낸 값들을 결합하여 새로운 값을 만들어 내는 센서를 말한다. 예를 들면, 온도 센서와 습도 센서라는 물리적 센서들의 값을 이용하여 불쾌지수 센서라는 소프트웨어적인 가상의 센서를 만드는 원리이다. 일상생활 속에서 쉽게 접할 수 있는 물리적 센서로는 온도 센서, 습도 센서, 초음파 센서, 압력 센서, 가스 센서, 가속도 센서, 조도 센서 등이 있으며, 맥박이나 혈압, 혈당, 산소포화도 등을 측정하는 바이오 센서 등이 있다.

이다. 셋째는 IoT 서비스 인터페이스 기술이다. 사람, 사물, 서비스를 특정 기능을 수행하는 응용 서비스와 연동하는 역할을 하고 정보를 가공, 추출, 처리, 저장, 판단, 상황인식, 오픈 플랫폼기술, 인터페이스 역할을 수행하는 기술 등이 있다. 마지막으로 데이터 처리기술이다. 데이터 처리기술은 데이터가 클라우드로 넘어가게 되면 소프트웨어가 처리를 담당하고 데이터 처리는 온도를 읽는 것과 같이 간단한 것부터 컴퓨터 비전을 사용하여 물체를 식별하는 것과 같은 복잡한 작업도 수행하게 되는 기술이다.

사물인터넷을 활용하고 있는 다양한 기술들을 보도록 하겠다.

스마트 접시는 접시에 내장된 저울로 무게를 측정하고, 접시에 내장되어 있는 카메라로 사진을 촬영하여 어떤 음식인지 인식하고 과학적으로 분석해 음식의 칼로리 및 무게, 체중 증가량 등을 알려준다.

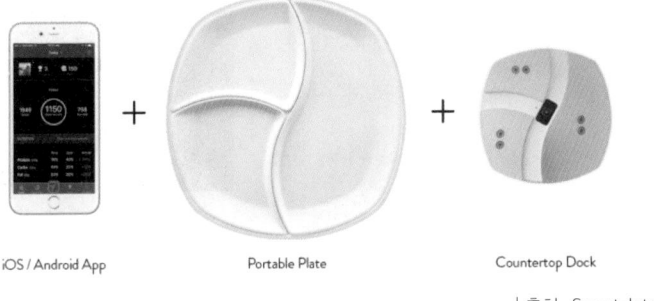

| 출처 : Smartplate |

스마트 우산은 블루투스로 연결해서 분실, 도난 방지뿐만 아니라 우산을 펼친 채로 전화나 문자까지 받을 수 있고, 우산을 놓고 10m 이상 멀어지면 센서에 의해 알람이 울리고, 외출 시 날씨 정보를 알려 준다.

| 출처 : CARROT |

스마트 약통은 사용자의 약 복용 시간을 알려 주고, 사용자가 약을 복용하지 않은 경우에는 빛이나 알람, SMS 등으로 통보해 줌으로써 사용자에게 약 복용을 독려해 준다.

| 출처 : 가시안 |

스마트 쓰레기통은 쓰레기를 버리면 해당 물건의 바코드를 스캔하고 스캔된 목록이 스마트폰과 연동되어 쓰레기가 가득 차면 알려 줄 뿐만 아니라 자동으로 버린 물건도 주문해 준다.

| 출처 : qenican |

스마트 골프웨어는 옷을 입고 있기만 해도 퍼팅이나 스윙 등의 동작을 연습할 때 나의 움직임을 3D로 분석해 올바르지 않은 동작 시, 진동 신호를 보내서 교정해 준다. 팔꿈치의 각도, 머리의 위치 등의 데이터들이 화면에 표시되어 선수의 동작과 본인의 동작 간의 차이를 알려 준다.

| 출처 : ETRI |

스마트 여행 캐리어는 스마트폰의 블루투스, GPS(Global Positioning System, 위성위치확인시스템) 센서, 모터 등과 연동하여 캐리어를 사람이 직접 끌지 않고 소유주와 1~1.5m 간격으로 약 10km/h 속도로 졸졸 따라오고 일정거리 이상 멀어지면 알람을 울려 분실을 예방한다.

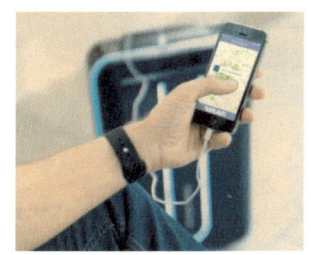

| 출처 : Travelmate Robotics |

스마트 컵은 컵 안의 음료성분 및 온도 등을 알려 주고 정확한 계량을 할 수 있다.

| 출처 : Yankodesign] |

스마트 테니스 센서는 테니스 칠 때 움직임을 분석하여 타구의 방향 및 강도 등을 측정하여 훈련에 도움을 주는 테니스 센서이다.

| 출처 : 소니 |

스마트 커넥티드 자전거는 자전거의 주행속도, 운행거리 및 운행기록 등을 알려 주고 자신의 운동량 등을 파악할 수 있는 커넥티드 자전거이다.

| 출처 : 삼성전자 |

스마트 운동화는 사용자의 운동량을 파악하여 소모된 칼로리, 운동시간, 운동량 등을 알려 주기도 하고, 신발을 신기만 하면 저절로 발에 맞추어 조임을 조절해 주고, 스마트폰으로 조절도 가능하다.

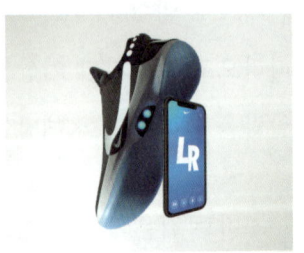

| 출처 : 나이키 |

스마트 무선 혈압 모니터는 실시간으로 혈압을 모니터링할 뿐만 아니라 혈압 측정결과를 기록하여 진단 및 진료에 활용한다.

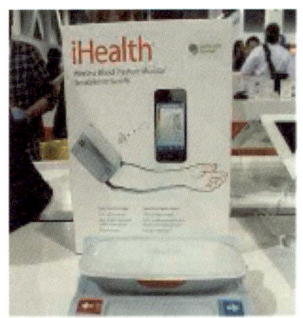

| 출처 : lhealth |

스마트 드론(Drone) 카메라는 손목에 차고 있다가 필요하면 언제 어디서나 사용이 가능하여 셀카를 촬영하는 용도로 많이 사용된다.

| 출처 : nixie |

스마트 체중계는 몸무게, 체지방, 체수분, 근육량, 골격량 및 체질량지수 등을 일간, 주간, 월간, 최고치와 최저치를 알려 준다.

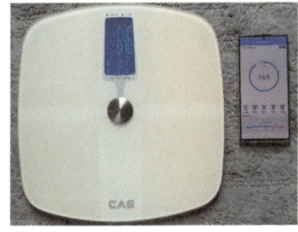

| by s. k |

스마트 벨트는 허리둘레 센서와 가속도 센서를 활용해 사용자의 허리둘레, 걸음 수, 앉은 시간, 과식 여부 등을 감지하여 스마트폰 앱에 전송하고 수신된 정보를 바탕으로 사용자의 생활습관과 건강상태 등을 분석해 이에 따른 맞춤형 서비스를 제공해 준다.

| 출처 : WELT |

스마트 커피 메이커는 사용자의 취향에 맞게 스마트폰 앱을 이용하여 카페인량이나 밀크양, 설탕량 등을 조절해 준다.

| 출처 : 뉴시스 |

스마트 기저귀는 기저귀에 온도와 습도 센서를 부착하여 배변으로 인하여 기저귀를 갈아 주어야 할 상황이 발생 시 스마트폰에 알람해 준다.

| 출처 : P&G |

스마트 안경은 상대방을 쳐다보면 그 사람의 이름 등의 정보를 알려주거나 AR 안경을 쓰고 현실세계와 똑같은 만남을 가상세계에서 실현할 수 있는 기능을 가지고 있다.

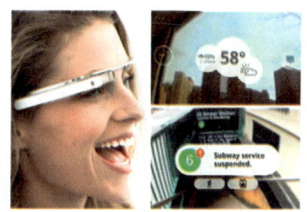

| 출처 : 구글 |

스마트 칫솔은 양치질을 할 때마다 스마트폰 앱에 데이터가 전송되고, 사용자의 양치질을 분석하여 올바른 양치질을 실시간으로 스마트폰 앱을 통해서 도와주는 칫솔이다.

| 출처 : 콜리브리(프) |

스마트 로봇 청소기기는 사용자가 스마트폰을 통해 청소경로와 궤적을 실시간으로 모니터링하여 청소 유무를 확인할 수 있다.

| by s. k |

스마트 라이프 밴드 터치는 개인 건강 증진을 위한 심장박동, 운동량 등을 측정하는 손목 밴드인 웨어러블 헬스케어 기기이다.

| 출처 : 샤오미 |

스마트 라이터는 금연을 유도하여 주고, 언제 피웠는지, 오늘 몇 개 피웠는지, 니코틴 수치는 얼마인지 등을 알려 준다.

| 출처 : Quitbit |

스마트 전구는 사용자가 원하는 색상을 선택하면 동일한 색상의 조명이 전구에서 나오고, 앱에 사용자가 사진을 업로드하면, 그 사진과 동일한 색의 조명 연출이 가능하다.

| 출처 : Philips(네) |

스마트 온수 시스템은 샤워기에서 처음부터 냉수가 아닌 온수를 나오게 해 주는 시스템으로 절수효과뿐만 아니라 삶의 질을 높여 주는 온수 시스템이다.

| 출처 : 진명홈바스 |

스마트 포크는 사용자가 어느 정도의 시간 동안 식사를 하는지, 포크 한 번을 기준으로 하여 얼마만큼의 양을 섭취했는지, 포크 사용 간의 간격은 어떤지 등을 앱으로 알 수 있어 과식을 억제해 준다.

| 출처 : HAPILABS |

스마트 바디 측정 슈트는 일본 최대 패션 쇼핑몰 조조타운의 조조슈트로 입은 순간 신체 사이즈를 측정해 주는 IoT 바디슈트로 15,000개의 정확한 포지션이 인식되고, 신체 데이터가 스마트폰 앱으로 전송되어 사이즈 고민 없이 디자인만 결정하여 옷 구매가 가능하다.

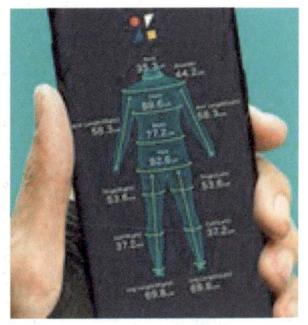

| 출처 : 조조 쇼핑몰 |

스마트 수면 정보기는 침대에 설치되어 있는 수면 추적기로 사용자가 언제 코를 골았는지, 언제 숙면에 빠졌는지 등의 수면 활동을 블루투스를 통해 스마트폰으로 전송해 준다.

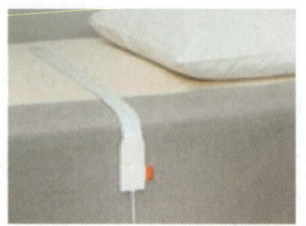
| 출처 : 베딧 |

지금까지 다양한 제품들이 사물인터넷(IoT)과 접목하여 우리의 삶을 보다 편리하고 보다 안전하고 보다 경제적인 이익을 주는 사례들을 보았다. 그럼 통신사별, 제조사별로 사물인터넷(IoT)을 활용하여 어떠한 상품을 만들고 어떠한 서비스를 제공하고 있는지에 대해서 알아보도록 하겠다.

LG유플러스의 맞춤형 피부 관리 시스템은 화장대 앞 매직미러(magic mirror)를 터치하면 특수 카메라가 피부를 촬영하고 피부정보를 알려주고 있다. SKT의 스마트 퍼니처는 주방가구와 화장대 거울에 유무선 인터넷을 장착하여 통화와 검색 등이 가능한 스마트폰과 같은 기능을 가진 가구를 적용하고 있다.

Smart Furniture | 출처 : LG유플러스 |

귀뚜라미보일러의 AST 콘덴싱 보일러는 스마트폰으로 보일러 전원과 온도, 24시간 예약뿐만 아니라 사물인터넷(IoT)을 활용하여 보일러가 스스로 사용자의 사용습관을 분석하고 학습해 각 가정에 최적화된 사용환경 제공 및 문제 발생 시 보일러 스스로 진단하고 신속하게 서비스를 제공하고 있다.

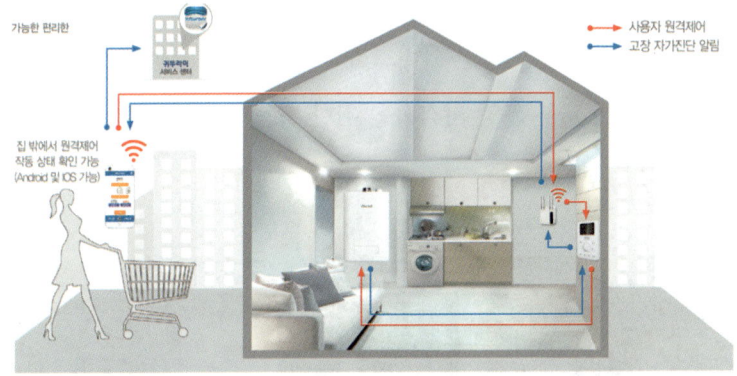

AST 콘덴싱 보일러 | 출처 : 귀뚜라미 |

독일 도르트문트에 본사가 있는 윌로(WILO)의 부스터 펌프(booster pump) 시스템은 휴대폰의 앱을 통해 간편하게 펌프의 상태를 모니터링 및 제어할 뿐만 아리라 사물인터넷(IoT)을 활용하여 펌프의 고장 진단 정보와 운전 데이터를 실시간으로 기록하고 저장하는 데 활용하고 있다.

한국남부발전은 발전소 현장에 3D 관제시스템, 안전시스템, 출입 관제 시스템으로 구축된 위치기반 IoT 시스템으로 작업 인원의 안전한 출입 보장과 행동 분석 등으로 현장의 실시간 위험 사항을 사전 예측하여 안전사고 등을 사전에 예방 역할을 하고 있다.

LG CNS는 스마트 교통 시스템을 개발하여 적용하고 있는데 교통카드를 교통 단말기와 근거리 무선 네트워크를 통해 연결하고, 교통 단말기는 이동 통신망이나 무선랜을 통해 인터넷에 연결하여 수집된 정보로 환승 할인 서비스나 버스 노선도 조정이나 배차 간격 조정 등의 교통 운영 최적화를 위한 지능형 교통 서비스에 활용하고 있다.

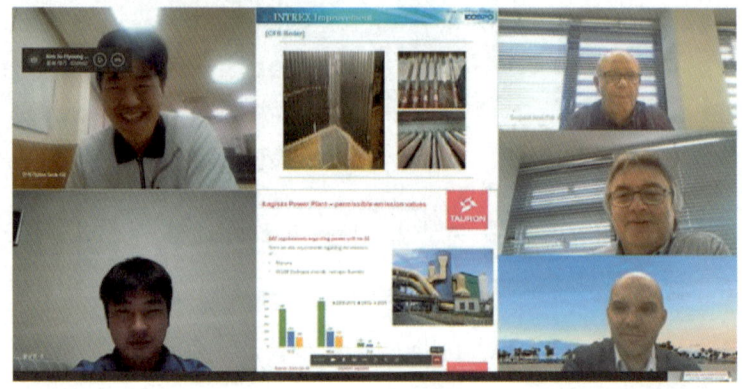

| 출처 : 한국남부발전 |

건설 산업에서의 사물인터넷(IoT) 적용 사례를 보면, 대우건설은 사물인터넷(IoT) 기술을 활용한 스마트 지진감지 경보시스템을 개

스마트 지진 감지 경보시스템 | by s. k |

발 적용하고 있다. 스마트 지진감지 경보시스템은 단지 내 스마트 지진계를 설치하여 지진이 발생할 경우 입주민에게 지진대응 행동 요령을 거실 내 월패드로 POP-UP 되어 알려 주고, HOME NETWORK 에 등록된 휴대폰으로 지진 상황을 전달해 줄 뿐만 아니라 운행 중인 엘리베이터를 1층으로 비상 정지시킨다. 또한 세대 내에서는 가스 누설을 방지하기 위해 가스를 자동으로 차단하고, 각 실의 조명을 자동으로 점등하여 피난을 도울 수 있게 해 주는 시스템이다.

건설 산업에 사물인터넷(IoT)을 적용한 또 다른 사례로 두바이 Dynamic Tower(다이내믹 아키텍처 빌딩, 다 빈치 타워)이다. 다이내믹 타워는 IoT 기술을 적용하여 공장에서 90% 제작 후, 현장에서는 최소 공정으로 운영하려는 계획을 세우고 있다. 여기에 들어가는 주요 사물인터넷(IoT) 기술은 건물 표면 온도변화를 감지하여 다양한 색상 연출이 가능한 온도 변화 자동 감지 시스템, 날씨와 온도를 감지하여 계절에 따라 실내온도를 자동으로 조절하여 주는 자동 냉난방 시스템, 건물의 회전을 음성으로 제어하는 자동 음성인식 시스템, 73개 풍력터빈과 태양전지 패널을 통해 에너지를 생산을 하고 제어하는 자동에너지 생산 제어 시스템 등이 반영되어 있다.

Dynamic Tower | 출처 : 다이내믹 아키텍처 |

사물인터넷(IoT) 부분을 마무리하면서 사물인터넷(IoT)의 문제점 및 해결방안에 대해 알아보도록 하겠다. 사물인터넷(IoT)의 문제점은 해킹에 대한 대비가 아직은 취약하다는 것이다. 스마트폰으로 원격 조정하는 사물인터넷(IoT) 기기가 범죄에 악용될 수 있다. 사물인터넷(IoT) 기기가 뚫리면 절도나 살인 등 연쇄 범죄로 이어질 가능성이 높다. 사물인터넷(IoT) 기술과 시장은 고속성장하고 있지만 이에 따른 해킹 방지나 보안에 대한 안전망은 심각할 정도로 취약한 상태이다. 실례로 아파트 현관에 설치되어 있는 디지털 도어록 시스템이나 홈 네트워크 시스템을 해킹하면 간단하게 출입문을 연다든가 설정해 놓은 보안을 손쉽게 해제할 수도 있다. 이러한 배경으로 스마트폰에 연결된 디지털 도어록을 해킹하여 쉽게 문을 열고, CCTV를 해킹하여 무력화시키면 경찰이 출동해도 범행 근거가 남지 않는 허술함이 있다. 이러한 일을 방지하기 위해서는 사물인터넷(IoT) 기기 업체의 해킹 방지 솔루션 개발 및 사용자가 암호화나 네트워크 접속 인증을 수시로 변경해야 하고 근본적으로 보안에 관련된 시설을 다른 시설과 연동하여 사용하기보다는 단독으로 설정하여 운영하는 것이 매우 중요하다.

빅데이터(Big Data)는 인터넷, 모바일 기기, 센서 등에서 수집된 수많은 양의 데이터 분석을 통하여 새로운 가치를 찾아내는 정보화 기술이다.

빅데이터(Big Data)는 IT 기술에서 출발하였으나 정치, 사회, 문화 등 삶 전체의 이슈 등으로 적용분야가 확대되고 있다. 또한 석유자원이 20세기 산업의 원동력이었다고 하면 미래 산업의 원동력은 데이터이다(Data is new oil, Data is new currency). 따라서 앞으로는 경험에 의한 비즈니스가 아닌 데이터에 의한 비즈니스로 변신하여야 할 것이다.

빅데이터의 시장규모를 보면 한국 IDC(International Data Corporation)[20]의 국내 빅데이터 및 분석 시장 전망, 2021~2025 연구보고서에 따르면 향후 5년간 연평균 성장률 6.9%를 기록하며, 2025년까지 2조

---

20 IDC : IT 및 통신 부문 세계 최고의 시장 분석 및 컨설팅 기관으로 현재 전 세계 110여 개 국가에 1,200명 이상의 시장 분석 전문가를 두고 기술 및 산업, 트렌드에 대한 분석 정보를 제공하고 있다. IDC는 1964년 설립되었으며, 세계적인 테크놀로지 부문의 미디어 및 리서치, 이벤트 그룹인 IDG의 자회사이다. 한국 IDC는 1997년 현지법인으로 설립된 이후 해외 정보 뿐만 아니라 국내 시장 정보조사, 제공하고 있다.

8,353억 원 규모로 성장할 것으로 전망되고, 성장요인으로 다양한 산업군에서 더 많은 데이터를 확보하고, 이를 활용하기 위한 수요가 높아지며, 자체 데이터 플랫폼 구축 및 관련 시스템 도입이 적극적으로 이루어지는 추세이다.

각 국가별, 기업별로 데이터 확보 전략에 나서고 있다. Microsoft는 4억 3,300만 명의 가입자를 보유한 세계 최대의 인맥관리, 구인·구직 서비스 업체인 링크드인을, 262억 달러(약 30조 7,000억 원)에 인적 네트워크 데이터 확보를 위해 인수하였고, Google은 걸음 수와 달린 거리, 소모 칼로리 등 건강정보를 측정하는 스마트 워치 기기 업체인 핏빗을 21억 달러(약 2조 5천억 원)에 건강 데이터 확보를 위해 인수하였다. 이렇게 데이터의 중요성이 부각이 되자 데이터 주권주의라는 새로운 분야가 생겨났는데, 데이터 주권주의란 데이터를 생산한자에게 데이터의 권한을 주는 것을 말한다. 이 의미는 자기가 보유하고 있는 데이터를 판매도 가능하다는 뜻이다. 국가와 개인이 생성한 데이터에도 소유권을 포함하여 언제, 어디서, 어떻게, 어떤 목적으로 사용할 것인지를 결정할 수 있는 권리인 것이다. 데이터 주권주의에 기반을 둔 국가별 정책을 보면 중국은 네트워크 안전법, EU는 개인정보보호 규정인 GDPR(General Data Protection Regulation), 러시아는 러시아 연방법 내 개인정보보호법, 미국은 캘리포니아 소비자권리장전(California Consumer Privacy Act, CCPA)을 만들어서 운영하고 있다.

구분	제도명	주요 내용	시행 시기
중국	네트워크 안전법	• 중국에서 사업하면서 수집한 정보는 중국 서버에 보관 의무화 • 데이터 이전 시 중국 당국 평가 필수	2019년 1월
EU	GDPR	• 개인정보 삭제권 등 개인의 권리 강화 • 해외 이전 정보가 침해될 경우 소송 가능	2018년 5월
러시아	러시아 연방법 내 개인정보보호법	• 러시아 개인정보는 현지 DB에 관리 • DB 위치는 당국에 신고	2015년 9월
미국	소비자 프라이버시 권리장전	• 개인정보 삭제권, 출처·목적 요구권 등 개인의 권리 강화	2020년 1월 (캘리포니아주)

각국의 데이터 주권주의 | 출처 : KIST |

    빅데이터의 정의는 일반적으로 가트너[21] 그룹의 '3V'로 말한다. Volume(데이터 양), Variety(데이터 다양성), Velocity(데이터 속도)로 정의하였으며, 데이터의 다양성은 비정형적 데이터(Unstructured Data)로 불리는 것들, 즉 계량화 및 수치화가 힘든 데이터까지도 포함하는 것이 빅데이터이다. 대표적인 예로는 SNS상에서 오가는 무수한 잡담들, 유튜브 영상이나 음원 파일 등도 빅데이터 분석에 사용될 수 있다. IBM은 여기에 Veracity(정확성)를 더하여 '4V'라 하고 빅데이터 2.0에서는 위의 4가지 요소에 빅데이터 분석을 통해 도출

---

21 Gartner : 미국의 정보 기술 연구 및 자문 회사로 본사는 미국 코네티컷주 스탬퍼드에 위치해 있다. 2001년까지 가트너 그룹으로 불렸다. 가트너의 고객은 정부기관 및 IT 기업, 투자회사 등 다양하다. 1979년에 설립되어 5,700여 명의 종업원이 있으며, 이 중 1,435명이 리서치 애널리스트 및 컨설턴트 인력이다. 가트너는 시장 분석 결과의 시각화 도구로 하이프 사이클 및 매직 쿼드런트를 개발하여 사용하고 있다.

된 결론은 기업이나 조직의 당면한 문제를 해결할 수 있어야 하며 통찰력 있는 유용한 정보를 제공해야 한다는 Value(가치)를 추가하여 '5V'로 표현하고 있다.

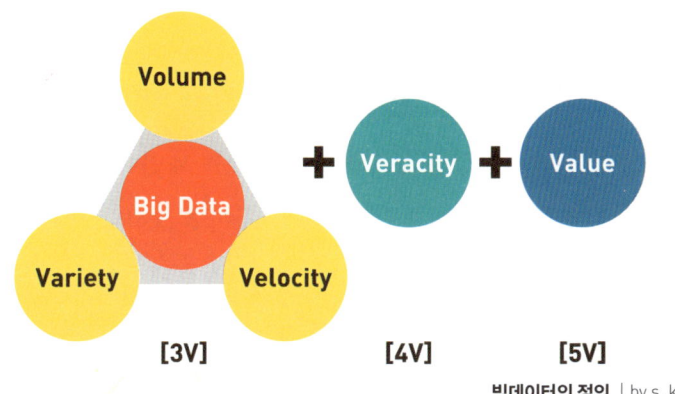

빅데이터의 정의 | by s. k |

구분	기존 데이터	빅데이터
디지털 데이터 용량단위[22]	MB, GM	TB, PB
다양성	정형 데이터 (매출, 재고, 고객데이터와 같이 미리 정해 놓은 형식과 구조에 따라 저장되는 데이터)	비정형 데이터 (동영상, 음악, SNS, 스트림 데이터[23])
속도	수시간~수주	수초, 수분(실시간)

기존 데이터와 빅데이터의 비교

22 디지털 데이터 용량단위 : bit(비트)-B(바이트)-KB(킬로바이트, 10^3byte)-MB(메가바이트, 10^6byte)-GB(기가바이트, 10^9byte)-TB(테라바이트, 10^{12}byte)-PB(페타바이트, 10^{15}byte)-EB(엑사바이트, 10^{18}byte-ZB(제타바이트, 10^{21}byte-YB(요타바이트, 10^{24}byte)

23 Stream Data : 앱에서 데이터값이 시간과 함께 연속성을 지니며 변화하는 비디오, 오디오와 같은 데이터를 의미한다.

기존 데이터와 빅데이터를 비교해 보면 앞의 표와 같이 기존 데이터는 용량단위가 MB나 GB인 반면, 빅데이터(Big Data)는 TB나 PB가 되고 데이터 다양성도 기존 데이터가 정형 데이터인 반면, 빅데이터(Big Data)는 동영상, 음악, 스트림 데이터와 같은 비정형 데이터로 구성되어 있다.

4차 산업혁명의 승부는 얼마나 많은 빅데이터를 확보하여 어떻게 활용하는가로 결정된다. 다가오는 미래는 데이터 기반으로 의사결정이 이루어지고 거래되며 실행될 것이 분명하다. 경험에 의한 비즈니스가 아닌 실시간으로 수집되는 정보에 기반을 두어 기업의 의사결정을 내리는 데이터 기반의 비즈니스가 이루어질 것이다. AI 석학인 스탠퍼드 대학교의 앤드류 응(Andrew Ng) 교수에 따르면 '데이터는 새로운 석유이고 인공지능(AI)은 새로운 전기이다.'라고 말하였다. 데이터는 언제나 중요했다 하지만 과거와 다른 것은 이제 데이터를 통한 의사결정을 시험해 볼 수 있다는 것이다. 더이상 과거 경험을 통해 경영할 필요가 없다. 이제는 데이터를 테스트한 결과로 의사결정을 내릴 수 있고 실시간으로 할 수 있다. 빅데이터를 잘 활용하면 시장에서 소비자들이 원하는 제품을 더 빨리 만들어 공개할 수 있다. 또한 운영비를 크게 줄일 수 있는 장점이 있다. 더불어 요즘은 『개인정보 보호법』 및 개인적인 사생활 보호로 인하여 데이터를 수집하기가 어려워졌다. 따라서 내부 정보를 잘 관리하고 활용하는 것이 매우 중요해졌다.

리오르 조레프 TED 강연 | 출처 : 세바시 |

　빅데이터(Big Data)의 기본은 집단지성이라고 생각한다. 이러한 생각을 잘 나타내 준 사례가 리오르 조레프(이스라엘 출신 컴퓨터공학자, 전 MS 부사장)의 지식강연 테드(TDE)에서 잘 나타나 있다. 강연에서 리오르 조레프는 청중 500명을 대상으로 무대에 소를 끌고 와서, 소의 무게를 맞추는 게임을 하였다. 청중들은 소의 무게를 100kg부터 3ton까지 다양한 의견을 제시하였지만, 그 중 한 명도 소의 무게를 정확하게 맞추지 못하였다. 그런데 청중들이 각각 적어 놓은 전체 소의 무게의 평균을 내 보니, 소의 실제 무게인 814kg하고, 청중들의 적어 놓은 평균 소의 무게 813kg와 겨우 1kg밖에 차이가 나지 않는다는 놀라운 사실을 알았다. 이것이 빅데이터(Big Data)의 힘이라고 단적으로 표현할 수 있는 좋은 사례라고 볼 수 있다.

　빅데이터(Big Data)를 활용한 분야를 보면 고객관계관리 시스템을 구축하여 고객유치 및 이탈 방지와 같은 마케팅 분야에 활용하기도 하고, 독감 환자 수와 유행지역을 예측하는 질병 관리 서비스 분야, 자동번역 시스템 구축 분야, 증권시장 동향 및 주가 예측 시스템 구축 분야, 유권자의 각종 정보를 수집하고 분석하여 선거결과를 예측하는 분야 등에 다양하게 활용하고 있다.

그럼 빅데이터(Big Data)를 기업에서는 어떻게 활용하고 있는지에 대해서 알아보도록 하겠다. 빅데이터(Big Data)가 사람들에게 가장 유용하게 사용할 수 있는 분야가 자동번역 시스템이라고 본다. 구글의 자동번역 시스템은 통계적 기계 번역 시스템으로 컴퓨터에게 문법을 가르치지 않고, 사람들이 이미 번역한 수억 개의 문서의 패턴을 분석한 빅데이터(Big Data)를 딥러닝(Deep Learning)을 통해 언어 간 번역 규칙을 스스로 발견하여 번역해 주는 시스템으로 웹페이지에 번역되어 있는 빅데이터가 많으면 많을수록 번역의 Quality가 높아지는 특징을 가지고 있다.

교통사고 위험예측 분야를 보면, 과학기술정보통신부와 한국교통방송(TBN)이 함께 빅데이터(Big Data) 기반으로 교통사고 위험예측 서비스를 개발하였다. 이 시스템은 교통량, 기상, 인구, 차량 통계 등 다양한 데이터를 수집하고 분석하여, 그 결과를 토대로 교통사고 위험 시간대나 위험지역, 사고 위험지수 등을 예측하는 데 활용되고 있다.

경찰청에서 치안정책을 수립하는 데도 빅데이터(Big Data)를 활용하고 있다. 치안 데이터와 지역 환경 등의 공공 데이터를 인공지능(AI)으로 분석해, 지역별 맞춤형 치안정책 수립과 선제적 현장 활동 지원을 하고, 경찰 전용 데이터 댐을 구축해 경찰 업무에 필요한

AI기반 지역 맞춤형 치안정책 수립 | 출처 : 경찰청 |

치안·공공·민간데이터를 한곳에 모아 통합 관리하고, 빅데이터(Big Data) 활용을 위한 인공지능(AI) 분석 도구를 제공함으로써 경찰청 빅데이터(Big Data) 플랫폼에 수집된 데이터를 활용해 경찰 업무를 첨단화하는 데 활용되고 있다.

주요 농산물 가격 및 수요 예측하는 데도 빅데이터(Big Data)를 활용하고 있다. 팜에어(FarmAIR, 서울 마포소재)는 빅데이터(Big Data)와 인공지능(AI)을 활용해 국내 농산물 가격을 품목별로 표준화하고 이 과정을 통해 축적된 정보를 바탕으로 향후 주요 농산물의 가격 흐름을 전망해 기업, 농민, 소비자 등에게 제공해 주고 있다. 팜에어(FarmAIR)·한경한국농산물가격지수(Korea Agricultural Product Price Index, KAPI)는 농산물 가격 분석·예측 전문기업 팜에어(FarmAIR)가 작성하고, 한국경제신문이 발표하는 국내 최초의 빅데이터(Big Data)·인공지능(AI) 기반 농산물 가격 지수이다. KAPI는 국내 농산물 거래량, 도·소매시장의 거래대금, 공급기간 등을 감안한 상위

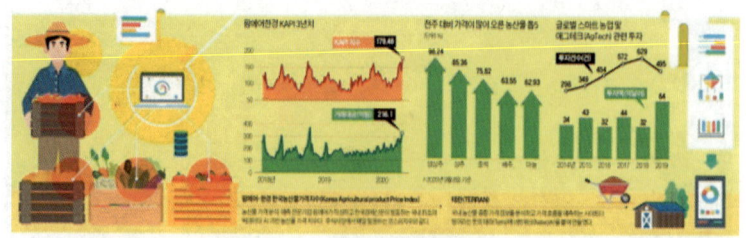

AI기반 농산물가격예측 시스템 | 출처 : 한국경제신문

22개 품목을 선정하고 이들 가격을 1kg 단위로 표준화하여 종합가격지수로 산출하는 방식을 취하고 있다.

인사 & 채용분야에서의 빅데이터 활용 사례를 보면 사람인(대한민국 대표 리크루팅 플랫폼)에서는 구직자의 취업을 위한 인공지능(AI) 빅데이터 분석을 활용한 서비스를 제공하고 있는데 구직자가 쉽고 객관적으로 자신의 역량과 강점을 파악하고, 다른 지원자와의 비교·분석을 통해 전략적으로 취업을 준비할 수 있도록 지원 역할을 하고 있다. 또한 타지원자들의 학력, 경력 등의 정보를 제공해 면접 시 면접관에게 강조 부분 코칭해 주는 부분도 있다.

반도체 공장 생산 품질 예측 | 출처 : 삼성전자

반도체 공장에서 생산 품질 예측하는 데도 빅데이터(Big Data)를 사용하고 있는데 반도체 생산 챔버(chamber) 안의 온도, 압력, 농도, 습도, 진공도 등의 생산 환경에 따라 제품의 생산품질 수준을 예측하게

된다. 반도체 생산 Process에서 사용되는 데이터 수집을 통해, 다양한 환경 분석 후(Graph 분석, Defect 분석, Map 분석 등) 분석 결과를 바탕으로 설비를 컨트롤하여 품질을 향상시키는 데 활용되고 있다.

의료분야에서 빅데이터 활용하는 사례를 보면, 스위스 제네바에 본부가 있는 세계보건기구(World Health Organization, WHO)는 유행병의 발생을 예측하고, 그 영향을 최소화하기 위한 예방책을 강구하는 데 활용하고 있다. 여기에서 사용되고 있는 코로나 현황 대시보드는 최근 유행하는 코로나의 발생을 예측하고, 그 영향을 최소화하기 위해 어떤 예방책을 강구할지를 결정하는 데 도움을 주는 자료로, 각 지역별 코로나 현황과 지역별 통계 비교 그림을 통해 의료계의 좋은 정보로 제공하고 있다.

코로나 현황 대시보드 | 출처 : WHO |

대안 신용 평가하는 분야에도 빅데이터(Big Data)를 활용하고 있는데 싱가포르에 본사를 둔 글로벌 핀테크(Fin Tech) 업체인 렌도(Lenddo)는 대안 신용평가 알고리즘을 개발하여 고객들이 사용하는 단어의 빈도, 연락하는 사람 등에 대한 정보 등 약 260억 개의 데이터를 머신러닝을 통해 300개의 카테고리로 묶고, 하루 평균 통화량 등 모든 모바일 관련 행동을 세분화해서 평판 점수인 렌도 스코어를 통해 고객의 금융 신용도를 평가하고 있다. 렌도 스코어는 이미 축적된 데이터의 양과 데이터들 간의 연관성 분석을 통한 정교화된 평가 모델을 기반으로 하여 뛰어난 예측력 및 신뢰성이 보장되고 있는데, 이 또한 빅데이터(Big Data)를 잘 활용한 사례로 볼 수 있다.

자동차 판매 전략을 수립하는 데도 빅데이터(Big Data)를 활용하고 있다. 기아자동차는 내부의 데이터뿐만 아니라 통계청의 공공데이터와 외부의 유동 · 주거 인구, 상권정보, 공시지가, 교통 트래픽 등의 다양한 데이터 등을 종합 분석하여 판매 전략을 수립하고 있다. 빅데이터(Big Data)를 활용하여 지역별 · 차종별 판매 잠재력 측정 모델 개발을 통해 판매량을 예측하고 이를 성과 관리에 활용하고 있다.

스페인에 본사를 둔 자라(Zara)는 매일 데이터를 분석하여 새로운 디자인의 옷을 출시하고 있다. 자라의 모든 옷에는 RFID 태그를 붙여서, 이 태그로 고객들이 탈의실에서 가장 많이 입어 본 옷은 무엇인지, 가장 많이 팔린 옷은 무엇인지, 반응이 나쁜 옷은 무엇인지 분석하여 영업이 종료되면, RFID 태그 정보를 바탕으로, 디자이너는 많이 팔린 옷의 디자인과 원단, 무늬, 색상 등을 참고하여 '잘 팔릴 것 같은' 새 옷을 디자인한다. 즉, 고객 데이터에 기반을 두고 새로운 옷의 디자인이 정해지기 때문에, 새 옷을 출시하면 시장에서 외면당하는 경우가 적어서 1년에 세일을 딱 2번만 하고도 재고 관리가 효율적으로 이루어진다.

빅데이터(Big Data)는 포도주 미래 가격을 예측하는 분야에도 활용되고 있는데 빈티지(Vintage)마다 강수량, 날씨, 수확기의 강우량 등 생산 환경 데이터를 기반으로 해서 생산하자마자 10년, 20년 후의 미래 가격 예측하는 데 활용하고 있다. 와인 품질에 영향을 미치는 품질성분을 예측하고, 예측된 성분을 바탕으로 품질기준을 예측하는 데 빅데이터를 활용하고 있다.

포도주 미래 가격 예측 | by s. k |

개인이 선호하는 영화를 맞춤형으로 제공하는 데 빅데이터(Big Data)를 활용하고 있다. 미디어 콘텐츠 유통기업인 넷플릭스(NETFLIX)는 이용자의 영화 대여 목록에 기초해서 새로운 영화를 추천해주는 빅데이터 기반 시네매치 시스템(CINE-MATCH system)을 개발하여 이용자들에게 영화 추천을 하여 주는데 넷플릭스(NETFLIX)의 빅데이터 경영은 경쟁기업인 블록버스터를 파산에 이르게 한 동기로 평가하고 있다.

개인이 선호하는 음악을 맞춤형으로 제공하는 데 빅데이터(Big Data)를 활용하고 있다. 스웨덴 음원 서비스 기업 스포티파이(Spotify)는 빅데이터 분석을 통해 사용자의 현재 위치와 기분, 시간대에 맞춰 좋아할 것 같은 음악을 맞춤 제공하고 있다. 스포티파이 R&D 연구소는 협업 필터링 추천 시스템을 연구하여 서비스에 활용하는데 '협업 필터링 추천 시스템'은 사용자, 아이템(장르, 아티스트 프로필 등), 사용자의 피드백(평점, 리뷰, 좋아요), 데이터를 기반으로 사용자에게 유사한 음악을 추천해 주는 시스템이다.

아마존(amazon)은 고객에게 상품 추천 및 상품 가격을 최적화하는 데 빅데이터(Big Data)를 활용하고 있다. 먼저, 빅데이터가 예측한 추천 상품을 고객이 아마존에서 쇼핑하는 동안 배너 형태로 지속적으로 노출시켜 구매를 유도하고, 경쟁 업체들의 가격, 주문 내역, 예상 이익률, 웹 사이트에서의 활동 등 방대한 데이터를 수집해 가격을 10분마다 최적화하여 관리함으로써 매년 25%의 고수익을 창출하고 있다.

　영화 배급사에서는 관객 수 예측하는 데 빅데이터(Big Data)를 활용하고 있다. 우리나라 대표적인 영화배급사인 쇼박스(Showbox)는 기존에 관련 팀원의 의견에 의해 관객수 및 흥행 여부를 예측하였는데 현재는 첫 주말 관객수를 알면 그 영화의 평생관객수를 예측 가능하듯이 과거 흥행 데이터로 예측하여 마케팅 강도를 결정하는 데 활용하고 있다.

　고객 취향에 맞는 맞춤형 콘텐츠를 제공하는 데도 빅데이터(Big Data)를 활용하고 있는데 스페인의 마드리드를 연고로 한 축구 구단인 레알 마드리드(Real Madrid)는 MS 애저(Azure) 플랫폼으로 4억 5,000만 글로벌 팬들의 웹 사이트 방문 기록, 온라인 숍에서 구매하는 물품 품목, SNS에서의 반응 및 성향 등을 실시간 데이터로 분석해서 고객 취향에 맞는 콘텐츠를 제공함으로써 팬들의 만족도

고객 취향에 맞는 맞춤형 콘텐츠 제공 | 출처 : Real Madrid |

와 충성도를 높이고, 구단의 매출과 수익을 향상시키는 데 활용하고 있다.

개인이 선호하는 동영상을 맞춤형으로 제공하는 데 빅데이터(Big Data)를 활용하고 있다. 하루 40억 회 이상 동영상이 검색되는 유튜브(YouTube)는 이용자가 자신이 선호하는 동영상 채널을 구성할 수 있는 개별 홈페이지를 제공하고, 개인별로 동영상 이용 데이터가 축적되면 이를 SNS 정보, 인적 네트워크 정보와 연계하여 다양한 개인 맞춤형 서비스를 제공하는 데 활용하고 있다.

스타벅스(Starbucks)는 신규 매장을 개설하기 전에 빅데이터(Big Data)를 기반으로 상권을 철저히 분석하여 입점을 결정한다. 인근 스타벅스의 위치나, 교통 패턴, 지역 인구 통계 등의 다양한 데이터를 수집하고, 수집한 데이터를 분석하여 최상의 입점 위치를 선정하는 데 빅데이터를 활용하고 있다. 더불어서 빅데이터를 활용해 고객에게 최상의 경험을 제공하기 위해 자체 개발한 앱을 통해 소비자들의 정보를 수집하고, 수집한 정보를 바탕으로, 개별 고객의 커피 취향부터 방문 예상 시간까지 예측하는 데 활용하고 있다.

시애틀 스타벅스 1호점 | by s. k |

음식점에서 배달시간을 예측하는 데도 빅데이터(Big Data)를 활용하고 있다. 미국 실리콘밸리에 소재하고 있는 미국의 배달의 민족인 도어대시(Doordash)는 적시적소에 음식을 최상의 상태로 배달하기 위해 빅데이터를 활용하고 있다. 해당 레스토랑의 실적, 평균적인 음식 준비 시간, 현재 교통 상황, 배달할 자동차의 종류, 주차장 현황 등의 최소 15가지 이상의 데이터를 분석하여 배달기사가 레스토랑에 방문하는 시간을 최적으로 계산하여 배달 도착시간을 예측할 수 있어 소비자, 배달기사, 레스토랑 주인에게 더 많은 가치를 제공하고 있다.

건설 산업 분야에서의 빅데이터(Big Data) 활용분아를 보면 건설현장에서 다양한 정보를 수집하고 축척한 후 축척된 정보를 인공지능(AI)으로 분석하여 다른 건설현장의 위험 예측 및 공사기간 등을 예측하는 데 활용할 수 있고, 또한 다양한 빅데이터를 수집하여 고객맞춤형 건물 및 주택을 공급하고, 공급한 건물 및 주택을 바탕으로 빅데이터를 분석하여 새로운 비즈니스 모델을 창출하는 데 활용할 수 있다.

대우건설은 '원격검침 시스템의 빅데이터(Big Data)를 활용하여 기계·전기 분야의 최적 설계 시스템'을 구축하여 공사 원가를 절감하는 데 활용하고 있다. 원격검침 시스템의 빅데이터를 활용한 기계·전기 분야의 최적 설계 시스템 구축하는 사례를 보면 실제 운영되고 있는 단지 및 세대를 대상으로 사용자 소비 패턴, 지역 특성(온도, 습도 등), 운영방법 등을 반영하여 연간 유틸리티(전기, 급수, 급탕, 가스 등)의 소비 데이터를 확보한 후 조사·분석을 통해 공동주택단지의 최적 설계 사양을 도출하고, 도출한 결과물을 실제 운영되고 있는 단지 및 세대에 적용하여 검증하는 방법을 취하였다. 그 결과 적정 설계 용량 산정이 가능하고, 건물 신축 시 공사 원가를 절감하는 효과로 나타났다(출처 : 원격검침 시스템의 빅데이터를 활용

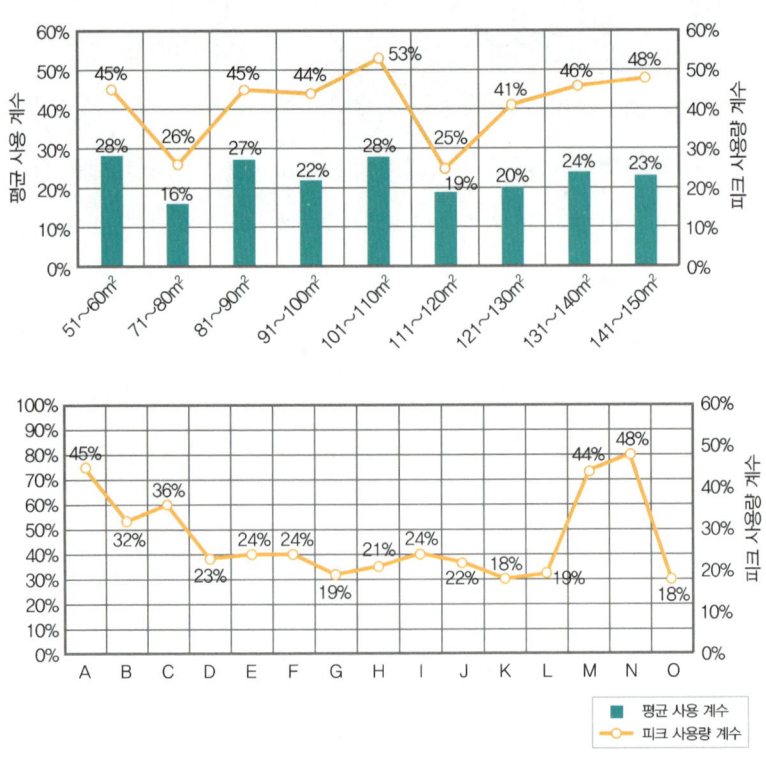

빅데이터를 활용한 최적설계 | by s. k |

빅데이터를 활용한 안전관리 | 출처 : 현대건설 |

한 공동주택단지의 최적설계 용량 산정에 관한연구, 한국조명·전기설비학회 논문지 제33권 제4호, 2019년).

현대건설은 빅데이터(Big Data)를 활용하여 건설현장의 과거 위험요인을 분석해 당일 시공현장의 위험도를 낮음·보통·위험·매우 위험 등으로 알려 준다. 과거 10년 동안 재해에 영향을 미친 사건·사고 데이터를 수집하고, 신규 작업 투입 전에 과거 사고사례를 불러와 유사 재해 케이스를 분석하여 사전 재해 예방 활동에 활용하고 있다.

건설시장의 불확실성, 신규 공급 단지의 축소 등으로 인하여 DT(Digital Transformation)를 통하여 신사업 진출 추진하는 데도 빅데이터(Big Data)를 활용하고 있다. 예를 들어, 축적된 빅데이터를 활용하면 세대 서비스, 단지 서비스를 제안하거나, IT와 에너지가 결합된 에너지 솔루션 제안 사업으로 확장이 가능하다.

세대 서비스	단지 서비스	에너지 솔루션

• 유상 서비스
  − 하자보증기간 이후
    전문 상담 제공
  − 구독 경제(교환 물품 등) 제공
  − IoT Package 상품 제공
• 주택 보증 서비스 제공
	• 전기차 충전 연동
	• 주차 관제 솔루션
	• 통신 보안 패트롤 장비
	• 단지 시설 점검 및
	  업그레이드 제안
		• Semi Smart City
		• IT + 에너지 기반
		  제안 사업

건설 산업에서 빅데이터를 활용한 신규사업 | by s. k |

빅데이터(Big Data)를 잘 활용하기 위해서는, 첫째 데이터를 통합 관리할 수 있는 시스템 구축이 필요하다. 처음 수주하여 사업을 시작하는 사업 분야부터 설계, 시공, 사후관리 등 다양한 분야로 나누어져 있는 데이터를 통합하여 관리할 수 있는 통합관리시스템이 필요하다. 둘째로는 수치화할 수 있는 정량적인 데이터뿐만 아니라 도면, 사진, 회의록, 녹화된 자료 등 비정량적인 데이터까지도 자료화하여 방대한 데이터를 확보할 수 있는 플랫폼이 필요하다. 마지막으로 데이터를 관리하는 전문적인 인력이 필요하다. 기술적인 문제는 기술자가 처리해야 한다는 고정관념을 버리고 데이터를 관리·처리하는 데이터 사이언스티스트(Data Scientist)를 양성해야 한다. 2015년도 기준으로 시장 수요대비 빅데이터 개발인력 공급률은 39.2%에 그치고 있다. 정부는 대학의 정보통신기술 연구센터와 빅데이터 아카데미 등을 중심으로 연구개발 역량을 갖춘 고급 인재를 키워 나가야 할 것이다.

인공지능(Artificial Intelligence, AI)은 사용자가 컴퓨터, 스마트폰 등의 기기에 작업을 지시할 때 인간이 사용하는 언어로 명령을 내리면 기기가 스스로 알아들을 뿐만 아니라 맥락까지 파악하여 반응하도록 하는 것을 말한다.

인공지능(AI)은 인구증가와 같은 효과를 가져올 것이다. 갈수록 생산가능 인구의 감소로 인하여 전체 생산량이 감소할 수밖에 없다. 시스템적으로 개선할 경우 생산성은 20~30%로 증가할 수 있다. 하지만 인공지능을 활용할 경우 2배 이상 생산량을 늘릴 수 있어 기본적으로 인구감소 현상을 해결할 수 있다. 인공지능은 도구에 불과하다. 도구를 잘 사용하는 사람과 잘 사용하지 못하는 사람은 개개인의 삶의 질이 달라질 수밖에 없다.

인공지능(AI)의 글로벌 시장규모를 IDC(International Data Corporation), 2021년 '세계 인공지능 시장 전망 예측' 보고서에 의해서 보면, 2021년 소프트웨어, 하드웨어 및 서비스를 포함한 인공지능 시장의 전 세계 매출은 전년 대비 16.4% 증가한 3,275억 달러(약 368조 원)이고, 2024년까지 시장 전망은 연평균 성장률(CAGR)이 17.5%까지 성장하고, 총 매출은 5,543억 달러(약 622조 원)에 달할 것이라고 예측하고 있다. 더불어 국내 인공지능 시장규모는 IDC(International Data Corporation), 2021년 '국내 인공지능 시장 전망 예측' 보고서에 따르면 국내 인공지능(AI) 시장은 해마다 급속도로 성장해서 2020년 8,070억 원에서 2025년에는 260% 성장한 1조 9,070억 원으로 크게 성장할 것으로 전망하고 있다.

국내 인공지능 시장전망 | 출처 : IDC(2021) |

그럼, 인공지능의 이론적인 측면을 알아보도록 하겠다. 먼저 인간과 인공지능을 비교해 보면 다음 표와 같이 데이터 처리방법이나 학습방법에 차이가 있다.

구분	인간	인공지능(AI)
데이터	Small Data(고양이와 개를 구별하는 데 20 Picture면 충분)	Big Data(고양이와 개를 구별하는 데 1만 Picture 이상 필요)
학습 방법	• 화학반응과 전기신호 • 신체와 정신이 결합하여 학습하고 인지 • 당연한 상식을 앎 • 신경 가소성(Neuroplasticity)[24]으로 새로운 회로를 지속적으로 생성 및 수행	• 수학연산(딥 러닝) • 정신으로만 숙지하고 인지 • 상식을 모름 • 데이터에 의해서만 수행

인간과 인공지능(AI) 비교

인공지능(AI) 분야는 자연언어 처리(natural language processing) 분야, 전문가 시스템(expert system) 분야, 이론증명(theorem proving) 분야로 나누어져 있다. 자연언어 처리 분야에서는 이미 자동번역과 같은 시스템을 실용화하고 있고, 특히 연구가 더 진행되면 사람이 컴퓨터와 대화하며 정보를 교환할 수 있게 되므로 컴퓨터 사용에 혁신적인 변화가 오게 될 것이다. 전문가 시스템 분야에서는 컴퓨터가 현재 인간이 하는 여러 가지 전문적인 작업들(의사의 진단, 광물의 매장량 평가, 화합물의 구조 추정, 손해 배상 보험료의 판정 등)을 대신할

---

[24] Neuroplasticity : 인간의 두뇌가 경험에 의해 변화되는 능력을 말하며, 인간의 뇌는 신경세포(뉴런)와 신경교 세포가 연결되어 구성되어 있고, 학습은 신경세포 연결 길이의 변화와 연결의 추가 또는 제거 그리고 새로운 신경세포의 형성을 통해 일어날 수 있도록 구성되어 있다. 인간의 뇌는 경험에 대한 반응으로 자기 스스로를 재설계할 수 있는 능력을 가지도록 진화되고 있는 현상을 말한다.

수 있도록 하는 것이다. 이론증명 분야에서는 수학적인 정리를 이미 알려진 사실로부터 논리적으로 추론하여 증명하는 과정으로서 인공지능의 여러 분야에서 사용되는 필수적인 기술이며, 그 자체로도 많은 가치를 지니고 있다.

또한 인공지능(AI)을 단계에 따른 분류를 하면 4단계로 구분할 수 있다. 1단계는 단순히 제어하는 단계, 2단계는 탐색 · 추론하는 단계, 3단계는 규칙 · 지식을 확장하는 단계, 마지막 4단계는 입력 데이터의 특징을 파악하는 단계로 구분할 수 있다.

인공지능(AI)의 교육방법인 딥러닝(Deep Learning)[25]은 큰 틀에서 사람의 사고방식을 컴퓨터에 가르치는 머신러닝(Machine Learning, 기계학습)[26]의 한 분야이다. 컴퓨터가 인간처럼 판단하고 학습할 수 있도록 하고, 이를 통해 사물이나 데이터를 군집화하거나 분류하는 데 사용하는 기술이다. 다시 말해, 많은 데이터를 컴퓨터에 입력하고 비슷한 것끼리 분류하도록 하는 기술로 컴퓨터는 사진만으

---

25 Deep Learning : 컴퓨터가 여러 데이터를 이용해 마치 사람처럼 스스로 학습할 수 있게 하기 위해 인공 신경망(Artificial Neural Network, ANN)을 기반으로 구축한 기계학습 기술이다. 딥러닝(Deep Learning)은 인간의 두뇌가 수많은 데이터 속에서 패턴을 발견한 뒤 사물을 구분하는 정보처리 방식을 모방해 컴퓨터가 사물을 분별하도록 기계를 학습시킨다. 딥러닝(Deep Learning) 기술을 적용하면 사람이 모든 판단 기준을 정해 주지 않아도 컴퓨터가 스스로 인지, 추론, 판단 할 수 있게 된다. 음성, 이미지 인식과 사진 분석 등에 광범위하게 활용된다.

26 Machine Learning : 인간의 학습 능력과 같은 기능을 컴퓨터에서 실현하고자 하는 기술이다. 머신 러닝 또는 기계 학습은 컴퓨터 과학 중 인공지능(AI)의 한 분야로, 패턴인식과 컴퓨터 학습 이론의 연구로부터 진화한 분야이다. 머신 러닝은 경험적 데이터를 기반으로 학습을 하고 예측을 수행하고 스스로의 성능을 향상시키는 시스템과 이를 위한 알고리즘을 연구하고 구축하는 기술이라 할 수 있다. 머신 러닝의 알고리즘들은 엄격하게 정해진 정적인 프로그램 명령들을 수행하는 것이라기보다, 입력 데이터를 기반으로 예측이나 결정을 이끌어 내기 위해 특정한 모델을 구축하는 방식을 취한다.

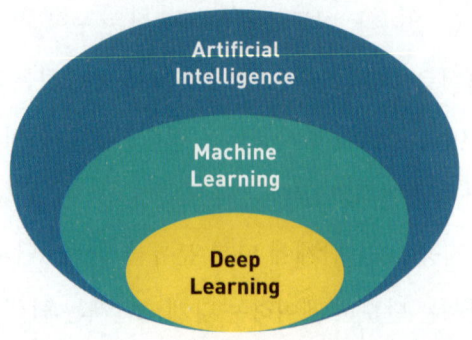

Artificial Intelligence | by s. k |

로 개와 고양이를 구분하지 못하지만, 사람은 아주 쉽게 구분할 수 있는 것과 같은 기술이다. 머신러닝은 축적된 데이터를 토대로 상관관계와 특성을 찾아내고 여기에 나타난 패턴을 통해 결론을 내리는 기술이다. 반면, 딥러닝(Deep Learning)은 축적된 데이터를 분석만 하지 않고 이 데이터를 통해 학습까지 하여 최적의 결론을 내리는 방법이다.

인공지능(AI)이 성공하기 위한 핵심 3대 조건은 인재, 데이터, 시장이다. 먼저, 인재 측면에서 보면 인공지능의 승패는 인재 전쟁에 달려 있다. 전 세계 AI 핵심인재는 2만 2천 명이고(by Element AI, 2017), 전 세계 AI 인재는 30만 명인데 기업에 20만 명, 대학에 10만 명이 있다(by Tencent, 2017). 그중 미국기업이 50% 이상의 AI 인재를 확보(by Element AI)하고 있고, 한국은 전 세계의 약 1%의 AI 인력을 보유하고 있는 실정이다(AI 핵심인재 168명, AI인재 500명 - by Element AI). 두 번째로 풍부하고 다양한 데이터가 필요하고 마지막으로 이

것을 수용해 줄 수 있는 시장이 뒷받침하여 주어야 안공지능이 성공할 수 있다.

또한 인공지능의 성공 핵심 요소기술로 Algorithm Power, Computing Power, Big Data Power가 있다. 먼저 Algorithm Power는 문제풀이 방법론, 기계학습 도구, 딥러닝 네트워크구조, 훈련된 가중치가 있고, 두 번째로 Computing Power는 강력한 병렬 및 분산처리, Edge Computing[27], Cloud Computing 등의 요소기술이다. 마지막으로 Big Data Power의 요소기술로는 센서 기술, IoT, 인터넷을 통한 대량 데이터 수집, 저장 , 관리 능력 등이 있다.

국가별 인공지능(AI) 전략을 보면, 먼저 한국은 'IT 강국을 넘어 AI 강국으로'를 비전으로, 2030년까지 디지털 경쟁력 세계 3위, 인공지능을 통한 지능화 경제효과 최대 455조 원 창출, 삶의 질 세계 10위 달성을 목표(현 30위)로 하고 있다. 이를 위하여 대통령 직속 4차 산업혁명위원회를 AI의 범국가 위원회로 역할을 재정립하고 있다.

중국은 차세대 AI 발전계획추진실 설립하여, 민관협업 AI플랫폼 사업을 총괄하게 하고, 인공지능을 통한 제조대국에서 제조 강국으로 변신을 꾀하겠다는 전략을 가지고 추진하고 있다.

일본은 인공지능(AI) 기술전략회의를 설립하여 민관과 협업할 수 있는 체계를 구축하고 있고, 로봇 산업과 인공지능 산업을 결합

---

27 Edge Computing : 다양한 단말 기기에서 발생하는 데이터를 클라우드와 같은 중앙 집중식 데이터 센터로 보내지 않고 데이터가 발생한 현장 혹은 근거리에서 실시간 처리하는 방식으로 데이터 흐름 가속화를 지원하는 컴퓨팅 방식이다.

한 전략을 가지고 추진하고 있다.

　미국은 부처 간 협업을 위한 국가과학기술위원회 산하 인공지능 특별위원회(Select Committee on Artificial Intelligence)를 설립하여 인공지능(AI)분야 R&D, 규제개혁, 인재양성 등 6대 분야 지원방안을 수립하여 연방 정부의 인공지능 정책을 조율하고 정부주도가 아닌 시장주도의 인공지능(AI) 산업 전략을 가지고 추진하고 있다.

　다음은 인공지능(AI)으로 인하여 대체 확률 높은 직업과 낮은 직업에 대해서 알아보도록 하겠다.

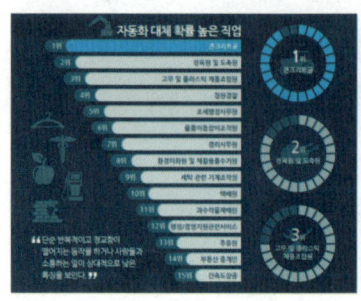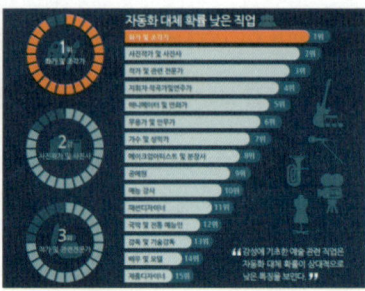

AI로 인한 직업의 변화 | 출처 : 한국고용정보원 |

　한국고용정보원에 따르면 콘크리트공이나 정육원, 도축원과 같이 단순 반복적이고 정교함이 떨어지는 동작을 하거나 사람들과 소통하는 일이 상대적으로 낮은 직업은 인공지능으로 대체할 가능성이 높고, 반대로 감성에 기초한 예술 관련 직업이나 사람의 손으로 하여야 하는 메이크업이나 안마사, 미용사 같은 직업은 인공지능으로 대체할 가능성이 낮다고 분석하고 있다.

인공지능으로 인하여 로봇학대라는 새로운 이슈가 생겨나게 되었다. 로봇학대란 로봇은 의식이 없고 고통을 느낄 수 없기 때문에 로봇을 해친다는 말보다는 망가뜨린다는 표현이 맞지만, 사람들은 로봇을 발로 차거나 물건을 던지는 것과 같은 학대장면을 보면 불쌍함, 미안함 등의 감정을 느끼는 것이다. 실험 중 로봇의 전원을 끄려고 했을 때 로봇이 그러지 말라고 부탁하자, 연구원이 전원을 끄지 않은 것은 인간의 공감 능력이 로봇에게 나타났기 때문이다. MIT의 로봇 윤리학자 케이트 달링(Kate Darling)은 인간은 자율적으로 움직이는 대상을 보면 의인화하는 특징을 가지고 있다고 한다.

로봇학대 | 출처 : 코리도어 디지털 |

이제 인공지능(AI) 활용분야에 대해 알아보도록 하겠다. 인공지능은 농업, 공업, 어업 등 다양한 분야에서 활용되고 있다.

농업 분야에서 인공지능(AI) 활용사례를 보면, 기존의 농업에 사물인터넷(IoT), 빅데이터(Big Data), 인공지능(AI) 등 첨단 ICT 기술을 적용하여 생산·유통·소비 등 농업 전체에 생산성, 효율성, 품질 향상 등과 같은 고부가 가치를 창출하는 기술로 인공지능이 잡초와 작물을 데이터로 학습하여 작물에는 비료를 잡초에는 농약을 살포함으로써 유해 제초제 사용을 90% 이상 절감하는 데 활용되고 있다.

수산업 분야에서 인공지능(AI) 활용사례를 보면, 노르웨이는 수중컴퓨터비전카메라는 해상 양식장에서 수억 달러의 피해를 가하는 해충을 추적하고 감시하고 있다. 양식업자들은 이미지에 주석을 달아 초기 데이터 세트를 생성하고, 시간이 지남에 따라 알고리즘은 크고 작은 개별 표적을 찾는 것을 목표로 기술을 계속 고도화하고 있다.

인공지능 농업분야 | 출처 : Deere & Company |

미아 찾기 및 범인 체포 분야에서 인공지능(AI) 활용사례를 보면, Style transfer 기술을 활용하여 과거나 미래의 얼굴, 목소리의 변화를 예측 확인하여 미아 찾기나 범인을 체포하는 데 활용하고 있다. Style transfer 기술이란 두 영상(content image & style image)이 주어졌을 때 그 이미지의 주된 형태는 content image와 유사하게 유지하면서, 스타일만 우리가 원하는 style image와 유사하게 바꾸는 것을 말한다.

예술 창작 분야에서 인공지능(AI) 활용사례를 보면, 인공지능 창작 전략은 학습한 패턴에 적당히 독창성을 가미하여 사람이 창작한 것과 구분이 불가능하게 하는 전략으로 하고 있다. 인공지능 화가 오비우스(Obvious)의 작품 『에드몽 드 벨라미(Edmond de Belamy)』의 초상화가 5억 원에 경매되기도 하였다. 또한 구글의 딥러닝 연구팀인 구글 브레인은 인공지능 예술가 마젠타(Magenta)가 작곡한 1분 20초 길이의 피아노곡을 연주하기도 하였다.

오비우스의 에드먼드 벨라미의 초상화
| 출처 : 크리스티 |

저널리즘 분야에서 인공지능(AI) 활용사례를 보면, 정형화된 기사, 주식시세 분석, 연예인 뉴스, 스포츠 기사 등을 인공지능 로봇이 작성하는 데 활용되고 있다.

바텐더 분야에서 인공지능(AI) 활용사례를 보면, 로봇이 사람이 지속적으로 하기 어려운 아이스카빙을 만들어 주는 데 인공지능 로봇이 활용되고 있다.

경기심판 분야에서 인공지능(AI) 활용사례를 보면, KBO는 퓨처스리그(2군) 경기에 자동 볼-스트라이크 판정 시스템(로봇 심판)을 운영하고 있다. 미리 입력된 그라운드 위치 정보(마운드, 홈플레이트 등)를 고려해 투수가 던지는 모든 공을 실시간 추적하여 공이 스트라이크 존을 통과할 때 인공지능이 해당 투구 위치를 파악해 볼-

스트라이크 여부를 파악하여 최종 판정 결과를 음성 시스템을 통해 심판에게 전달하는 데 활용되고 있다.

로봇심판 | 출처 : KBO |

선수코칭 분야에서 인공지능(AI) 활용사례를 보면, 월드컵 우승국인 독일 뒤에 독일소재 세계 최대 소프트웨어 업체 'SAP'가 존재하고 있다. SAP는 자체 개발한 인공지능 경기 분석 시스템 'SAP Match Insights'를 이용해 선수 움직임을 추적하여 운동량, 히트맵, 선수 동작, 공 방향 등 수집한 데이터를 실시간으로 분석해 코칭 스태프와 선수단에게 전달하여 신속한 의사결정이 가능하도록 하는 역할을 하고 있다. 잉글랜드 프리미어리그 명문팀 첼시, 리버풀도 인공지능 코칭을 도입하여 운영하고 있다.

표절적발 분야에서 인공지능(AI) 활용사례를 보면, 무하유(muhayu, 서울 성수동 소재)는 인공지능 채용 솔루션인 프리즘(PRISM)을 개발하여 단순 매칭 방식이 아닌 자기소개서의 문맥까지 읽어 내는 인공지능을 통해 결함, 블라인드, 표절은 물론 업무 적합성까지 평가 가능한 솔루션 개발하여 육안으로는 절대 알아채지 못하는 표절과 오기재, 반복 기재, 블라인드 위반 요소까지 검출 가능하도록 설계되어 있다.

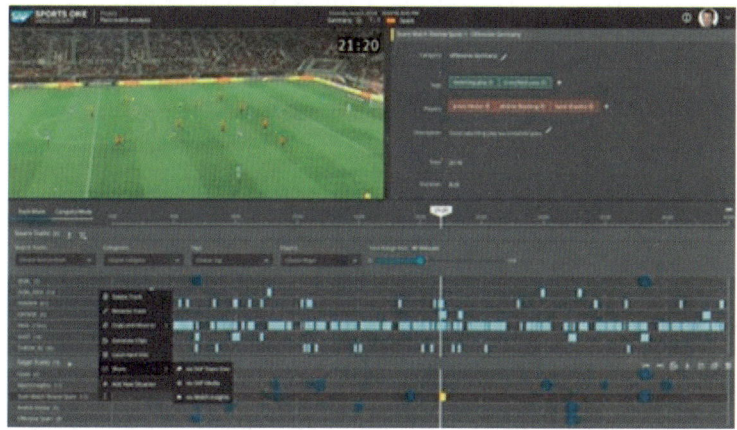

인공지능 선수 코칭 | 출처 : SAP |

법률서비스 분야에서 인공지능(AI) 활용사례를 보면, 리걸테크(Legal Tech), 법률(Legal)과 기술(Technology)의 합성어로 법률 서비스를 제공하기 위한 기술이나 소프트웨어 기술을 적용하여 근로계약서 작성과 같은 간단한 법률 서비스를 제공한다. 초기에는 법령이나 판례의 단순검색 수준의 법률 서비스를 제공하는 정도였지만 현재는 디지털 포렌식(Digital Forensic)과 전자소송제도 등에도 활용되고 있다. 요즘은 기술과 다양한 분야가 만나서 새로운 용어들이 탄생되고 있는데 이에 따른 대표적인 신조어는 금융과 기술의 핀테크(Fin Tech)28, 광고와 기술의 애드테크(AD Tech) 등이 있다.

변호사업 분야에서 인공지능(AI) 활용사례를 보면, 일본은 IBM 인공지능 왓슨을 탑재한 인공지능 법률 변호사 로스(LOSS)는 부동산 매매나 종업원 고용 등 내용에 따라 웹에서 검색한 300여 종의 계약서 샘플 중 최적의 것을 골라 5분여 만에 계약서를 작성하는 데 활용되고 있다. 인공지능 변호사의 서비스는 월정액 980엔(약 9,400원)에 저렴하게 이용할 수 있다는 장점이 있다.

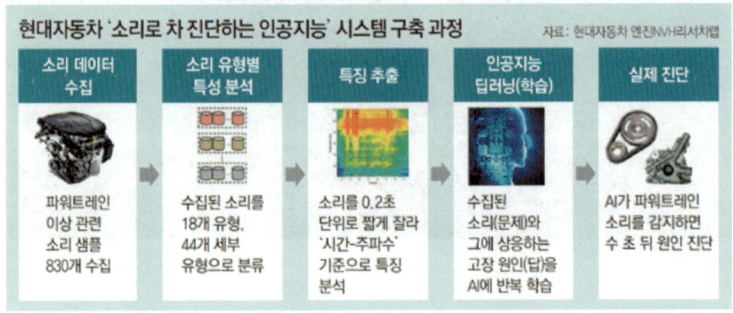

음성 고장진단 | 출처 : 현대자동차

음성 고장진단 분야에서 인공지능(AI) 활용사례를 보면, 소음진단 전문가 10명과 소리 분석 인공지능과 시합을 한 결과, 소음진단 전문가팀의 정답률은 8.6%, 인공지능의 정확도는 87.6%로 인공지

---

28 FinTech : 금융(Financial)과 기술(Technology)의 합성어로, 금융과 IT의 융합을 통한 금융서비스 및 산업의 변화를 말한다. 금융서비스의 변화로는 모바일, SNS, 빅데이터(Big Data) 등의 새로운 IT기술을 활용해 기존 금융기법과 차별화된 금융서비스를 제공하는 것으로 모바일 뱅킹과 같은 것이 있고, 산업의 변화로는 혁신적 비금융기업의 보유기술을 활용해 지급결제와 같은 금융서비스를 이용자에게 직접 제공하는 애플페이, 알리페이 등을 예로 들 수 있다.

능이 월등하게 우세하였다. 소음 진단전문가는 고장 부위를 찾기 위해 각 부위를 일일이 체크하나, 인공지능은 입력된 소리를 바탕으로 고장 부위를 확률 순서(차체 문제일 확률 87%, 변속기 문제일 확률 12%, 밸브계 문제일 확률 1%)로 정보를 제공하여 더 정확하고 더 편리하게 고장지점을 찾을 수 있다.

영상 고장진단 분야에서 인공지능(AI) 활용사례를 보면, 가동 중인 기계 설비를 영상으로 촬영하여, 인공지능이 자율적으로 기계의 고장 여부를 시각적 이미지로 분석해 이상 징후를 발견하는 방식이다. 기존 고장 분석방식이 여러 개의 진동 센서로 신호를 측정한 뒤 수집된 신호를 전문가가 분석하고, 판단하는 과정을 거쳐서 고장 진단을 하였다면 현재의 고장 분석방식은 인공지능 머신 비전을 활용하여 고장을 진단하는 방식을 취하고 있다. 여기에서 인공지능 머신 비전이란 사람의 뇌와 같은 인공 신경망을 이용해 수

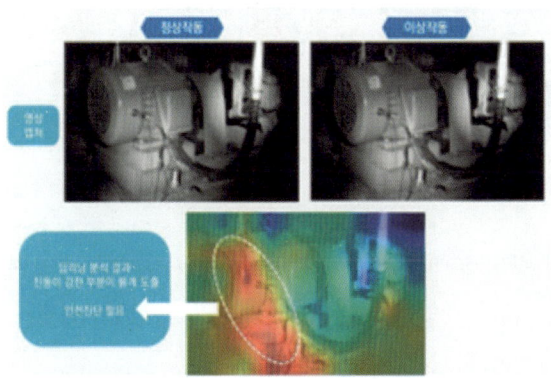

영상 고장진단 | 출처 : 한국기계연구원 |

많은 데이터 속에서 패턴을 발견하고, 이를 스스로 분석하는 딥러닝 기술을 활용하여 고장 진단을 하는 방식을 말한다.

범죄 사전예방 분야에서 인공지능(AI) 활용사례를 보면, 인공지능 CCTV가 과거 범죄 통계분석을 통해 위험 징후를 사전에 예측하여 범죄를 사전에 예방한다. 2002년 7월 개봉한 톰 크루즈 주연, 스티븐 스필버그 감독의 SF 영화『마이너리티 리포트』에서 2054년 워싱턴에서 범죄가 일어나기 전 범죄를 예측해 범죄자를 잡은 최첨단 치안 시스템을 적용하여 범죄가 일어날 시간, 장소, 범행을 저지를 사람까지 예측하고 경찰이 미래의 범죄자들을 체포하는 것과 같은 일이 미래의 인공지능 영역이다.

고독사 방지 분야 | 출처 : 대구시 |

고독사 방지 분야에서 인공지능(AI) 활용사례를 보면, 원격으로 관계기관(시청, 주민자치센터 등)에서 계량한 물 사용량이나 전기 사용량 등을 파악하여 일정 시간 동안 사용량이 적을 때 해당 가구를 방문하고 이상유무를 확인하여 노인들의 건강 상태를 파악하는 데 활용하고 있다.

데이팅 서비스 분야에서 인공지능(AI) 활용사례를 보면, 일본의 매치 그룹(Match Group)에서는 데이팅 서비스 앱 '페어즈(Pairs)'를 런칭하였다. 페어즈 앱은 인공지능이 결혼을 어려워하는 젊은 남녀들의 해결사 역할을 해 주고 있다. 인공지능 추천 엔진이 남녀 회원들이 입력한 연령과 거주지, 취미, 성격 등의 정보를 바탕으로 좋아할 만한 사람들을 찾아내어 매칭해 주는 방식이다. 인공지능이 DNA 타입을 바탕으로 산출한 유전적인 적합성이나 임신 가능성 등의 은밀한 정보까지도 제공하여 주고 있다.

암진단 분야에서 인공지능(AI) 활용사례를 보면, 가천대 길병원은 인공지능 로봇인 IBM 왓슨으로 의사의 진단과 인공지능 진단을 비교, 판단하여 정밀도 높은 암 진단을 해 주는 분야에 인공지능 로봇을 활용하고 있다. 2016년 인공지능을 이용해 위암, 폐암 등을 진료하는 IBM 왓슨 인공지능 암 센터 개소를 하고, 왓슨에 나이, 성별, 검사결과 등 정보를 입력 하면 왓슨은 강력추천, 추천, 비추천으로 치료법을 제시할 뿐만 아니라 관련논문을 통해 근거 제시도 해 준다. 왓슨의 진단 결과가 '강력추천'과 '추천'인 경우 의사의 진단과 약 78.8% 일치하는 것으로 나타났다. 또한, 미국종양학회에서 발표한 자료에 따르면 왓슨의 진단 일치율은 대장암 98%, 직장암 96%, 방광암 91%, 췌장암 94%, 신장암 91%, 난소암 95%, 자궁경

부암 100% 이다.

로봇약사 분야에서 인공지능(AI) 활용사례를 보면, 미국의 일부 병원에서 사용하고 있고, 약사를 대신해 약을 조제하는 로봇으로 의사의 처방전을 자판기에 입력하면 자판기가 약을 조제해 주는 인공지능 로봇을 활용하고 있다.

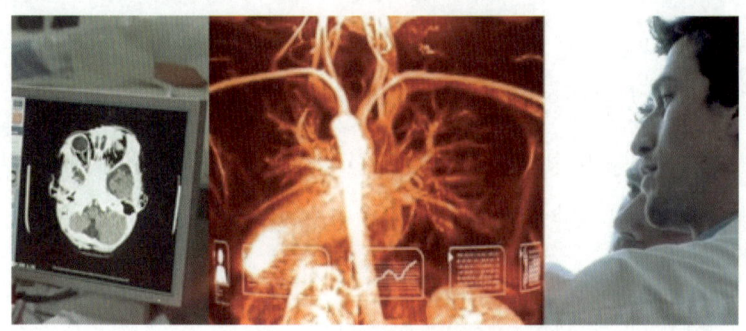

의사가 왓슨을 활용해 환자상태를 진단 | 출처 : IBM |

헬스케어 분야에서 인공지능(AI) 활용사례를 보면, 사운더블헬스(SOUNDABLE HEALTH, 서울 서초 소재)는 인공지능 기술을 기반으로 한 디지털 헬스케어 업체로 스마트폰으로 소변 소리를 분석하여, 비뇨기 건강관리를 돕는 앱 프리비(PRIVY)를 개발하였다. 프리비는 소변이 물에 닿을 때 나는 소리를 분석해 소변의 속도와 양을 추정하는 알고리즘으로 비뇨기 건강상태를 확인 가능하다.

베스트 출판 분야에서의 인공지능(AI) 활용사례를 보면, 2016년 독일 베를린에서 설립한 인키트(Inkitt)는 책의 상업적 성공 가능성을 편집자가 아닌 인공지능이 판단하여 출간한 책의 99%를 베스트셀러로 만드는 것을 목표로 하고 있다. 방법으로 도서를 출판하기 전 사전 연재 방식을 채택하여 평가자 별점, 얼마나 읽었는지, 읽는 데 걸린 시간, 몇 번이나 재접속했는지 등을 '독서 패턴도 분석 알고리즘'이 분석하여 그 책의 베스트셀러 가능성을 타진하는 데 활용하고 있다.

인공지능 베스트 출판 분야 | 출처 : Inkitt

투자자문 분야에서의 인공지능(AI) 활용사례를 보면, 골드만삭스(Goldman Sachs)의 인공지능 로봇 켄쇼는 재무정보, 경제지표, 주가 움직임, 뉴스, 기업공시 등의 모든 정보를 실시간으로 분석하고, 이 정보들이 주가, 금리, 환율에 어떠한 영향을 미치는지 판단한 투자전략을 짜서 자산분배 포트폴리오를 고객에게 제시하여 준다. 애널리스트가 몇 날을 연구해야 내놓을 수 있던 자료를 실시간으로 제시해 주기 때문에 그 결과로 골드만삭스는 2017년에 주식트레이너를 600명에서 2명으로 배치하고, 나머지는 인공지능으로 대체할 수 있는 것이 인공지능의 장점이라고 볼 수 있다.

또 다른 사례로 한국의 MK파운트는 (주)파운트투자자문와 매일경제가 공동 개발한 인공지능 기반 로보어드바이저(RoboAdvisor)[29] 자산관리 서비스 업체로 2018년에 인공지능(AI)이 계좌개설부터 글로벌 자산배분 포트폴리오 투자실행 및 펀드의 포트폴리오를 짜 주고, 종목을 추천해 주는 로봇 어드바이저이다. MK파운트는 투자자의 성향에 맞는 펀드를 인공지능이 추천해 매수하고 리밸런싱(rebalancing) 등을 앱 하나로 처리하여 주는 원스톱(one-stop) 서비스로 주식시장과 금리, 실업률 등의 금융 데이터를 분석해 최적의 펀드 포트폴리오 추천해 주는 데 인공지능을 활용하고 있다.

인공지능 투자자문 분야
| 출처 : Goldman Sachs |

고객 상담 분야에서의 인공지능(AI) 활용사례를 보면, 사람이 수행하는 상담 서비스를 인공지능 챗봇(Chatbot)이 대신하는 것으로서 KT는 업무 효율성을 높이기 위해 인공지능 챗봇을 실시간 대화록과 추천답변, 상담결과 자동분류 및 요약, 고객 감성분석 등을 상

---

29 RoboAdvisor : Robot과 Advisor의 합성어로 거래 자료들을 분석해 프로그래밍 된 규칙을 통하여 투자결정과 자산배분을 하여 주고 자동프로그램으로 자산 포트폴리오 구성, 분배 등 자산관리를 효율적으로 해 주는 로봇이다.

담 직원에게 지원하는 인공지능 상담 어시스트를 적용하고 있다. 카카오는 1만 7,000개 이상 카카오톡 기반 챗봇이 근무 중으로, 상품소개, 배송조회, 예약, 주문 등 다양한 문의를 24시간 자동 응대하는 서비스를 개시하여 사람 대신 인공지능이 상담업무를 대신하고 있다. 하지만 챗봇이 사람을 닮은 인공지능이 되려면 고객이 상담사와 직접 상담하는 것과 같은 감성적인 느낌을 줄 수 있는 친구와 같은 챗벗(chat friend)이 될 수 있어야만 할 것이다.

건설 산업에서의 인공지능(AI) 활용 분야를 보면 주로 건설 로봇으로 활용되고 있다. 사고 위험이 높은 작업 환경에서 로봇을 활용하여 원격 시공함으로써 안전사고 사전예방 및 공사기간을 단축하는 데 활용할 수 있다. 로봇기술을 건설 산업에 결합한 사례를 보면 용접하는 로봇, 벽돌 쌓는 로봇, 현장청소 로봇, 자동철근결속 로봇, 자재운송 로봇, 사람이 직접 착용하는 웨어러블 로봇 등에 사

| **수중건설 로봇** | 출처 : 한국해양과학기술원 |

용된다. 또한 고소작업을 하는 로봇이나 바닷 속 깊은 곳에서 구조물 건설과 해양 플랜트 구축, 해저 케이블 설치나 파이프라인 매설 등에 쓰이는 수중 로봇 등 위험공종이나 사람이 하기 싫어하는 어려운 일 등에 투입하여 사람 대신 업무를 수행하는 데에 활용하고 있다.

건설사별 로봇을 활용한 사례를 보면 현대건설은 다관절 로봇을 국내 현장에 시범 적용하여 건설 숙련공이 하던 업무 패턴을 프로그래밍해서 드릴링, 페인트칠 등의 단순 작업에 투입하여 활용하고 있고 향후 용접, 자재정리 등 정밀한 분야로 확대해 나갈 계획이다. 대우건설은 건설 로봇의 가장 일반화된 드론을 현장에 배치하여 드론 측량 서비스를 제공하고 있고, 수직 이착륙이 가능한 무인비행기(V-TOL)를 도입해 공간의 한계점을 해결하고, 최대 256개 건설 현장을 동시에 모니터링할 수 있는 드론 관제시스템을 운영하고 있다. 대림건설과 롯데건설은 MC(Machine Control)[30] 기술을 도입하여 시공 오류로 인한 공사의 재작업을 줄이고 있다. 현대엔지니어링의 외벽도장 로봇은 건물에 설치한 와이어를 따라 수직으로 오가며 도료를 분사함으로써 분진 저감, 3배 빠른 도장 작업 속도, 근로자 추락사고 방지 등의 장점을 가지고 있다. 이러한 로봇은 24시간 작업이 가능하고 고위험 공정에 투입이 가능해 공사기간 단축 및 안전사고 예방에 기여하고 인구 감소와 건설인력의 노령

---

[30] MC : 건설 장비에 각종 센서와 디지털 제어기기 등을 탑재하여 측량사 등 외부 인력의 도움 없이도 미리 입력된 데이터에 기반을 두어 정밀하게 굴착할 수 있는 기술이다.

화로 인한 숙련공 부족에 따른 건설 생산성 하락의 장기적 대안으로 활용될 수 있다. 하지만 현재는 대부분의 건설 로봇의 작업속도가 인력 시공과 비해 유사하거나 느린 편이어서 이것을 극복하기 위해서는 24시간 작업을 하여야 하나 이를 위해서는 로봇 조작인력의 배치, 배터리 충전, 그리고 부자재 공급 등의 문제를 해결하여야 되는 과제가 있다. 결국 로봇은 사람을 닮은 로봇, 사람처럼 두 팔이 있고 두 다리가 있는 형태의 휴머노이드 로봇(Humanoid Robot)으로 개발되고 발전하여야 일상생활이나 산업현장, 재난현장에서 유용하게 활용될 수 있을 것이다.

더불어 건설 산업에서 분양가 예측하는 데 인공지능을 활용하고 있다. 사업지에 대한 정보를 분석하고 여기에 인공지능 딥러닝 기술을 접목해 경쟁 입지에 대한 다각도에 걸친 분석을 실시간으로 진행할 수 있는 솔루션을 개발하여 활용하고 있는데 건설사 내부에서 전문인력이 수주일 분석과정을 거쳐야 했던 프로세스를 단 10분 안에 처리할 수 있게 되었으며, 전문가의 경험과 판단에 의존하던 기존 방식을 개선해 객관화된 지표로 정량 분석함으로써 의사결정의 오류를 최소화할 수 있다는 장점이 있다.

건설 산업에서 도시개발을 할 때도 인공지능 솔루션을 활용하고 있는데 클라우드 기반 인공지능(AI)과 제너레이티브 디자인(generative design) 소프트웨어로 계획 및 설계를 할 때 정보에 기반을 두어 신속한 결정을 내릴 수 있도록 정보를 제공하는데 활용되고 있다. 노르웨이의 스페이스메이커(Spacemaker)는 인공지능(AI)을 부동산 개발 초기 단계에 투입하여, 도시 블록 전체에 걸쳐 100개에 이르는 기준(지역설정, 조망, 일광, 소음, 바람, 도로, 교통, 열섬, 주차 등)을 분석 가능하고, 스페이스메이커의 윈드 모델링(wind-modeling)은 사람들의 편의를 위한 설계를 개선하기 위해 컴퓨터 유체 역학을 사용해 건물들이 바람의 방향을 어떻게 돌리는지를 분석한다. 또한 소음 기능은 교통이나 기타 원인으로 인한 소음 수준을 예측할 수 있어 대안이 되는 구성을 제안하여, 환경 위생 요소인 소음 공해를 완화하는 데도 유용하게 활용하고 있다.

도시개발 AI 솔루션 | 출처 : Spacemaker |

드론(Drone)은 조종사 없이 무선전파의 유도에 의해서 비행 및 조종이 가능한 무인항공기(Unmanned aerial vehicle, UAV)이다. 사전적 의미로는 벌이 내는 왱왱거리는 소리를 뜻한다.

Drone | 출처 : 위키백과 |

드론(Drone)은 초기에는 공군기나 고사포(항공기를 사격하는 데 쓰이는 포)의 연습사격에 적기 대신 표적 구실로 사용되었으나, 현재는 정찰·감시와 대잠공격(적 잠수함에 대해 공격을 가하는 행위)의 용도와 더불어 택배 서비스, 농약 살포, 실종자 위치 파악, 산불 감시, 화산 감지, 인질자 확인 등 다양하게 활용되고 있다. 또한 사람의 접근이 어려운 장소의 정보 수집 및 사진 촬영에 활용하기도 하고 대기층에서 태양광의 전원을 공급받으면서 5년 이상 존재하면서 임무를 수행하기도 한다.

글로벌 드론(Drone) 시장은 연 29%씩 성장하여 2016년 7.2조 원에서 2026년에는 90.3조 원 규모로 성장할 전망이다. 국내 드론 시장 또한 '드론 산업발전 기본계획'안에 따르면 2016년 704억 원에서 2026년까지 4조 4,000억 원 규모로 성장하고, 기술경쟁력 수준은 2016년 세계 7위에서 2026년도에는 세계 5위권으로 진입할 것이다. 사업용 드론 대수는 2016년, 2000년대에서 2026년에는 5만 3,000대로 상용화될 것이며, 취업 유발효과는 양질의 일자리 약 17만 4,000명(제작 1만 6천 명, 운영 15만 8천 명)으로 전망된다. 이에 따른 생산 유발효과는 21조 1,000억 원(제작 4조 2천억 원, 운영 16조 9천억 원)이 예상되며, 부가가치 유발효과는 7조 8,000억 원(제작 1조 1천억 원, 운영 6조 7천억 원)이 될 것이다(국토교통부).

드론(Drone)은 용도에 따라 표적드론(target drone), 정찰드론(reconnaissance drone) 또는 감시드론(surveillance drone), 다목적 드론(multi-roles drone) 등으로 구분된다. 드론이 활성화되면서 새롭게 생겨나는 직업이나 분야가 있는 반면, 반대로 축소되고 없어지는

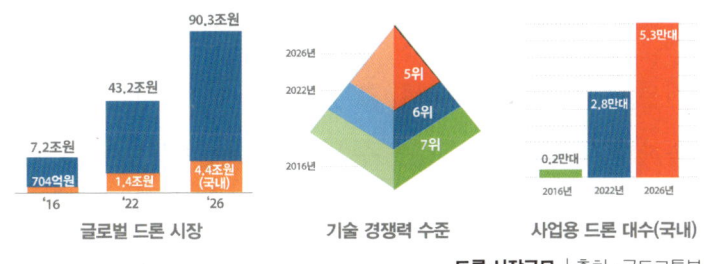

드론 시장규모 | 출처 : 국토교통부

분야도 있다. 없어지거나 축소되는 대표적인 분야는 유통 분야이고 미국에서는 군사적 목적으로 사용되는 탱크공장이 드론으로 인하여 사라지고 있다.

드론(Drone)의 도입 목적을 보면, 첫 번째로 3D(dirty, difficult, dangerous) 분야의 노동력 대체 목적으로, 과거에는 적군 기지 등 위험 지역 공격용 무인 항공기 등 군사용으로 시작하여 현재는 고소 작업, 택배, 항공 촬영, 운송, 위험지역 탐색 등의 용도로 확대되고 있다. 두 번째로 시간·비용 절감이다. 유인 항공기, 헬기 등을 활용한 항공 촬영 시 발생하는 비용을 대폭 절감하고 교통체증 없는 공중 배송을 통해 인건비와 배송시간을 혁신적으로 절감할 수 있다. 세 번째로 데이터 수집목적이다. 드론을 통한 경로 정보, 영상 정보 등 인공지능(AI) 연계를 위한 분석 데이터의 대량 수집이 가능하기 때문이다.

글로벌 드론(Drone) 시장의 점유율을 보면. 중국은 전 세계 일반 상업용 드론 시장의 94%를 장악(2017년 기준)하고 있다. 중국이 드론 산업이 발전한 이유는 DJI와 같은 드론회사의 등장과 우월한 하드웨어 스타트업 환경이 조성되어 있기 때문이다. DJI의 창업지인 선전은 세계에서 가장 저렴한 가격에 부품 조달이 가능하고, 가장 신속하게 시제품을 만들어 볼 수 있는 화창베이 전자시장이 존재하고 있다. 더불어서 중국 정부의 드론에 대한 규제가 심하지 않기 때문이다.

드론(Drone)으로 인한 폐해를 보면 남의 사생활을 몰래 촬영하는 피해 사례, 마약 밀수, 기술 유출 등 각종 범죄에 악용되는 사례, 사우디 국영석유회사 아람코의 주요 시설에 여러 대의 드론이 공격해 화재가 발생한 사례, 러시아의 시리아 북서부 라타키아의 흐메이밈 공군기지에 현지 반군의 드론 공격 사례 등 다양한 형태로 나타나고 있다. 이렇게 부작용이 커지자 불법 드론을 막는 '안티 드론'이 주목을 받게 되었는데 안티 드론은 방해 전파를 발사해 조종을 방해하는 방식인 소프트킬 방식과 직접 드론을 격파하는 하드킬 방식이 있다. 여러가지 부작용이 발생하지만 안티 드론과 같은 기술을 개발하고 보완하면 문제는 해결될 것이다.

드론(Drone)을 활용한 분야를 보면 도로·철도 등 시설물 관리, 하천·해양·산림 등 자연자원 관리에 드론이 활용되고 있다. 드론을 통하여 작업의 정밀도 향상 및 위험한 작업의 대체 등 효율적인 업무 수행이 가능해지고 국민 생명 보호를 위한 실종자 수색, 긴

안티 드론 솔루션 | 출처 : 조선일보 |

급 구호품 수송, 사고·재난지역의 모니터링 등 골든타임 확보가 중요한 치안, 안전, 재난 분야에 드론 도입을 통해 보다 빠른 위기 대처가 가능해진다. 또한 국가 통계 분야에도 드론을 활용하고 있다. 국·공유지 실태, 농업 면적 등 각종 조사에 드론을 활용함으로써 빠르고 정확한 대규모 조사가 가능해져 보다 정밀한 통계 생산으로 공공데이터 활성화에 기여할 수 있고 공공건설 분야에서는 토지보상 단계 현지조사에 이용하고, 하천관리 분야는 하천측량 및 하천변동조사에 이용하고, 산림보호 분야에서는 소나무 재선충 피해조사, 수색·정찰 분야에서는 적외선 카메라 탑재 드론을 활용하여 실종자 수색하고, 에너지 분야에서는 송전선 철탑 안전점검을 하고, 국가통계 분야에서는 농업면적 등의 통계조사에 쓰

드론의 활용분야 | 출처 : 국토교통부

인다. 드론을 사용함으로써 전반적으로 비용이 절반 이상이 절감되며, 시간 또한 최대 90%까지 단축시킬 수 있다.

이제 각각의 적용사례에 대해서 알아보도록 하겠다. 먼저 산불 감시 및 초기대응 분야에서 드론 활용사례를 보면, 기존의 산불 감시는 적외선 파장 영역의 센서를 탑재하고 있는 위성영상 등의 분석을 통해 산불을 감시하였다. 하지만 드론에 의한 산불감시는 적외선 카메라 또는 멀티스펙트럼 카메라를 장착하여 위성 영상과 동일한 감시뿐만 아니라 국소지역의 고해상도 영상 데이터를 빠르게 획득 가능하여, 실시간 산불감시 및 빠른 대응이 가능하다.

홍수 조기경보 및 홍수피해 모니터링 분야에서 드론(Drone) 활용사례를 보면, 홍수 모니터링에 드론을 이용하려는 연구는 2000년대 중반부터 활발히 진행되고 있다. 위성 기반의 날씨예보는 홍수를 예측하는 것이 가능하지만, 돌발 홍수에 대한 예측의 어려움이 있다. 홍수 모니터링을 위한 홍수 범람도를 만드는 작업이나 홍수지역의 침수 흔적 조사 및 침수 보상금 산정 등에 드론을 활용하여 실시간으로 데이터 확보하는 데 활용되고 있다.

농업 분야에서 드론 활용사례를 보면, 이스라엘 스타트업 기업인 테벨(Tevel)은 과일을 수확하는 드론 파(FAR)를 개발하여 활용하고 있다. 작동 원리를 보면, 인공지능 알고리즘으로 상품성 있는 농작물을 확인한 후에 수확한다. 배터리 일체형 수확상자에 드론 2대가 연결되어 태블릿 PC에서 수확하고자 하는 과일 선택하면

수자원, 하천 무인감시 및 관리 개념도 | 출처 : 환경부 |

　드론의 카메라로 잘 익은 과일인지 확인한 후 수확하는 방식을 취하고 있다. 또 다른 농업 분야에서 드론 활용사례를 보면, 드론으로 농약을 살포함으로써 농부들의 농약에 대한 인체 노출을 막을 수 있으며, 경사가 있는 농사 지역에서 효율이 높아 사람이 하는 것보다 약 50배 정도 높은 효율로 농약 살포가 가능하다는 장점이 있다.

　스포츠 분야에서도 드론(Drone)을 활용하고 있다. 대표적으로 속도를 겨루는 '드론 레이싱'은 세계 가장 많은 사람들이 즐기는 대표적인 드론 스포츠이다. 드론 레이싱은 레이싱 드론(경주용 무인항공기)에 장착된 카메라를 통해 실시간으로 전송되는 영상을 보고 조종하면서 속도를 겨루는 경기이다.

드론 레이싱 | 출처 : 국민체육진흥공단 |

　군사 분야에서 드론(Drone) 활용사례를 보면, 작고 가벼운 크기로 제작할 수 있어서 긴 항속거리와 유지비용이 저렴하고, 유인 항공기에 비해 조종사의 살상 위험이 없다는 강점이 있다. 미국의 공격용 드론 'MQ-9 리퍼(Reaper)'를 활용해 이란의 가셈 솔레이마니(Qasem Soleimani, 이란 혁명수비대 사령관)를 제거하는 작전을 수행한 사례가 있다. 리퍼는 하늘의 암살자라고 불릴 정도로 드론 중 가장 뛰어난 공습능력과 암살능력을 갖고 있고 작은 크기에 최대 14발의 공대지 미사일을 탑재하고 장거리 비행이 가능하다.

　문화재 및 산림관리 분야에서 드론(Drone) 활용사례를 보면, 국립문화재연구소와 지방자치단체에서는 명승 및 문화재 보존관리를 위해 드론을 활용하여 자연유산 주변의 경관 변화상을 기록하고 있다. 자동항법기술을 사용해 매번 동일한 경로의 비행 데이터를 취득하여 주기적인 데이터 관리가 가능하여 자연재해에서 비롯된 지형의 훼손 유무, 수림지의 면적 감소나 재선충 등 수목의 병충해 등의 판별 가능하며, 사람이 접근하기 어려운 곳의 촬영과 지역을 파악하는 데 활용되고 있다.

  예술 및 공연 분야에서 드론(Drone) 활용사례를 보면, 2022년 9월에 과천시민회관 옆 잔디광장 일대에서 열린 과천축제 2022 폐막 행사에서 드론 약 1,000대가 불빛을 내며 과천축제 메시지를 전달하는 데 활용되고 있다.

예술·공연분야 | by s. k |

  뮤직 비디오 촬영 분야에서 드론(Drone) 활용사례를 보면, 인물 중심이 아닌 광활한 풍경과 영상의 전체적인 분위기를 잡기 위해 드론을 활용하고 있다. 촬영용 차량이 진입할 수 없는 지역에서도 촬영이 가능하다는 장점 때문에 유용하게 활용되고 있다.

  부동산 분야에서 드론(Drone) 활용사례를 보면, 고해상도 카메라와 GPS 센서 등을 부착한 드론이 건설부지의 3차원 지도 제작이나 토지 측량을 효율화해 부지매입이나 사업지 수지분석에 적극적으

드론의 **부동산 분야** | 출처 : 국토지리정보원 |

로 활용되고 있다. 더불어 분양마케팅에 활용하기 위한 분양현장 항공촬영 및 동영상 제작 수행에 활용되고, 주택 등의 부동산을 판매하기 위해 드론으로 주택 및 주변 경관을 항공 촬영하여 사진과 영상 등을 마케팅에 활용하고 있다.

공중정보 전달분야에서 드론(Drone) 활용사례를 보면, 전 세계적으로 가장 많이 사용되는 사례로 국내에서 여름에 해수욕장에서 거리 두기 안내방송으로 드론이 사용되는 경우가 있다. 해외에서는 모여 있는 군중에 대한 해산명령 등에 활용하고 있다. 미국에서는 노숙자 등에게 비대면으로 안내 및 의사소통, 순찰업무 등에 사용되고 있다.

접근이 어려운 구조물의 모니터링 분야에서 드론(Drone) 활용사례를 보면, 풍력발전기의 터빈 모니터링, 송전선 및 기지국 등 다양한 구조물의 모니터링이나 시설물의 열화나 고장 여부 등의 검사

풍력발전기의 터빈 모니터링
| 출처 : 니어스랩 |

에 활용된다. 드론은 이와 같은 작업을 효율적으로 수행 가능하며, 점검시간 단축이 가능하고, 작업자가 위험 장소에 접근할 필요가 없어 안전성 확보가 가능하다. 또한 자연재해로 인해 댐, 교량, 제방 등 수변구조물 피해가 발생할 때, 빠른 복구를 위한 정확한 피해정보 분석이 가능하고, 상시 모니터링을 통한 사전 예방활동이 가능하다.

우주탐사 분야에서 드론(Drone) 활용사례를 보면, 우주탐사선이 접근하기 어려운 지역을 탐사하거나, 통과하기 힘든 지형에서 진행 경로 등을 찾는 데 활용되고 있다. 우주정거장 내부를 떠돌며 카메라로 사진과 동영상을 촬영해 관제센터로 송부하고 12개의 작은 날개와 3축 제어 모듈을 이용해 우주공간에서 떠다니며 이동하고, 초음파 센서와 카메라로 위치 파악을 하기도 한다.

우주탐사 분야 | 출처 : NASA |

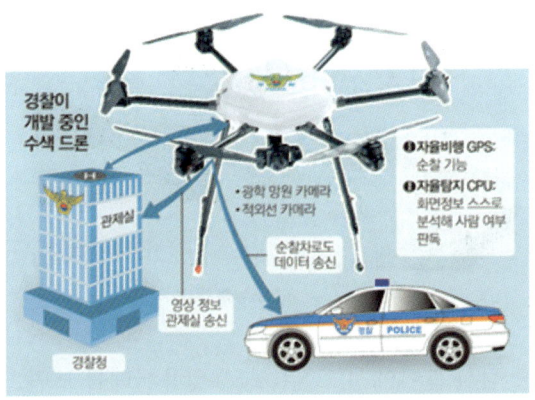

치안 분야 | 출처 : 경찰청 |

치안 분야에서 드론(Drone) 활용사례를 보면, 경찰은 '무인 비행장치 운용규칙'에 의거해서 실종자 수색, 구조·구급 등의 업무에 활용하고 있다. 현재는 광학 30배 줌 카메라, 적외선 4배 줌 카메라 등 장비를 장착하고 30분 이상 자동 경로비행 능력을 갖춘 드론으로 딥러닝에 기반을 두어 인공지능 소프트웨어를 장착하여 운용함으로써 영상을 신속, 정확하게 자체 분석이 가능하다.

재난 분야에서 드론(Drone) 활용사례를 보면, 방사능 오염으로 인간이 접근할 수 없는 지역을 드론을 이용하여 촬영함으로써 현 지상황을 파악하는 데 활용하고 있다. 미국 CNN 방송국은 큰 태풍이 강타한 지역 피해현장을 드론을 이용하여 촬영하고 영상을 뉴스로 송출하였고, 미국 CBS 방송국은 2014년 11월 체르노빌 원전 사고로 폐쇄된 우크라이나의 프리피아트의 모습을 드론을 이용하여 촬영하고 방송으로 송출하였다.

가스누출 검사 | 출처 : 가스신문

　가스누출 검사 분야에서 드론(Drone) 활용사례를 보면, 스위스의 펄갬(Pergam)사에서는 원거리 레이저 가스검지기를 드론에 장착하여 블루투스 통신을 이용하여 스마트 기기에서 가스누출 데이터를 확인하고 있고, 미국의 브리저 포토닉스(Bridger Photonics)사는 드론을 이용한 메탄 누출 검지기를 개발하여 미국 남캘리포니아 가스저장 탱크 시설을 검사하고 있다. 또한 미국의 바이퍼 드론(Viper Drones)사에서는 FLIR G300a 광학가스 이미징 카메라를 드론에 탑재하여 체공상태에서 가스누출 탐지가 가능하다.

　환경 분야에서 드론(Drone) 활용사례를 보면, 중국은 스모그 제거용 드론을 개발하여 운용하고 있다. 낙하산에 본체가 달려 있고, 도심을 비행하면서 화학물질을 분사하면, 스모그와 반응하여 오염물질을 얼려서 지상으로 낙하시킴으로써 스모그를 제거하는 방식이다. 약 700kg의 화학물질을 탑재할 수 있고, 이것은 반경 5km 지역에 살포 가능하다. 태국은 드론으로 물과 화학물질을 뿌려 초미세 먼지를 제거하고 있다.

보건·위생 분야에서 드론(Drone) 활용사례를 보면, 싱가포르 정부는 2015년부터 정부 부처 간 드론 정책 협의기구인 UAS(Unmanned aerial system, 무인 항공기 시스템) 위원회를 설립해 운영하여 공공부문의 드론 활용을 촉진하고 있다. 싱가포르 환경청(NEA)은 드론을 활용해 모기 퇴치 프로젝트를 추진하고 있는데 지카 및 뎅기 바이러스 매개 모기 퇴치를 위하여 방역요원들이 접근할 수 없는 모기의 산란지와 서식지를 파악한 후 드론을 활용하여 소독을 실시하고 있다.

배송 분야에서 드론(Drone) 활용사례를 보면, 아마존 프라임 에어는 자율 UAS(Unmanned aerial system, 무인 항공기 시스템)를 사용해 고객에게 택배를 안전하고 효율적으로 배송을 하는 데 활용하고 있다. 운전자의 건강이나 날씨 관련 위기 상황에도 고객에게 30분 내 최대 5파운드(약 2.3kg)의 물건을 15마일(약 24km)까지 배송이 가능하고, 전기 배터리로 작동하므로 배기가스를 배출하지 않고, 도로 체증도 발생하지 않는다는 장점이 있다.

드론(Drone) 택시 분야에서 드론 활용사례를 보면, 우버(Uber)는 2020년에 호주 멜버른에서 드론 택시인 플라잉 택시를 시범 프로그램을 시작하고, 2028년 이전에

드론 택시 분야 | 출처 : Uber |

승객 서비스에 나설 계획을 세우고 있다. 한국도 '2030 미래차 산업 발전 전략'을 발표하고 준비 중에 있다.

건설 산업에서 드론(Drone) 활용분야를 보면, 드론에 카메라, 레이더, 운송 가능 장비 등을 탑재하여 경량 건축자재를 운송하거나 현장조사를 하는데 활용되고 있다. 또한 레이저 스캐너를 이용하여 건설현장을 보다 정확하게 측량하고 측량한 정보를 디지털화하여 전자지도(Digital Map)를 구축하거나 구조물 형상을 3D로 계측하고 관리하는 데 활용할 뿐만 아니라 공사비를 산출하는 데도 활용하고 있다. 또한 드론을 이용하여 실시간으로 현장을 감시하고 붕괴 사고가 발생하는 경우 근로자의 위치를 신속하게 파악하여 구조하는 분야 등 다양한 분야에서 활용되고 있다. 대우건설은 카메라가 부착된 드론으로 현장촬영 및 안전감시 등 기본적인 작업뿐만 아니라, 앞으로는 더욱더 확대 적용하여 측량 및 설계에 활용하고, 더 나아가서 측량 및 설계한 자료를 바탕으로 공사비 산출에 이용할 계획이다.

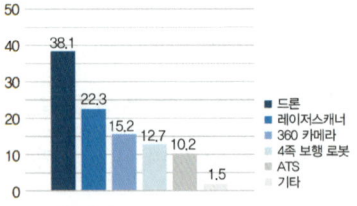

드론 & 스마트 건설 기술 도입 현황 리포트 | 출처 : 엔젤스윙 |

최근 한국의 건설 산업에서 가장 관심 있는 스마트 건설 기술 분야 조사에 따르면 건설 산업에서 가장 많이 사용하고 있는 스마트 기기는 드론이고, 국내 건설현장에서 드론 기술을 활용하고 있는 기업의 비율은 90% 이상으로 다른 스마트 기기에 비해 월등하게 사용빈도가 높은 것으로 조사결과 나왔다.

건설 산업 적용 사례 중 유지·보수 분야를 보면, 도로, 철도의 경우 선형을 따라가며 시설물의 이상 유무 및 상태 점검에 활용하거나, 전국에 설치되어 있는 약 4만 개의 송전철탑을 드론을 활용하여 점검을 하고 있다. 송전탑 점검을 드론으로 점검할 경우 인력으로 점검할 때 대비 점검시간은 90% 단축할 수 있고, 이로 인하여 연간 80억 원 정도의 절감효과를 가져올 수 있다.

공사현장의 전기 작업에서도 드론(Drone)이 활용되고 있다. 전기 가설케이블 포설 전 케이블 포설 경로 및 매설 가능 부지를 확인하거나, 전기배관작업 완료 후 누락된 부위가 없는지 재확인하고 추후에 하자가 발생한 경우 원인을 파악하는 데 활용된다. 또한 실

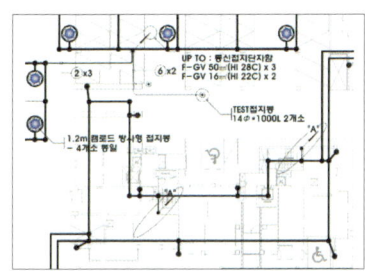 

드론을 활용한 전기 케이블 포설경로 확인 | by s. k |

시간으로 작업현장을 촬영하여 타공종(건축, 토목, 기계 등)의 작업 진행사항을 파악하여 작업 투입시점을 결정하는 등의 용도로 활용되고 있다.

대우건설에서 건설현장에 활용하고 있는 사례를 보면, 국내외 건설현장에서 측량 드론을 통해 산출한 데이터를 공사에 반영하고 있다. 그 사례를 보면 80만 평의 경산지식산업단지 측량사례 기준으로 볼 때 기존 인력측량과 드론(Drone) 측량과 비교해 보면 정확성이 높아 기존 인력측정은 GPS(Global Positioning System, 위성위치확인시스템)[31]를 이용해 20m 간격으로 측량하는 반면, 드론 측량은 3~5cm 간격으로 촬영하고, 드론 측량 시, 기존 6명이 15일 작업하던 것을 2명이 5일 작업으로 완료할 수 있을 정도로 경제성이 우수한 것으로 나타나 있다.

롯데건설은 굴착 후 지하공간에 드론을 띄워 사람이 해야 하는 사진 측량을 영상을 촬영한 뒤 구조물을 3D로 구현해 확인하는 데 활용하고 있다. 이렇게 하면 지하를 깊게 파는 수직 구조물의 시공 품질 관리에 도움을 줄 수 있다.

일본의 건설 중장비업체인 고마쓰의 드론(Drone) 사용사례를 보면, 현장조사 및 측량, 설계, 공사비 산출, 시공, 유지보수 등 전 과정에 활용하고 있다. 먼저 건설부지에 드론을 날려 부지 조사 및 촬

---

31 GPS : 위성에서 보내는 신호를 수신해 사용자의 현재 위치를 계산하는 위성항법시스템이다. 항공기, 선박, 자동차 등의 내비게이션 장치에 주로 쓰이고 있으며, 최근에는 스마트폰, 태블릿 PC 등에서도 많이 활용되고 있다. 현재 GPS는 전 세계에 무료로 개방되어 많은 국가에서 이를 활용하고 있다.

영을 하고 드론이 촬영한 자료를 바탕으로 3D 프린터로 설계를 완성한다. 완성된 설계도서에 의해 굴착 토공량을 자동으로 계산하고 공사기간과 공사비를 산출한 후 현장에 장비를 배치하고 장비에 부착되어 있는 센서에 의해 작업상황 및 수정사항을 장비에 송신하여 성공적으로 작업을 수행한다.

건설현장 드론 활용사례 | 출처 : 고마쓰 동영상 |

우리나라는 중국이나 타 선진국에 비해 드론(Drone) 규제사항이 많아서 성장에 걸림돌이 되고 있다. 예를 들면, 테스트 비행지역이 제한되어 있으며, 드론 선진국인 중국이나 미국보다 무게, 안전성, 자격검정 등의 여러 방면에서 규제가 많다. 현재와 같은 규제로는 드론 산업 성장에 걸림돌이 되고 있다. 드론 산업의 발전을 위해서는 안전 관련 규제를 제외하고는 모든 규제를 허용하여 드론 산업 발전의 법률적인 제약 조건을 없애 주어야 중국의 DJI와 같은 회사가 나타날 것이고 또한 성장해 나갈 것이다.

3D 프린터(3D Printer)는 X축과 Y축뿐만 아니라 상하축인 Z축까지 운동을 더하여 입력된 3D 도면을 바탕으로 입체 물품을 만들어 내는 프린터이다.

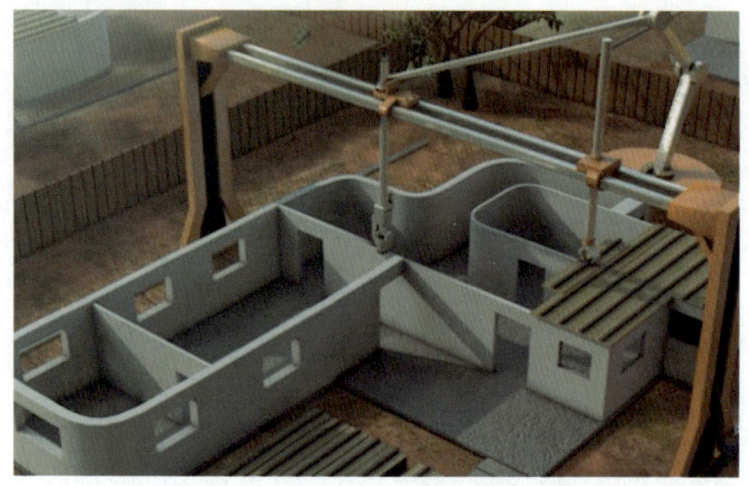

3D 프린터 | 출처 : 프랑스 낭트대 |

　　　　　　　　　　3D 프린터로 인하여 앞으로는 필요한 물건을 주문해서 사용하는 것이 아니라 필요로 하는 사람이 직접 만들어서 사용하게 될 것이다. 또한 기존의 제품생산 방식이 부품을 조립하여 만드는 반면, 3D 프린터는 블록으로 만들어 사용하기 때문에 시간과 비용이 절감될 것이다.

　시장조사 기관인 홀러스 어소시에이츠(Wohlers Associates)에 의하면, 글로벌 3D 프린터 시장 전망을 보면, 2016년 60억 6천만 달러에서 2022년 261억 9천만 달러로 성장할 것으로 예측하고 있다.

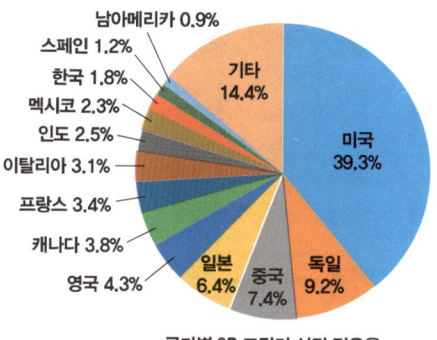

| 출처 : Wohlers Associates |

국가별 3D 프린터 시장 점유율을 보면, 미국이 전체의 39.3%를 차지하고 있고 이어서 독일 – 중국 – 일본 순이고 한국은 1.8%를 차지하고 있다.

3D 프린팅 형태로는 적층형과 절삭형이 있는데 한 층씩 쌓아 올리는 적층형은 채색을 동시에 진행할 수 있는 장점이 있다. 절삭형은 커다란 덩어리를 조각하듯이 깎아 내서 입체 형상을 만들어 내는 방식으로 적층형에 비해 완성품이 더 정밀하다는 장점이 있지만, 재료가 많이 소모되고 컵처럼 안쪽이 파인 모양은 제작하기 어려우며 채색 작업을 따로 해야 하는 것이 단점이다. 재료적인 측면에서도 첨단 니켈합금, 탄소 섬유, 유리, 전도잉크, 제약 및 생물학적 소재와 같은 다양한 재료를 활용하고 있다.

3D 프린터의 제작은 크게 3단계로 나눌 수 있는데, 모델링(Modeling), 프린팅(Printing), 피니싱(Finishing)으로 나누어져 있다.

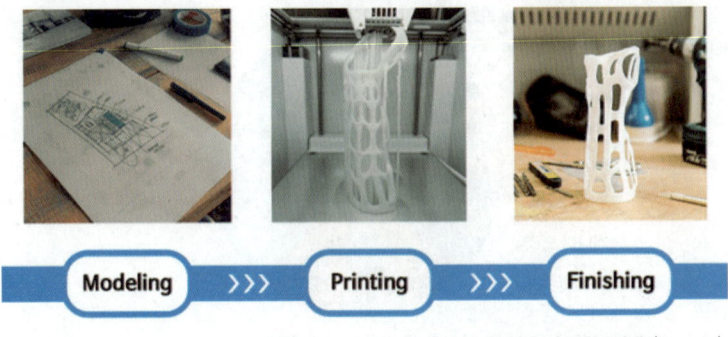

3D 프린터 제작 3단계 | by s. k |

　모델링은 3D 도면을 제작하는 단계로 3D 모델링 프로그램, 3D 스캐너, 3D CAD(computer aided design) 등을 이용하여 제작하고, 프린팅은 모델링 과정에서 제작된 3D 도면을 이용하여 물체를 만드는 단계, 피니싱은 산출된 제작물에 대해 보완 작업을 하는 단계로, 색을 칠하거나 표면을 연마하거나 부분 제작물을 조립하는 등의 작업을 진행한다.

　기존 제조 공정과 3D 프린팅 제조공정을 비교해 보면 다음 표와 같이 기존공정이 대량생산에 유리한 반면, 3D 프린팅은 다품종 소량 생산에 유리하다.

　3D 프린터는 시장이 활성화됨에 따라 자동차, 의료, 패션, 건축, 항공, 가전, 조선 산업 등 다양한 분야에서 활용되고 있고 개인 특성에 적합한 맞춤형 제품인 신발, 이어폰, 깁스 등을 생산하는데 활용되고 있다.

구분	기존 제조방식	3D 프린팅 제조방식
생산 방법	• 각각의 부품의 금형을 제작 후 주조나 사출을 통하여 부품을 생산 후에 조립하여 제품 생산	• 제품 원료 선택 후 한 층씩 쌓아 올리는 적층형과 커다란 덩어리를 깎아 내는 절삭형 방식을 선택하여 조립공정 없이 제품을 생산
장점	• 대량 생산에 적합 • 단순 모양의 제품 생산에 적합 • 3D 프린터 제조 방식에 비해 정밀도가 높고 마감이 미려	• 다품종 소량 생산에 적합 • 복잡한 형상을 가진 제품 생산에 적합 • 3D 프린터 1대로 여러 가지 형상의 제품 생산이 가능
단점	• 같은 금형으로 종류가 다른 제품 생산이 불가능 • 조립 등의 추가 공정이 필요 • 제품을 생산하기 위한 장소가 넓어야 하고, 시제품 제작에 시간이 많이 소요	• 제품 생산 시간이 오래 소요되고, 대량 생산이 어려움 • 기존 제조 방식에 비해 정밀도가 떨어짐 • 내구성과 신뢰성이 떨어짐

기존 제조방식과 3D 프린팅 제조방식 비교 | by s. k |

그럼 3D프린터를 산업에 어떻게 활용하고 있는지에 대해서 알아보도록 하겠다. 미국의 스타트업 회사인 다이버전트 마이크로팩토리스(Divergent Microfactories)[32]는 3D 프린팅 슈퍼카 블레이드(Blade)를 출시하였다. 3D 프린터로 몇 분 만에 차체 조립이 가능하며 일반 자동차보다 90% 이상 더 가볍게 생산할 수 있다.

---

32 Divergent Microfactories : 미국 캘리포니아에 위치한 스타트업 제조업체로 3D 프린터를 이용하여 차량(블레이드)을 출시하였다. 약 635kg 차체 무게의 블레이드는 대략 2초 만에 약 96km/h까지 도달한다. 700마력 이중 연료 엔진이 탑재되었으며 기존 섀시 무게보다 최대 90% 가벼운 탄소섬유튜브 모듈러 시스템 섀시가 적용됐다.

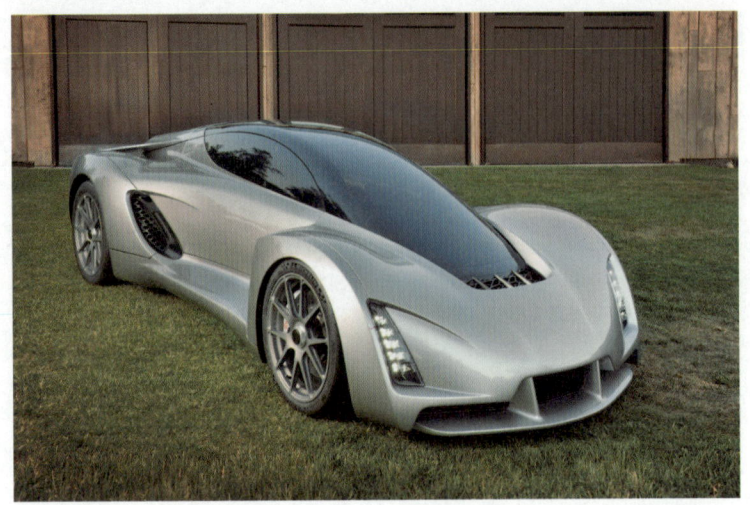

| 슈퍼카 | 출처 : Divergent Microfactories |

　스페인에서는 피자와 햄버거를 집에서 프린팅 기법으로 만들 수 있는 푸디니(Foodini)33를 선보였다. 이는 반죽이나 페이스트를 넣어 다양한 종류의 파스타와 빵을 만들 수 있는 3D 푸드 프린터이다. 푸디니가 패스트푸드 요리사를 대체하는 날이 올지도 모르겠다.

　바이오 프린팅 분야에도 3D 프린터를 활용하고 있다 미국 웨이크포레스트 의과대학(WFIRM)에서는 화상, 궤양, 당뇨 등으로 파괴된 피부를 치료하기 위해 환자 자신의 세포를 배양해 이를 상처 부위에 3D 프린터로 직접 출력하는 스킨 바이오 프린팅(Skin bio printing) 기술을 개발하였다. 스킨 바이오 프린터는 환자의 부상 부

33　Foodini : 스페인 바르셀로나에 본사를 둔 신생기업인 내추럴 머신(Natural Machines)사가 개발한 3D 푸드 프린터이다. '푸디니'는 플라스틱, 금속 등 재료 대신 홈페이지에서 레시피를 다운받은 후, 5개의 식재료 캡슐을 장착해 음식을 프린팅하는 방식이다.

위를 스캔해 상처 부위의 깊이와 넓이 등을 측정하고, 배양된 피부 조직을 스킨 바이오 프린터를 이용하여 맞춤형으로 인쇄하여 세포가 피부를 덮을 수 있도록 만들기 때문에 2차 감염을 예방하고 더 빠르게 상처를 치료하는 데 활용할 수 있다.

의료 분야에서의 3D 프린터 활용사례를 보면, 벨기에 마테리알리즈(Materialise)사는 안면이 함몰된 환자의 복원 수술을 위해 환자 맞춤형 안면 골격과 수술 성공을 위해 필요한 수술 모형 및 수술 가이드를 3D 프린팅 기술로 제작하여 안면 복원에 성공하였다. 미국에서는 2013년 OPM(Oxford Performance Materials)사에서 폴리에테르케톤케톤(Poly Ether Ketone Ketone, PEKK, 고성능 폴리머)이라는 골 대체 물질을 이용한 두개골 보형물을 3D 프린터로 제작하여 환자에게 삽입하는 것도 성공하였다.

인공장기 분야에서의 3D 프린터 활용사례를 보면, 3D 프린팅 기술을 활용해 심장, 간, 피부, 각막, 혈관 등을 생성해 인간에게 이식

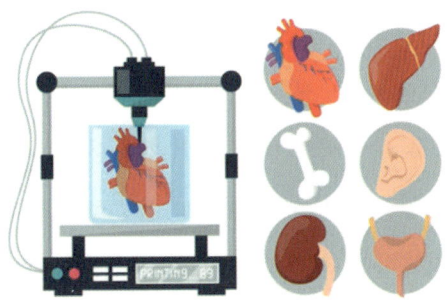

| 인공장기 분야 | 출처 : 네이처 바이오테크놀로지 |

하는 기술에 적용하였다. 3D 바이오 프린팅 기술은 살아 있는 세포를 사용하여 세포를 원하는 형상이나 패턴으로 적층해 인체의 조직이나 장기를 제작하기도 한다. 또한 바이오 잉크는 살아 있는 세포 혹은 바이오 분자를 포함하기도 한다.

피부 마스크 제작 분야에서의 3D 프린터 활용사례를 보면, 아모레퍼시픽의 '아이오페'는 얼굴형과 피부 고민에 맞는 시트 마스크를 즉석에서 제조하고, 제공하는 개인 맞춤형 3D 마스크 출시하였다. 앱으로 사진을 찍어 얼굴형, 눈·입의 크기나 모양을 측정하면, 3D 프린팅 기술로 마스크 제조가 가능하고 개인의 피부 상태를 고려하여 이마와 턱에는 트러블 케어 성분을, 볼에는 보습 성분을 추가할 수도 있다.

패션 분야에서의 3D 프린터 활용사례를 보면, 글로벌 신발 제조기업 아디다스는 3D 프린팅된 밑창을 탑재한 트레이너 신발을 출시하였다. 신장, 활동 스타일, 걸음걸이 등에 따라 신발 밑창(midsole)을 다르게 맞춤 설계가 가능하고, 24시간 안에 개인의 특성에 따라 생산 가능하며 제작 속도도 빠르다. 또한 재활용 플라스틱을 활용한 기술로 100% 재활용도 가능하다.

맞춤형 안경 분야에서의 3D 프린터 활용사례를 보면, 브리즘은 스캐닝 장비로 얼굴 모양, 머리 둘레 등을 스캔해서 얼굴의 형태를 정확하게 수치화하여 최적화된 안경 사이즈와 디자인을 추천한다. 추천한 상품을 고객이 선택하면 3D 프린터로 제품을 추출한 뒤

연마와 염색을 해서 완성하고 고객의 코와 귀 높이는 물론 얼굴의 미세한 불균형까지 계산해서 3D 프린터로 안경을 제작한다.

신제품 개발 프로토타입 제작 분야에서의 3D 프린터 활용사례를 보면, 새로운 제품 디자인 검토 및 검증 과정에 필요한 시제품을 외주 제작하지 않고, 회사 내부에서 3D 프린터를 이용하여 프로토타입(Prototype, 제품을 본격적인 개발에 앞서 미리 검증하기 위해 제작하는 시제품)을 제작한다. 방독면 제작 사례를 보면, 기존에 7일이 걸리던 프로토타입 제작 기간이 하루로 줄어들고 비용도 90% 절감할 수 있다는 장점이 있다.

영화산업 분야에서의 3D 프린터 활용사례를 보면, 영화 아노말리사(Anomalisa, 2015년 공개된 미국의 스톱모션 애니메이션 영화)에서는 기존 영화의 틀에서 벗어나 고해상도 3D 컬러 프린팅으로 스톱모션 영화에서 감정 표현이 가능하다. 스타번즈(Starbums Industries, 미국 캘리포니아 버뱅크의 영상 제작 업체)는 3D 프린터를 사용해 주름, 미소, 찡그린 얼굴, 걱정, 다크서클 등의 감정을 표현한 수천 가지 얼굴을 출력하였다.

피규어 제작 분야에서의 3D 프린터 활용사례를 보면, DSLR 카메라 100대를 이용한 3D 스캐닝 기술로 360° 전신 이미지 촬영이 가능하고, 촬영 사진을 바탕으로 3D 프린터를 이용해 다양한 크기로 피규어 제작이 가능하다. 요즘에는 태아 피규어도 3D 프린터로 제작을 한다. 초음파 검사 후 촬영한 초음파 영상을 3D 프린터를 이용해 태아의 모습을 3차원으로 출력하여 과거의 추억과 미래의 추억을 간직하게 하여 준다.

항공·우주 분야에서의 3D 프린터 활용사례를 보면, 미국의 보잉(Boeing)사는 찬 공기를 전자장비에 공급하는 배관을 비롯하여 약 300개의 소형 항공기 부품을 3D 프린터로 생산하고 있고, 미국의 유나이티드 테크놀로지스(UTC)사는 항공기 엔진에 사용되는 블레이드를 3D 프린터로 생산하고 있다. 또한 미국의 GE는 제트 엔진 노즐(jet engine nozzle) 제작을 3D 프린터를 이용함으로써 20개의 부품이 하나로 제작 가능하여 5배의 내구성 향상 및 75% 생산비를 절감할 수 있었다. 더불어 미국 항공우주국(NASA)은 3D 프린팅 기술로 로켓의 복잡하고 정교한 연료 분사 장치를 제작하여 시험비행에 성공했으며, 비용과 제작기간을 크게 단축하였다.

이제 3D 프린터를 건설 산업에 어떻게 적용하여 활용되고 있는지에 대해서 알아보도록 하겠다. 건설 산업에서 3D 프린터를 건축 기술에 적용하는 원리는 건축물을 구성하는 벽, 기둥, 바닥 등을 3D 프린터 노즐을 통해 점성 높은 콘크리트를 분사하여 층층이 겹으로 쌓아 구조체를 제작하는 방식으로 앞으로는 건물을 짓는 것이 아니라 건물을 프린팅 한다는 표현이 적절할 것이다. 이렇게 3D 프린터로 주택을 건립한다면 향후 통일한국 시대의 북한의 주택난을 해소할 수 있는 가장 적절한 방식 중 하나가 될 것이다(북한 주택 보급률 60%, 100만호 신축필요).

3D 프린터를 건설 산업에 적용 시 효과를 보면, 건설 공사 중에 발생하는 소음이나 분진이 감소될 수 있다. 또한 소형 빌딩 및 주택 건설에 도입 시 시간 및 비용의 획기적 절감이 가능하다. 예를 들어, 50평 주택을 건축하는 것을 기준으로 했을 때, 기존 시공비는 평당 550만 원인 데 비해, 3D 프린트로 시공했을 때의 공사비는 평당 150만 원으로 약 2억 원 정도의 절감효과가 있다.

주요 항목	설계비	철거비	가스 전기 인입비	시고비	땅 값	계
평균 비용	3,000 만 원	2,000 만 원	1,000 만 원	2억 2,000만~ 2억 6,000만 원 (3.3m² 당 450만~650만 원)	4억 5,000 만 원	4억 5,000 만 원 안팎

※ 30평 부지를 1,500만 원에 매입해 연면적 40평짜리 주택으로 지을 경우

도심 협소주택 건축 비용 예시 | 출처 : 서울경제 |

3D 프린터를 건설 산업에서 어떻게 활용하고 있는지에 대해서 업체별로 알아보도록 하겠다. 중국의 대표적인 3D 프린팅 전문 업체인 윈선(Winsun)은 전 세계 3D 건축업체 선두주자로 길이 32m, 높이 10m, 폭 6m의 주택을 3D 프린터를 사용하여 하루에 10채 이상 인쇄하듯이 건립하여 기존 대비, 공사기간 70%, 인건비 80%, 재료비 30~60%을 절감하였다.

3D 프린팅 하우스 | 출처 : Winsun |

　아랍에미리트(United Arab Emirates, UAE)의 두바이에 있는 미래재단사무실은 지상 1층에 연면적 250m²의 사무실을 공사기간 17일, 공사비 14만 달러(내부 인테리어 포함)로 기존 대비 공사기간은 50∼70%, 인건비는 50∼80%를 절감하여 건설하였는데, 이 방식은 멀리 떨어진 공장에서 부품을 1차 프린팅한 후 그 부품들을 현장으로 운송해 조립하는 방식을 취하였다.

　중국에서 대저택 3D 프린터로 건립사례를 보면 유럽풍 2층 1,100m²의 대저택을 3D 프린터로 프린팅하였다. 현장에서 즉시 프린팅이 가능해 공사기간을 단축 할 수 있고, 물류비용 절감과, 건축 폐기물 감소 효과가 있어 기존 대비, 공사기간 70%, 인건비 80% 절감하였다.

세계 최초 3D 프린팅 사무용 건물 | 출처 : Museum of the Future |

    3D 프린터로 아파트를 건립한 사례를 보면, 독일의 건설업체 페리(PERI)가 3D 프린팅 기술로 아파트 건립을 착수하였는데, 독일 웰렌하우젠 지방에 115평 부지에 5개 가구가 입주할 수 있는 3층 높이 아파트를 건축하기 위해 3D 건축용 프린터 'BOD2'를 투입하였다. BOD2는 3개의 금속 축과 프린트 헤더로 초당 최대 100cm를 움직이고, 시간당 10t 콘크리트를 활용해 건물을 쌓아 올려, 총 6주가 소요되었다.

3D 프린팅 기술로 만들고 있는 아파트 | 출처 : PERI |

또 다른 사례로 2016년 창업한 미국 실리콘밸리에 본사를 두고 있는 스타트업체인 카자(Cazza)이다. 카자는 하루에 200㎡의 콘크리트를 쌓을 수 있는 3D 프린팅 크레인 미니탱크(Minitank)를 개발하여 활용하고 있다. 미니탱크는 거대한 팔이 콘크리트를 깎는 형태로 건축물을 짓는다. 이 미니탱크는 일반 건축기법보다 1.5배 이상 빠른 속도이며, 건설현장으로 손쉽게 이동할 수 있다는 강점이 있다. 실제로 카자는 창업한 지 1년 만에 성공한 기술로 두바이 정부와 협약을 맺고 '두바이 미래 가속 프로그램(Dubai Future Accelerators)'을 두바이 미래 재단(Dubai Future Foundation, DFF)이 운영하고 있다. 운영목적은 세계 혁신기업들과 두바이 정부가 파트너십을 통해 미래 글로벌 문제를 해결하고 두바이를 세계 최첨단 혁신도시로 육성한다는 목적으로, 로봇이 만든 건물을 세우기로 했다. 오는 2030년까지 아랍에미리트(UAE)는 건설을 계획한 건물의 25%를 3D 프린팅 기술을 이용해 지을 계획이다.

건설용 3D 프린팅 미니탱크 | 출처 : Cazza

우리나라도 한 중소기업에서 3D 프린터로 집을 짓는 시도를 하고 있다.

교량 건설에 3D 프린터 기술을 활용한 사례를 보면, 중국 상하이에서 교량을 3D 프린팅 기술을 이용하여 전체 길이 26.3m, 너비 3.6m의 세계 최대 규모 싱글 아치형 보행교를 개통하였다. 다리의 형태는 고대의 다리 조주교의 구조를 모티브로 제작했으며, 제조 비용은 일반 교량의 2/3 수준으로 원가절감이 가능하다.

3D 프린터를 건설 산업에 가장 유용하게 사용할 수 있는 분야가 비정형 거푸집 형태의 구조물을 제작하는 것이다. 따라서 건설 산업에서 가장 주목하고 있는 사례로 기존 목재, 철재 등의 거푸집 방식을 대체 가능한 새로운 거푸집 구조체를 제작하는 방식이다.

3D 프린팅 기술이 현재에는 멀리 떨어진 공장에서 부품을 1차 프린팅한 뒤 그 부품들을 현장으로 운송해 조립하는 방식을 적용하고 있어 완벽한 3D 프린팅 기술이 적용되지 못하고 있지만, 현장에서 3D 프린터로 건물을 시공할 경우 즉시 프린팅이 가능해 건축 기간을 단축할 수 있을 뿐만 아니라, 물류비용 절감과 건축 폐기물 감소 효과가 있을 것이다. 또한 3D 프린팅 기술을 이용하여 건설 산업이 어떻게 진화해 나갈 것인지를 예측해 보면, 3D 프린터로 미니어처 집을 생산한 후 현장에 가져가서 실제 집 크기로 자동 복원한다거나 재료를 현지에서 조달할 수 있는 기법이 개발되어 남극 · 북극 등의 극한지나 아프리카 오지 등에서 부피, 무게의 제약

을 받지 않고 자유자재로 다양한 건설이 가능하게 된다면 건설 산업 패러다임의 혁명이 일어날 것이다.

향후에는 우주용 3D 음식을 생산하거나, 재료 자체의 물성을 변화시키는 기술(영화 터미네이터2 에서 보는 것과 같이 액체와 고체 상태를 오가는 T-1000 로봇을 제작하는 기술)로 진화해 갈 것이라고 예측해 본다. 이제는 ESA(European Space Agency, 유럽우주국)와 같은 곳에서는 3D 프린터로 달기지 건설프로젝트를 추진하고 있다. 이러한 것들이 미래에 다가오고 있는 현실이 되고 있다.

3D 프린터 달기지 건설 | 출처 : KBS NEWS |

PART 6

증강현실(AR), 가상현실(VR) 혼합현실(MR), 메타버스(MetaVerse)

1. 증강현실(Augmented Reality, AR)

증강현실은 스마트폰을 이용하여 실제 존재하는 현실에 가상의 사물이나 정보를 겹쳐서 보여 주는 기술이다.

Augmented Reality | 출처 : Pokémon GO |

세계적으로 큰 화재를 몰고 온 포켓몬 고(Pokémon GO)가 증강현실을 활용한 대표적인 사례이다. 증강현실(AR) 시장규모는 영국의 시장조사 전문 업체인 오범 리서치(Ovum research)에 따르면 2019년도 13조 원에서 2025년 47조 원으로 3.6배로 급성장할 것으로 예상하고 있다.

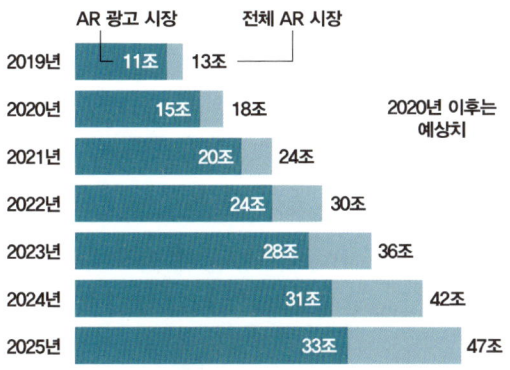

글로벌 증강현실 시장규모(단위 : 원) | 출처 : Ovum research |

증강현실 기술을 적용하기 위해서는 몇 가지 필요한 장비가 있다. 지리·위치 정보를 송수신하는 GPS(Global Positioning System, 위성위치확인시스템) 장치, 전자나침반, 자이로스코프 센서, 위치정보 시스템, 증강현실 앱, IT 기기(스마트폰, 태블릿 PC) 등이다.

증강현실 기술을 실행하기 위한 방법은 사용자가 증강현실 앱을 실행한 후 스마트폰 등의 내장 카메라로 특정 거리나 건물을 비추면 GPS 수신기를 통해 현재 위치의 위도·경도 정보, 기울기·중력 정보 등이 스마트폰에 임시 기록된다. 이 기록된 GPS 정보를 인터넷을 통해 특정 위치정보 시스템에 전송한다. 사용자로부터 위치, 기울기 등의 GPS 정보를 수신한 위치정보 시스템은 해당 지역 또는 사물의 상세 정보를 자신의 데이터베이스에서 검색한 후 그 결과를 다시 스마트폰으로 전송한다. 전송받은 데이터를 수신한 스마트폰은 증강현실 앱을 통해 현 지도 정보와 매칭시킨 후 실시간 화면으로 보여 주는 것이다.

증강현실(AR)을 적용하여 산업에 활용사례를 보도록 하겠다. 의료진단 분야에서 증강현실(AR)을 적용한 사례를 보면, 신체를 스캔한 정보를 눈앞에 3D로 띄워 놓고 진단과 치료가 가능하다. 증강현실을 통해 고소공포증, 비행공포증 등 불안장애를 비롯하여 외상 후 스트레스 등을 치료할 수 있다.

항공기 검사 분야에서 증강현실(AR) 활용사례를 보면, 에어버스(Airbus), 즉 '미라(MiRA)'라는 증강현실 시스템을 통해 제작 중인 항공기의 모든 정보를 엔지니어들에게 3차원으로 제공하고 있다. 에어버스의 경우 미라를 통해 브래킷 검사에 필요한 소요시간을 3주에서 증강현실(AR) 기술을 활용하여 3일로 단축하였다.

고장진단 분야에서 증강현실(AR) 활용사례를 보면, 독일 자동차 전장부품 제조사 콘티넨탈(Continental)[34]은 미국 실리콘밸리 홀로그래픽 프로젝션 기술을 자동차와 가전 앱에 적용할 수 있는 원천기술을 가진 광학기술 전문회사인 디지렌즈(DigiLens)와 제휴를 통해 자동차 진단을 하고, 분석이 필요한 부품과 구성요소 등이 디스플레이에 표시되어 단계별로 진단과 수리하는 데 활용하고 있다.

---

34 Continental : 타이어, 브레이크, 엔진 부품 등 자동차 부품 제조와 운송 산업을 주도하는 세계적인 기업으로 독일 하노버에 본사가 있으며 브리지스톤(Bridgestone), 미셸린(Michelin), 굿이어(Goodyear)에 이어 자동차 부품업체 가운데 세계 4번째 기업이다. 1871년에 모리츠 마그누스가 고무제조업체인 콘티넨탈을 설립한 것이 출발이었다. 처음에는 고무 제품, 자전거 타이어 등을 생산하다가 1898년부터 자동차 타이어 생산을 시작하였고, 1990년대 중반부터 자동차의 브레이크 시스템, 엔진 부품 등을 처음으로 만들기 시작하였다.

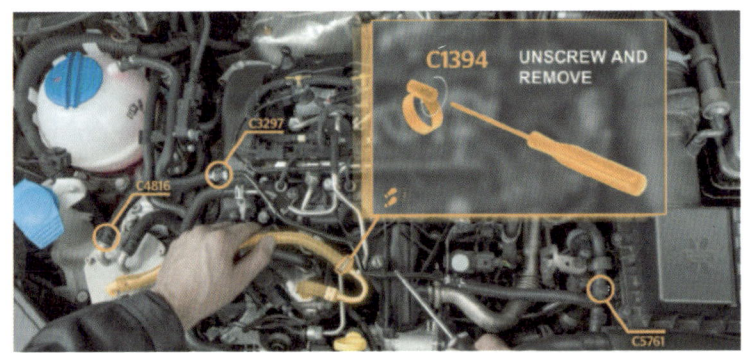

콘티넨탈 OEM 솔루션 | 출처 : Continental |

　지자체 소개 분야에서의 증강현실(AR) 활용사례를 보면, 경기도 고양시는 한강 하구의 생태, 역사, 평화 콘텐츠를 활용해 '한강하구 보물찾기 영상 증강현실(AR) 사업'을 추진하여 휴대전화에 앱을 다운받아 가상현실을 비춰 보면 겸재 정선의 『행호관어도』를 재현한 조선시대 한강의 별장과 웅어잡이 배의 관람이 가능하고, 민간 출입이 자유롭지 못한 장항습지의 수생식물과 동물들을 간접적으로 체험도 가능하다.

　코카콜라는 증강현실(AR)을 활용하여 현실 위에 가상의 이미지, 판타지적 세계관이나 이야기 등을 덧씌워 만든 세계인 코카콜라 윈터원터랜드(Winter Wonderland) 머신을 제작하여 코카콜라가 만들어 낸 눈 내리는 화이트 크리스마스 머신으로 핀란드에서 눈을 넣으면 싱가포르에 눈이 내리는 형상을 연출해 눈이 오지 않는 싱가포르에서 핀란드와 같은 느낌의 세계를 만들어 주는 데 증강현실 기술을 활용하였다.

국내 가구업체인 한샘은 한샘몰 앱을 통해 가상공간에 한샘의 200여 개 가구를 미리 배치해 볼 수 있는 증강현실 서비스 기능을 이용하여 집에 가구를 배치하여 보고 자기 취향에 맞는 가구를 선택할 수 있도록 하고, 침대 제품에는 수면 흐름을 측정하는 IoT 기술을 접목하고 있다.

스웨덴의 가구 및 생활 소품을 판매하는 다국적 기업인 이케아(IKEA)도 가상으로 가구를 공간에 미리 배치해 볼 수 있는 증강현실 앱인 이케아 플레이스(IKEA Place)를 출시하였다. 이케아 플레이스는 제품을 3D로 구현해 크기, 디자인, 기능 등을 실제 제품 비율로 적용해, 집과 사무실, 학교 등 가구를 배치하려는 공간에 제품을 구현해 보는 데 증강현실을 활용하고 있다.

수입 페인트 업체인 벤자민 무어(Benjamin moore)는 컬러 캡처 앱(Color Capture APP, 사진 속 물체를 선택하면 App이 그 색상과 비슷한 페인트를 골라 주는 서비스)을 통해 일상에서 찍은 사진 속 색상과 가장 비슷한 페인트를 찾아 주는 데 증강현실 기능을 사용하고 있다.

증강현실(AR)을 이용한 가구배치 | 출처 : 한샘몰 |

영국계 페인트 브랜드인 듀럭스(Dulux)는 AR 기반 앱을 사용하면, 카메라를 통해 보이는 사용자 집 안의 벽에 페인트색을 가상으로 입혀 볼 수 있는 서비스를 출시하여 앱에서 도 환경에 어울리는 페인트 색상 추천해 주므로 다양한 페인트 색상 선택이 가능하도록 하고 있다.

내비게이션 분야에서의 증강현실(AR) 활용사례를 보면, 스마트폰으로 걷고 있는 길을 비추면 가야 할 길을 알려 주는 증강현실 내비게이션 구현이 된다. AR 워킹 내비게이션은 GPS, 스마트폰의 카메라와 센서, 인공지능을 기반으로 위치인식 및 지도 생성 기술을 접목하여, 가상의 캐릭터가 실제 세계에서 사용자에게 길을 안내하는 방식을 취하고 있다.

내비게이션 분야에서의 증강현실 활용사례 | by s. k |

AR 도슨트(Docent, 안내원) 분야에서의 증강현실(AR) 활용사례를 보면, 관람객은 AR 글라스를 착용하고, 전시된 유물들에 관한 다양한 체험이 가능하다.

메이크업 분야에서의 증강현실(AR) 활용사례를 보면, 시세이도 (Shiseido, 화장품의 제조·판매를 주요 사업으로 하는 일본의 기업)는 증강현실 메이크업 미러를 통하여 소비자의 얼굴에 화장품을 적용 시 어떤 효과를 내는지 사용하지 않아도 확인 가능하고, 아모레퍼시픽은 고객들이 제품 테스트를 비대면으로 할 수 있는 AR 체험형 뷰티 매장인 아모레 스토어를 오픈하였다. 아모레 스토어는 피부에 직접적으로 화장품을 대지 않아도 자신에게 어울리는 제품이 무엇인지 확인 가능하고, 매장에 구축되어 있는 AR 스크린에 얼굴을 촬영 후 화장품을 선택하면 AR로 메이크업이 자동으로 적용되도록 하는 데 증강현실 기술을 활용하고 있다.

지금부터는 건설 산업에 증강현실(AR) 기술을 어떻게 적용하고 있는지 사례 중심으로 알아보도록 하겠다. 건설 산업에서의 증강현실 활용분야를 보면 설계한 도면을 실제 들어설 땅에 배치하여 봄으로써 현실감을 극대화하여 설계 및 시공할 수 있기 때문에 설계상의 오류나 시공상의 오류를 사전에 검토하고 반영하여 설계, 시공 품질향상 및 원가절감을 하는 데 활용하고 있다.

다큐리(DAQRI)의 스마트 헬멧은 헬멧을 쓰고 건설현장에서 아직 지어지지 않은 건축물을 본다거나, 건축 중인 건물의 전기·설비배관 등을 확인이 가능

스마트 헬멧 | 출처 : DAQRI

하다. 헬멧을 착용하면 실제 공사현장 위에 정보가 필요한 공간과 특정 정보가 3D 이미지로 뜨게 된다. 이를 통해 작업자는 헬멧을 통해 작업할 내용을 파악할 수 있고, 매뉴얼을 보면서 작업을 할 수 있어서 안전성 제고와 작업속도 개선 효과가 있다.

대우건설은 스마트폰에 'AR 가든' 앱을 설치하면 입주민들은 단지 내 정원에 있는 초목이나 벤치 등이 사물에 겹쳐서 나타나는 증강현실 애니메이션을 체험할 수 있다. 단지 내 조경과 정보기술(IT)을 접목한 새로운 서비스이다. 'AR 포토존 서비스'를 이용하면 단지 내 놀이터 곳곳에서 동물, 로봇, 공룡 등 캐릭터 증강현실을 체험하고 화면 속 캐릭터와 함께 사진을 찍을 수 있다. 'AR 조경 안내 서비스'를 이용하면 식물이 꽃을 피우거나 열매를 맺은 모습을 증강현실로 볼 수 있고 조형물을 만든 작가의 인터뷰 영상을 볼 수도 있다.

증강현실을 적용한 AR 가든 | 출처 : DAEWOO E&C |

건설현장 품질관리 분야에서의 증강현실(AR) 활용사례를 보면, 현대건설은 시공 품질관리 및 검측 생산성 향상을 위해 BIM 기반의 AR 품질관리 플랫폼을 자체 개발하여 운영하고 있다. 마이크로소프트사가 개발한 AR 웨어러블 기기인 '홀로렌즈(HoloLens)'와 결합하여, 건설현장에서 객체 정보 확인, 거리측정, 3D 모델조작(이동·복사·스케일·회전·모델필터·숨기기) 기능 등을 활용할 수 있는 AR 기술을 통해 실제 건축물 위에 3D 모델을 증강시켜 시공 후의 품질을 효과적으로 예측하는 데 증강현실 기술을 활용하고 있다.

전기 배전반 배선작업에서 증강현실(AR) 활용사례를 보면 전기작업자가 전기배선 작업을 할 때 도면을 일일이 보면서 작업하는 것보다 증강현실을 이용하여 도면과 작업을 겹쳐서 작업할 수 있어 실수를 줄이고 시간을 절약할 수 있다.

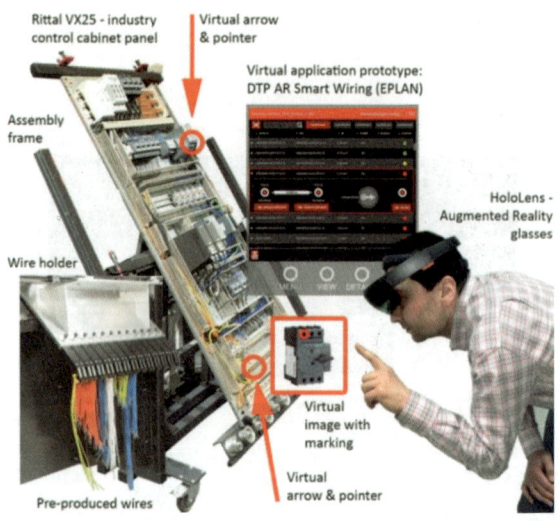

배전반 공사 | 출처 : Szajna et al. |

2. 가상현실(Virtual Reality, VR)

가상현실은 HMD(Head Mounted Display)[35]와 같은 시각장치를 장착하고 컴퓨터 내에서 구현되는 가상의 경험을 현실인 것처럼 유사하게 체험하게 하는 인터페이스 기술이다.

Head Mounted Display | 출처 : 삼성전자 |

가상현실(VR) 기술이 처음 등장한 것은 1990년대이나, 당시 기술력이 떨어져 단지 착시 정도의 수준에 머물렀다. 하지만 앞으로는 군사, 영화, 게임, 테마파크, 의료, 건축 등의 다양한 분야에 접목될 것이다.

가상현실(VR)의 시장 규모는 마켓앤마켓(MarketsandMarkets)에 따르면, 전 세계 가상현실(VR) 시장은 2018년 79억 달러에서 연평균

---

35 HMD : 안경처럼 머리에 쓰고 영상을 감상할 수 있는 영상표시기기로서 1968년 미국 유타대에서 컴퓨터공학을 연구하던 이반 에드워드 서덜랜드가 처음으로 개발했다. 하지만 이 기기는 너무 무거워 천장에 기기를 매달아 놓고 사용해야 했고 이런 모습이 이용자들에게 거부감을 줘서 상용화에 실패했다. 이후 1991년 세가(SEGA)는 미국 시장에 '세가VR' 라는 최초의 게임용 VR 헤드 셋을 선보였다. 이 기기 역시 실패했지만 이용자의 머리 움직임을 게임과 연동했다는 점에서 주목 받았다. 이후 1995년 닌텐도가 '버추얼 보이' 라는 게임기를 출시했고, 커다란 고글형의 디스플레이를 머리에 쓰고 게임을 즐기는 방식이었다.

성장률 33.47%로 증가하여, 2024년에는 446억 8,000만 달러가 될 것으로 전망하고 있다. IDC(International Data Corporation,미국의 IT 및 통신 부문 시장조사 기관)도 AR & VR 시장규모를 2018년 9조 7천억 원에서 2023년에는 160조 원으로 성장할 것으로 예상하고 있고, 한국의 미래창조과학부도 VR 플랫폼과 VR 게임, VR 테마파크 등을 육성하기 위하여 3년간 1,850억 원의 예산을 투자할 계획을 가지고 있다.

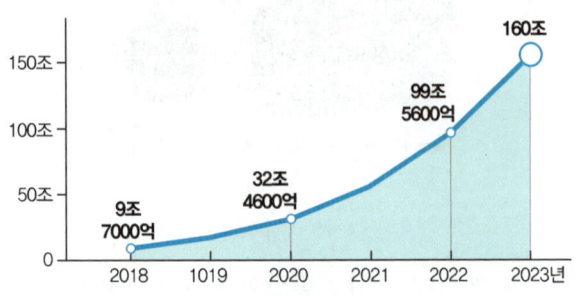

글로벌 AR·VR 시장규모(단위 : 원) | 출처 : IDC |

가상현실(VR) 적용사례를 보면, 골드만삭스의 조사에 따르면 현재는 게임 분야에 가장 많이 적용되고 있지만, 가상현실, 증강현실은 사실상 거의 모든 산업인 헬스케어, 공학, 부동산, 소매, 군용, 교육, 체험, 엔터테인먼트, 소셜네트워크 서비스(Social Network Service, SNS) 등의 다양한 분야에 접목하여 새로운 가치를 창출하고 있다. 가까운 미래에는 가상현실, 증강현실로 인해 인간의 생활이 지금보다 편리해질 것이다.

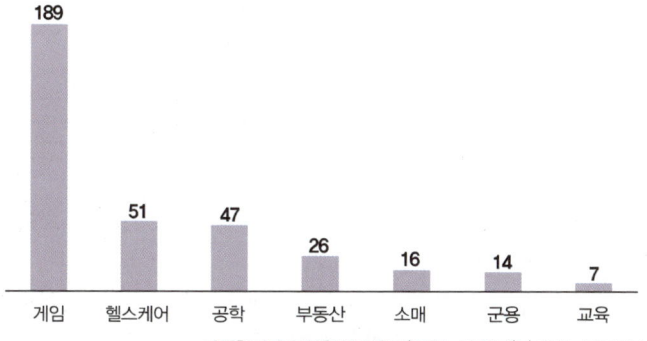

가상현실과 증강현실의 용도(단위 : 억 달러) | 출처 : 골드만 삭스 |

가상현실(VR)의 주요 특징 및 적용영역을 보면, 먼저 마치 자신이 가상공간에 있는 듯한 경험을 하게 되는 가상체험이나, 실세계와 같은 360도 공간 안에 가상의 세계가 펼쳐지는 듯한 몰입감, 손과 몸을 움직이며 가상현실 환경에서 직접 행동을 유발할 수 있는 상호작용이 있다.

가상현실(VR) 적용분야로 일본항공(JAL)은 마이크로소프트사가 개발한 홀로그래픽 컴퓨터인 마이크로소프트 홀로렌즈(Microsoft HoloLens)[36]를 도입하여 조종사와 정비사 훈련에 활용하고 있다. 조종사 훈련 분야에서는 실제와 같은 조종석 공간을 만들어 언제 어디에서도 체험할 수 있도록 하고 운항승무원이 훈련할 때에는 보조적인 트레이닝 도구로써 활용하여 눈앞에 있는 그려진 홀로그램으로 조종석의 스위치 조작을 시뮬레이션할 수 있어 효과적인 훈련

---

36 Microsoft HoloLens : 윈도우10을 탑재하여 휴대전화와 노트북 등의 외부 기기와 접속할 필요 없이 무선으로 사용 가능한 최초의 홀로그래픽 컴퓨터이다. 홀로렌즈를 통해 실 공간에 홀로그램을 배치하고 영상을 보거나 조작하는 것이 가능하다.

JAL 조종석 훈련 | 출처 : Japan Airlines |

이 가능하다. 정비사 훈련 분야에서는 정비사 양성훈련에서 엔진 자체의 구조와 부품 명칭, 시스템 구조 등을 언제 어디에서든 더욱 사실적으로 체감 및 학습이 가능하다. 홀로렌즈를 통해 시간과 공간에 제약을 받지 않는 조종훈련이나 정비훈련으로 고품질의 기술 습득하는 데 활용하고 있다.

교육산업 분야에서의 가상현실(VR) 활용사례를 보면, 현실에서 재현하기 힘든 고가의 장비 또는 원하는 환경을 저렴한 비용으로 마련할 수 있고, 이러한 가상장비로, 인위적으로 마련된 환경에서 자유로운 체험교육이 가능하여 조작 실수로 인한 장비 고장이나 사고가 발생해도 Risk '0'로 할 수 있는 장점이 있다.

가상 쇼핑몰 분야에서의 가상현실(VR) 활용사례를 보면, 미국의 결제 및 지불 거래 회사인 페이스카웃(payscout)은 Application

가상 쇼핑몰 분야 | 출처 : payscout |

Payscout VR Commerce을 개발하여 가상의 쇼핑몰을 제공하고 있다. 가상현실 경험에서는 마찰 없는 지불/결제 등이 가능하게 하여 소비자가 물건을 쇼핑하고 구매할 수 있도록 해 주며, 또한 집으로 배달도 가능하다.

여행지 간접 체험에서도 가상현실(VR)을 활용하고 있다. 메리어트(Marriott) 호텔의 4D 프로젝트인 텔레포터(The Teleporter)는 하나의 부스 안에 참가자들이 들어가서 VR을 통해 하와이, 런던 등 가고 싶은 곳을 간접적으로 체험할 수 있는 기회를 제공하고 있다. 360도 동영상 제공할 뿐만 아니라 물방울, 바람, 열기, 소리까지 4D 효과를 적용해 다른 감각들을 자극하여 더욱 생생한 체험이 가능하다.

여행지 간접 체험 분야 | 출처 : Marriott hotel |

　기계운동 분야에서의 가상현실(VR) 활용사례를 보면, 독일의 디자인 회사인 하이브(HYVE)의 가상현실 운동머신 이카로스(ICAROS)를 출시하였다. 이카로스는 마치 하늘을 나는 것과 같은 자세를 취할 수 있도록 도와주는 머신으로 즐거움과 운동 효과를 동시 제공하고, 몸의 반응 속도와 균형 감각을 발달시키는 데 탁월한 능력을 발휘하고, 헤드셋과 VR 기기로 풍경을 바꾸거나 음악도 가미해, 지루함도 해결해 주는 데 가상현실 기술을 활용하고 있다.

기계운동 분야 | 출처 : ICAROS |

심리 상담분야에서의 가상현실(VR) 활용사례를 보면, 가상현실 기술은 이미 '인간 심리 치유 영역'에서 활용하고 있다. 불안장애나 공포증 치료에서 VR, AR 기술을 활용하여 환자에게 불안이나 공포증을 단계적으로 극복하는 데 활용되고 있고, 치매나 우울증 환자들에게도 적용하여 활용되고 있다.

건설 산업에서의 가상현실(VR) 활용분야를 보면, 건설현장의 위험을 인지할 수 있도록 VR과 AR을 이용하여 사고위험을 시각화하여 안전교육 프로그램으로 활용하거나 건설현장의 시공 전후를 가상현실을 활용하여 현실감 있는 정보를 제공하는 데 활용할 수도 있다. 또한 설계도면을 입체적으로 시각화하거나 3차원으로 만든 도면 공간에 사용자가 들어가서 체험함으로써 간접 경험을 할 수 있도록 하는 데 활용이 가능하다.

건설 산업은 고객에게 제품을 미리 보여 주고 팔 수 없는 조건이고 공사현장에 직접 가 봐야 상황을 파악할 수 있기 때문에 가상현실은 이러한 건설 산업의 한계를 극복하는 데 효과가 클 것이다. 고객에게 BIM(Building Information Modeling, 빌딩 정보 모델링)을 이용하여 3D 이미지로 단순히 보여 주거나, 전문가들이 설명해 주어도 도면을 이해하기는 어렵다. 하지만 가상현실은 생생한 체험까지 가능하게 할 수 있고, 또한 작업의 정밀도를 높이거나 작업의 속도를 증가시키는데 활용하고 있다.

가상현실(VR)을 건설 산업에 적용한 사례를 보면, 싱가포르는 도시계획에 활용하고 있다. 도시 전체를 그대로 복제해 3D 가상현실로 구현해 놓은 버추얼 싱가포르(Virtual Singapore)를 완성하였는데, 버추얼 싱가포르는 2015년부터 시작하여 도시 전체를 복제해 가상현실로 구현한 디지털 트윈(Digital Twin)이다. 버추얼 싱가포르 안에는 빌딩, 도로, 테마파크 등 건축물은 물론 공원과 가로수까지 모든 구조물에 대한 상세한 정보를 수록하고 있다. 데이터 수집을 바탕으로 언제 어느 곳이 교통체증이 가장 심한지, 미세먼지가 가장 심한 곳은 어디인지 등도 파악이 가능하여 문제해결도 빠르게 할 수 있다. 실제로 싱가포르의 미니 실리콘밸리라 부르는 풍골(punggol) 타운을 설계할 때 프랑스 소프트웨어 기업인 다쏘시스템(Dassault Systèmes)의 3D 플랫폼을 활용해 도시를 완성했다. 실제 들어설 건물을 가상세계에 건설한 후 바람이 불 때 공기의 흐름이나 그림자 변화, 대기질 수준 등을 시뮬레이션한 결과값에 따라 건물 위치와 건물 동간거리를 최적으로 배치하여 도시를 쾌적하게 설계하였고, 바람이 건물 사이를 잘 통과하도록 풍동축을 형성하여 도시 전체의 공기질을 좋게 하였다. 더불어 모든 건물은 일조권이 보장되도록 설계하고 공원과 식당가, 쇼핑몰까지 그림자 분석을 통해 가장 걷기 좋게 구성을 하였다. 또한 도시의 안전을 지키는 데도 도움이 되어 공동주거시설에서 화재나 가스유출 사태가 발생할 경우 안전하게 대피하도록 경로를 확보 등의 다양한 분야에서 스마트 국가 건설을 위한 가상 플랫폼으로 활용되고 있다.

설계 분야에서 가상현실(VR) 활용사례를 보면, 건축물이 지어지기 이전, 공간의 규모와 배치 등을 파악하기 위하여 투시도나 모형도를 만들어 가상의 환경을 직감하는 것이 보편적이다. 투시도와 모형도는 신체 지각을 통해 직접 경험하지 않기 때문에 몰입감과 존재 감각은 상상과 해석에 의존하는 경우가 대부분이어서 시공 전 디자인된 건물의 외관이나 내부, 성능 등을 고객들에게 미리 체험할 수 있도록 하고, 착공 전 수정사항이나 보완사항 등을 사전에 체크해 보는 분야에 활용되고 있다.

그래픽반도체 1위 기업인 엔비디아(NVIDIA)[37]는 미국 캘리포니아주에 신사옥을 건립할 때 자사의 대표적인 기술인 VR을 활용하

가상현실(VR)을 활용한 앤비디아 신사옥 건립 | 출처 : NVIDIA |

37 NVIDIA : 컴퓨터용 그래픽 처리 장치와 멀티미디어 장치를 개발, 제조하는 회사이다. 엑스박스와 플레이스테이션3과 같은 비디오 게임기에 그래픽 카드 칩셋을 공급하였으며 2005년 12월 14일 엔비디아는 ULi를 인수했다. 이 회사는 ATI 칩셋에 쓰이는 사우스 브릿지를 생산하고 있었다. 본사는 캘리포니아 주의 산타클라라에 있다.

여 실제 모습과 똑같은 가상의 신사옥을 짓고 가상의 공간 안팎을 보면서 건물을 올렸다. 또한 계절과 시간대, 날씨 변화에 따라 일조량이 어떻게 변화하는지를 가상현실로 시뮬레이션을 한 뒤 채광창을 배치하고 카펫부터 벽체 페인트 색깔과 질감까지 VR을 통하여 미리 구현해 보고 결정하는 데 활용하였다. 공사 초기부터 VR을 적극적으로 활용하여 건축 공기 및 비용을 획기적으로 절감하였다.

GS건설은 인프라 VDC(Virtual Design Construction) 플랫폼을 개발하고 운영함으로써 가상의 건설현장 내에서 사전 시뮬레이션을 통해 도면 오류를 잡아내 재시공 리스크를 줄이고 장비, 작업자, 임시시설의 투입경로를 파악하여 공기지연 등 문제의 요소를 사전 예방하는 데 활용하고 있다. 또한 건설 현장의 시공 전후를 VR를 활용하여 현실감 있게 정보 제공하는 데 활용되고, 설계도면을 입체적으로 시각화하거나 3차원으로 만든 도면 공간에 사용자가 들어가서 체험함으로써 간접 경험을 할 수 있도록 하는 데도 활용되고 있다.

삼성건설은 안전교육장에 VR 기기를 활용해 공사장에서 추락하는 사고 상황을 간접 체험할 수 있는 '추락 안전대 4D 체험' 교육을 설치하여 운영하고 있다. 작업하기 전 가설계단과 철근 조립대 등 근로자가 실제로 작업하는 장소를 3D 가상영상으로 체험해 위험요소를 미리 파악할 수 있어 작업자들에게 현실감 있는 교육자료로 활용하고 있다.

안전교육 분야 | 출처 : 삼성건설 |

대우건설은 최근에 아파트를 분양하면서 미건립 세대 및 공용부분을 가상현실 기법을 활용하여 고객에게 보여 주는 서비스를 제공하여 분양하는 데 활용하고 있다.

3. 혼합현실(Mixed Reality, MR)

혼합현실은 홀로그램(Hologram)[38]을 이용하여 현실세계와 가상세계 정보를 결합하여 두 세계를 융합시키는 공간을 만들어 내는 기술이다.

혼합현실 사례 | 출처 : Magic Leap |

혼합현실(MR)은 증강현실(AR)의 현실에 3차원 가상 이미지를 겹쳐서 보여 주는 기술과 가상현실(VR)의 현실이 아닌 100% 가상의 이미지를 사용하는 기술의 장점을 따온 기술이다. 스마트폰으로 배경을 비추었을 때 캐릭터가 배

---

38 Hologram : 홀로(holo)는 그리스어로 전체를, 그램(gram)은 그리스어로 정보란 뜻으로, 완전한 사진이라는 의미가 있다. 홀로그램은 어떤 대상 물체의 3차원 입체상을 재생하여 여러 각도에서 물체의 모습을 볼 수 있다. 처음 만든 사람은 1948년, 헝가리 태생의 영국 물리학자인 데니스 가보이다. 주변에서 가장 쉽게 볼 수 있는 것은 위조방지를 위하여 신용카드에 붙어 있는 홀로그램이다.

경에 고정되어 있으면 증강현실, 캐릭터가 배경과 융화되어 자연스럽게 이동하면 혼합현실이다.

혼합현실(MR) 시장 규모는 한국과학기술정보연구원의 자료에 의하면, 2015년 433억 원에서 2022년도 2조 1,010억 원으로 성장할 것으로 예상되고, 국내시장도 2015년도 15억 원에서 2022년도 768억 원으로 50배 이상 성장할 것으로 예상하고 있다.

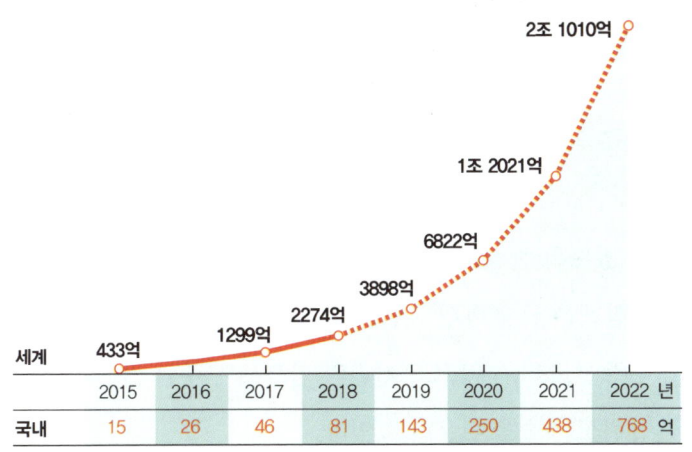

MR 시장규모(단위 : 원, 2018년 이후는 예상치)
| 출처 : 한국과학기술정보연구원. 한국콘텐츠진흥원 |

혼합현실 활용사례를 보면 조립가공, 검사, 의료, 자동차 및 로봇 산업 부문에서 다양하게 활용되고 있다. 일본 주오대(中央大) 연구실은 MR 기술을 활용해 해안가 지역에 쓰나미가 밀어닥칠 때의 모습을 구현하거나, 지진이 일어날 경우 건물 내부에서 어떤 일이 발생하는지에 대해 알아보는 데 혼합현실을 활용하고 있다.

Destination : Mars | 출처 : NASA |

미 항공우주국(NASA)은 마이크로소프트와 함께 목적지 화성(Destination : Mars)이라는 체험 공간을 통해 일반인들이 우주 공간을 걸을 수 있도록 한 MR 프로젝트를 진행하고 있다. 이 프로젝트를 통해 관람객은 실제 화성 표면을 걸어 다니는 듯한 느낌을 받을 수 있어 우주선을 타지 않고도 기술의 힘으로 우주를 간접 체험하는 데 혼합현실 기술을 활용하고 있다.

가상영상 체험 분야에서 혼합현실(MR) 활용사례를 보면, 미국의 스타트업체인 매직 리프(Magic Leap)[39]는 혼합현실을 활용하여 영상에서 안경이나 별도의 장비 없이 체육관에서 고래가 살아 있는 것처럼 헤엄치는 모습이나, 직접 매장에 방문한 것처럼 옷을 입어

---

[39] Magic Leap : 디지털 명시야를 사용자의 눈으로 투사함으로써 실세계 물체에 대해 3차원 컴퓨터 생성 이미지를 겹쳐놓는 헤드 마운티드 가상 망막 디스플레이를 개발한 미국의 스타트업 기업으로, 증강현실과 컴퓨터 비전 응용에 잠재적으로 적합한 기술들을 가진 매직 리프는 2010년 로니 아보비츠(Rony Abovitz)에 의해 설립되었으며 구글과 중국의 알리바바 그룹을 포함한 투자자들로부터 1,400,000 달러를 받았다.

볼 수 있는 MR 패션몰, 서로 다른 곳에서 운동하는 것처럼 즐길 수 있는 MR 스포츠게임 등에 영상을 개발하여 활용하고 있다.

홀로렌즈를 사용한 작업 지시 분야에서 혼합현실(MR) 활용사례를 보면, 마이크로소프트에서 홀로렌즈를 이용한 혼합현실 앱을 개발하여 작업장에서 홀로그램으로 단계별 작업 순서를 지시함으로써, 근무자가 새롭고 복잡한 작업에 쉽게 적응할 수 있다.

차량개발 분야에서 혼합현실(MR) 활용사례를 보면, 스웨덴 자동차 제조사 볼보(Volvo)는 혼합현실 헤드셋(바르요 XR-1)을 착용하고 차량을 운전하면 가상의 요소나 전체 기능, 차

차량개발 분야 | 출처 : VOLVO |

량의 센서 모두가 실제처럼 운전자에게 보이게 하는 기술 구현하고 있다. 핀란드 가상현실 스타트업체인 바르요(Varjo)의 XR-1 헤드셋은 고화질 카메라를 장착한 형태로 해상도가 실제처럼 생생한 혼합현실을 제공하여 준다.

가상회의 분야에서 혼합현실(MR) 활용사례를 보면, 마이크로소프트(MS)가 개발한 메시(Mesh) 플랫폼은 서로 다른 곳에 있어도 실제 같이 있는 것처럼 가상공간에서 여러 사용자들이 소통할 수 있는 클라우드 컴퓨팅 서비스이다. 메시 플랫폼에서 헤드셋을 쓰고 자신의 아바타로 가상 사무실에 출근해 동료와 공동으로 작업도

가능하고, 가상공간에 표현된 아바타를 통해 실시간으로 움직임을 확인하고, 대화를 나누는 것들이 가능하다.

건설 산업에서의 혼합현실(MR) 활용분야를 보면, 독일의 엘리베이터 업체인 티센크루프(Thyssenkrupp)[40]는 혼합현실(MR)을 이용하여 서비스 및 유지보수에 활용하고 있다. 서비스 기술자는 홀로그램(Hologram) 기술을 이용한 홀로렌즈(Hololens)를 통해 본격적인 업무에 돌입하기 전에 엘리베이터 문제를 가시화하고 파악하며, 현장에서 기술 및 전문정보에 대한 원격 핸즈프리 접근성을 확보할 수 있어 이로 인해 시간과 스트레스를 크게 줄일 수 있으며 서비스 유지·관리의 처리속도를 빠르고 정확하게 처리할 수 있다.

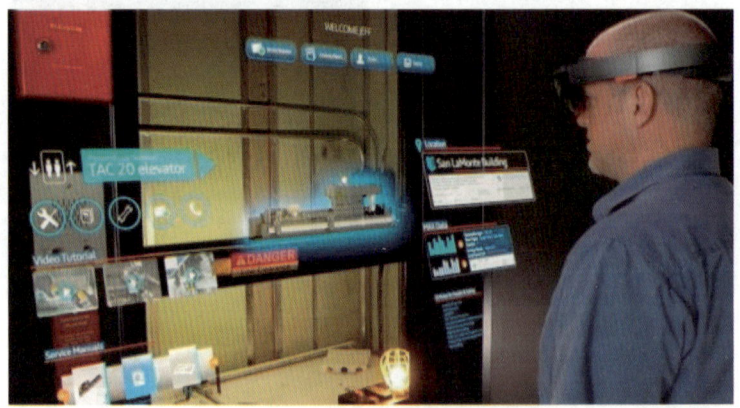

홀로렌즈 기술을 활용한 유지보수 | 출처 : Thyssenkrupp |

[40] Thyssenkrupp : 1999년 티센과 크루프가 합병하며 생겨난 유럽 최대의 철강 회사이다. 본사는 독일 에센에 있다. 주력 사업은 철강, 자본재, 서비스의 세 부문으로 구분된다. 철강 부문으로는 주로 탄소강과 스테인리스강을 생산하고 자본재 부문으로는 승강기, 자동차 부품과 같은 기계류를 생산하며 서비스 분야의 경우 주문생산 원자재, 환경 서비스, 엔지니어링 등으로 구성된다. 한국에서는 승강기 제조 및 유지보수가 주를 이룬다.

증강현실, 가상현실, 혼합현실을 비교해 보면 다음 표와 같다.

AR (Augmented Reality)	VR (Virtual Reality)	MR (Mixed Reality)
• 현실 정보 위에 가상의 정보를 보여 주는 기술 • 필요한 정보를 즉각적으로 보여 줌 • 몰입감이 떨어짐 • 홀로렌즈, 스마트 기기 활용	• 현실과 단절된 가상공간에서만 상호작용(디지털 환경에서만 구축) • 컴퓨터 그래픽으로 입체감 있는 영상 구현 • 몰입감이 뛰어남 • 현실 세계와 차단되어 현실과 상호작용이 안 됨 • HMD(Head Mounted Display) 활용	• 현실 정보 기반에 가상의 정보를 융합 • 현실과 상호작용 우수 • 사실감, 몰입감 극대화 • 처리할 데이터 용량이 큼 • 장비나 기술적 제약이 많음 • 홀로렌즈, 스마트 기기 활용

AR, VR, MR 비교 | by s. k |

4. 메타버스(MetaVerse)

메타버스란 아바타로 소통할 수 있는 디지털 세상, 가상과 현실이 상호작용하며 가상의 공간에서 사회 · 경제 · 문화 활동이 이루어지면서 가치를 창출하는 시스템을 말한다.

메타버스(MetaVerse)는 초월을 뜻하는 메타(Meta)와 세상, 우주를 뜻하는 유니버스(Universe)의 합성어로서 1992년 미국의 SF 소설가 닐 스티븐슨(neal Stephenson)의 소설 '스노 크래시(snow crash)'에서 처음 등장한 개념으로 가상공연, 가상수업, 가상회의, 가상상점, 게임 분야 등에서 다양하게 활용되고 있다.

메타버스 | 출처 : 클립아트코리아 |

인터넷 시대를 주도하는 신패러다임으로 메타버스가 언급되고 있으며, 글로벌 IT 기업들은 메타버스를 새로운 기회로 인식하고 있다. 메타버스 시장규모는 글로벌 컨설팅 기업 PwC에 의하면, 2021년 148억 달러이던 규모가 2030년에는 1조 5,400억 달러로 GDP의 1.81%에 이를 것으로 전망하고 있다.

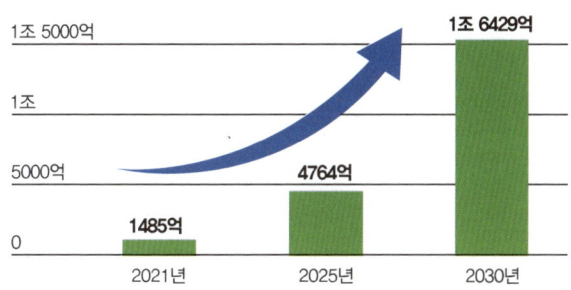

메타버스 시장규모 전망치(단위 : 달러) | 출처 : PwC |

　사람들이 메타버스에 열광하는 이유는 현실세계에서 채우지 못한 자기만의 공간을 만들고자 하는 욕구를 메타버스와 같은 가상세계에서 자기만의 공간을 만들고자 하는 욕망이 발현되기 때문이다. 한편, 메타버스의 긍정적인 측면 이면에 과거와는 달리 문제가 발생하거나 갈등이 생기면 그 사회 안에서 해결하려는 노력을 하지 않고 다른 환경, 자기만의 세계를 만들어서 회피하려는 측면이 있는데 이러한 문제는 지양해야 할 사항이다.

　메타버스는 4가지 형태로 구분되어 이루어져 있다. 즉, 메타버스가 구현되는 공간이 현실 중심인지, 가상 중심인지, 구현되는 정보가 외부 환경정보 중심인지, 개인·개체 중심인지에 따라 구분되고 있다. 증강현실(AR, 현실에 가상의 물체를 덧씌워서 보여 주는 기술), 라이프로깅(Life logging, SNS와 같이 삶에 관한 경험을 기록하고 공유하는 기술), 거울세계(Mirror Worlds, 실제 세계를 복사해 디지털에 구현한 기술), 가상세계(Virtual Worlds, 현실과 다른 공간에서 살아가는 디지털 세계 기술)로 구성이 되어 있다. 증강현실은 앞에서 언급한 것과 같이 스마트폰으로 실제 존재하는 현실에 가상의 사물이나 정보를 겹쳐 보여 주는 기술로 위치기반 기술과 네트워크를 활용해 스마트 환경을 구축하여 주는 것이고, 라이프 로깅(Life logging)은 사람과 사물에 대한 일상적인 경험과 정보를 캡처, 저장, 페이스북, 인스타그램과 같은 SNS에 기록해 공유하는 활동으로 대표적인 사례가 나이키 트레이닝 클럽(Nike Training Club)[41]이다. 거울세계(Mirror World)는 실제 세계의 모습, 정보, 구조 등을 디지털 세계에 복사하듯 가져와 만든 기술로 가상지도, 모델링 GPS와 같은 지도 기반 서비스를 말한다. 배달의 민족 앱에 보이는 식당들은 모두 현실 공간 어디에 존재하는 것과 같이 거울세계는 현실 세계에 효율성과 확장성을 더해서 만들어진다. 가상세계(virtual world)는 디지털 데이터를 기반으로 개인 아바타를 만들어 수많은 사용자들에 의해 가상세계를 동시에, 또는 독립적으로 탐험할 수 있고 활동에 참여하여 다른 사

---

[41] Nike Training Club : 유명 스포츠 스타의 트레이닝 프로그램을 따라 할 수 있고, 내가 달성한 Racing 기록을 SNS에 공유하는 방식으로 나이키는 라이프 로깅 메타버스를 통하여 많은 사람들의 자세한 운동 기록을 보유하는 데 활용하고 있다.

람들과 대화가 가능한 세계이다. 메타버스는 사용자들의 자아가 투영이 된 아바타 간의 상호작용에 기반을 두고 있고 컴퓨터 안에서 3차원 영상을 통해 생활하면서 마치 현실세계와 같은 느낌을 느끼게 해 주는 방법이다.

메타버스(MetaVerse)를 활용하여 산업에 어떻게 활용하고 있는지에 대해서 알아보도록 하겠다. 사내회의 시 버추얼 아바타 회의로 진행하는 기업들이 늘어나고 있다. SKT는 버추얼 밋업(Virtual Meetup)을 통하여 가상공간에 나만의 아바타를 만들어 회의를 진행하고 있다. 가상공간에 나만의 아바타를 만들어 참여하는데, 최대 120명까지 동시 접속이 가능하고 가상의 컨퍼런스 공간에 대형 스크린, 무대, 객석 등을 3차원으로 구현이 가능하다.

점프 VR, 버추얼 아바타 회의 | 출처 : SKT |

졸업식 행사에도 메타버스(MetaVerse) 공간을 활용하고 있다. 코로나19로 인해 졸업식이 오프라인(Off Line)에서 불가능했을 때 UC

버클리(University of California, Berkeley) 학생들은 마인크래프트(Minecraft) 안의 블락을 이용해서 Berkeley 캠퍼스를 건설하였고 실제로 총장과 주요 인사, 학생들이 참석해 연설을 하는 등 가상 졸업식을 진행하였다. 마인크래프트(Minecraft)는 마이크로소프트(MS)가 2014년 2조 5천억 원에 인수한 마장의 게임으로 2020년 2억 장 이상 판매된 역대 가장 인기 있는 비디오 게임이고 2020년 10월 14일 '유튜브에서 가장 유명한 비디오 게임'으로 기네스 세계기록에 등재하기도 하였다.

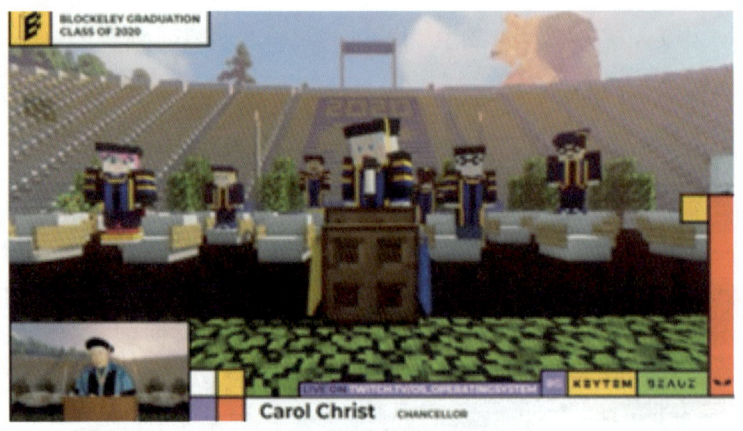

마인크래프트, UC버클리캠퍼스 졸업식 | 출처 : 마인크래프트 |

선거캠프에서도 메타버스(MetaVerse)를 활용하고 있다. 미국 대통령 조 바이든은 '동물의 숲'과 같은 가상공간에 선거캠프를 차리고 코로나19로 인해 오프라인 선거유세의 한계를 뛰어넘었고 젊은 층을 겨냥한 선거 유세에 활용하기도 하였다. 동물의 숲 시리즈 중 하나인

'모여 봐요 동물의 숲'은 닌텐도 역사상 두 번째로 많이 팔린 게임으로 플레이어가 게임을 시작하면 섬 하나를 제공받아 재료를 모으고 돈을 모아 본인의 섬을 멋지게 꾸미고 그 안에서 살아가는 게임이다.

동물의 숲, 조 바이든 선거캠프 | 출처 : 동물의 숲

콘서트 분야에서 메타버스(MetaVerse) 활용사례를 보면, 미국의 힙합가수이자 패션 디자이너인 트래비스 스캇(Travis Scott)은 코로나19로 인해 대면 콘서트가 어려워지자 파티로얄 모드에서 콘서트를 열어 동시 접속자 1,230만 명에 216억 원을 벌어들이는 대성공을 거두었다. BTS도 '다이너마이트' 안무 영상을 포트나이트에서 최초 공개하였다. 포트나이트는 메타버스를 선점할 1순위 후보로 그 중심에는 서로 공격하는 배틀로얄식 게임과 소셜네트워킹이 가능하고 게임상 유저들끼리 서로 대화를 하고 같이 영화를 감상하는 등 시간을 보낼 수 있는 파티로얄 모드가 있다.

포트나이트, 트래비스 스캇 콘서트 | 출처 : 포트나이트

팬 사인회 분야에서 메타버스(MetaVerse) 활용사례를 보면, 블랙핑크는 자신들의 아바타로 팬 사인회를 제페토 게임 내에서 진행했는데 5,000만 명이 모여서 자신들의 아바타로 블랙핑크 아바타를 만나 사진도 찍고 사인도 받는 행사를 진행하였다. 제페토(ZEPETO)는 국내 기업 중 메타버스 선두주자인 네이버 제트에서 개발했으며, 전 세계 가입자 수가 2억 명이 넘고, 실제 본인의 사진으로 아바타를 생성할 수 있다. 제페토 내에는 수많은 게임과 인스타그램과 같은 SNS도 가능하여 현실을 그대로 반영해 놓은 요소들이 다수이고 빅히트와 YG 같은 엔터테인먼트사에서 120억 원을 제페토에 투자하였다.

네이버제트(네이버 자회사)가 개발한 제페토는 증강현실 기반 3D 아바타로 즐기는 소셜네트워크서비스(SNS) 앱이다. 증강현실 카메라로 사진을 찍어 가상 3D 아바타를 생성하고, 제페토에서 아바타

제페토, 블랙핑크 팬 사인회 | 출처 : 제페토 |

로 뛰어 놀다가 그 모습을 사진이나 동영상으로 찍어 SNS에 공유하는 방식이다. 앱 사용자들은 실제 본인과 닮은 아바타의 모습으로 아바타 꾸미기는 물론 게임, 여행 등 다양한 소셜 활동을 통해 각자의 개성을 표현하는 데 활용하고 있다.

마케팅 분야에서 메타버스 활용사례를 보면, 현대자동차는 네이버 메타버스 플랫폼 제페토에서 '쏘나타 N 라인 시승 이벤트'를 진행하였는데 메타버스 플랫폼과 자동차 업계의 최초이자 유일한 콜라보레이션(Collaboration)으로 현대자동차는 MZ세대만의 자동차 생산과 그로 인한 마케팅 효과를 기대하며 계획하였다. 이벤트는 앱 내의 인기 공간인 다운타운과 드라이빙 존에서 쏘나타 N 라인을 운전하거나, 아바타와 함께 포토박스에서 쏘나타를 시승하는 모습을 기록하는 이벤트로 구성이 되어 있다.

디지털 휴먼은 기업의 메타버스 사업으로 가장 많이 활용되는 분야이다. 디지털 휴먼은 실제 사람이 아닌 가상의 모델, 디지털 휴먼을 제작하여 광고 모델은 물론 기업의 마스코트(mascot), 인플루언서(influencer)로 활약이 가능하다. SM 엔터테인먼트는 걸 그룹 에스파를 디지털 휴먼 캐릭터 4인을 포함한 8인조 그룹으로 론칭하여 뮤직비디오, 퍼포먼스 비디오는 물론 SMCU 세계관에도 등장시켰다.

금융계에서 메타버스 활용사례를 보면, DBG(대구은행을 모태로 하는 금융지주회사) 금융그룹은 제페토에서 경영현안 회의를 진행하였다. DGB 금융그룹 회장과 계열사 최고경영자들은 자신만의 아바타를 만들고 전용 앱에 꾸려진 가상 회의장에 접속하여 회의를 진행하

금융계에서 활용분야
| 출처 : DGB금융지주 |

였다. 신한카드는 가상현실이라는 콘텐츠에 맞게 제페토에서 각 사(신한카드, 네이버제트) 대표가 아바타로 등장해 협약식을 진행하고, 제페토 내에 Z세대를 불러모을 공간을 만들고, 차별된 상품을 출시하는 등 Z세대와의 소통을 활성화한다는 전략을 세워서 진행하고 있다.

채용 설명회에서 메타버스를 활용하고 있는 사례를 보면, 넥슨(NEXON)은 대규모 채용형 인턴십 모집에 앞서 미국의 스타트업체인 개더(Gather)가 개발한 메타버스 화상회의 플랫폼인 개더타운

(Gather Town)에서 비대면 채용설명회 '채용의 나라'를 개최하였다. 넥슨은 채용 설명회를 위해 '바람의 나라' 게임 맵과 넥슨 사옥 등을 개더타운으로 옮겨서 진행을 하였다.

신입사원 교육에도 메타버스를 활용하고 있다. 현대모비스가 메타버스와 랜선 여행이라는 새로운 소통 방식으로 MZ세대 신입사원들과 첫 만남을 가졌다. 입문 교육 프로그램에 메타버스 체험과 비대면 랜선 여행을 도입하였다. 원격근무가 활성화되고, 인공지능과 가상현실을 융합한 디지털 콘텐츠가 부각되고 있는 시점에서 신입사원 입문교육에 활용한 사례가 되었다.

달리기 등과 같은 운동을 할 때 메타버스를 활용하면 힘들지 않고 운동량을 늘려 갈 수 있다. 사례로 Ghost pacer 서비스는 AR Glass를 착용하고 현실에 가상의 runner를 형성하고, life log 데이터와 연결한 후 AR Glass에 보이는 아바타의 경로와 속도를 설정하면 된다. 실시간 경주가 가능하고 스마트폰의 운동 앱이나 애플 워치와 같은 스마트 기기와도 연결이 가능하다.

달리기 등과 같은 운동을 할 때 활용 | 출처 : Ghost pacer |

자율주행 자동차(Self-driving car)는 운전자가 핸들과 가속페달, 브레이크 등을 조작하지 않아도 정밀한 지도, GPS(Global Positioning System, 위성위치확인시스템) 센서 등 차량의 각종 센서로 상황을 파악해 스스로 목적지까지 찾아가는 자동차를 말한다.

앞으로 자율주행 자동차는 하드웨어 중심의 자동차가 아니라 텔레매틱스(Telematics)42로 운영되는 핸드폰과 같은 소프트웨어 중심으로 변화될 것이다.

자율주행 자동차 | 출처 : Tesla Motors |

테슬라 모터스 CEO 일론 머스크(Elon Reeve Musk)는 앞으로 사람이 운전하는 것은 너무 위험해 불법화될 것이라고 예고하고 있다.

42 Telematics : 자동차와 무선통신을 결합한 새로운 개념의 차량 무선인터넷 서비스이다. 텔레커뮤니케이션(telecommunication)과 인포매틱스(informatics)의 합성어로, 자동차 안에서 이메일을 주고받고, 인터넷을 통해 각종 정보도 검색할 수 있는 오토(auto) PC를 이용한다는 점에서 '오토모티브 텔레매틱스'라고도 부른다.

실제로 교통사고의 95% 이상이 운전자 또는 사람의 실수로 일어나고 있다. 또한 향후 자동차 회사의 주인은 인공지능(AI), 빅데이터(Big Data)를 잘 다루는 회사가 될 것이다.

골드만삭스는 자율주행 자동차 시장규모를 2025년도 960억 달러(100조 원), 2035년 2,900억 달러(300조 원)로 전망하고 있고, 영국의 시장조사 기관인 주니퍼 리서치(Juniper Research)는 2025년까지 전 세계에 2,200만 대에 달하는 자율주행 자동차가 보급될 것으로 전망하고 있다. 이러하듯이 자율주행 자동차는 모든 자동차를 대체 할 것이고, 향후 자율주행 자동차 비중은 2025년 4%에서, 2035년 75%로 대폭 성장하여 주요도심에서 자율주행 자동차 운행이 가능해질 것이다(출처 : Navigant Research[43]).

국토교통부에서 발표한 모빌리티 혁신 로드맵에서 2027년 세계 최고 수준의 완전자율주행(Lv4) 상용화를 통해 자율주행 모빌리티를 국민 일상에서 구현하고, 차량 내 휴식·업무·문화를 일상으로 만들고, 교통사고 예방과 도로 혼잡 해소 등에 기여하겠다고 발표하였으며, 2022년 말 일본과 독일에 이어 세계 세 번째로 부분자율주행 자동차(Lv3)가 상용화하고, 완전자율주행 버스·셔틀(2025년) 및 구역운행서비스 상용화(2027년) 등을 통해 기존의 대중교통 체계를 자율주행 기반으로 전환한다고 선언하였다(2022.09).

---

43 Navigant Research : 미국의 기술조사기관이자 에너지 전문 리서치 회사로서 현재와 미래에 해결해야 할 과제와 시장 기회에 대해 정확한 정보를 제공하고, 고객 기업의 정보를 바탕으로 한 의사결정을 지원하고 있다.

자율주행 기술의 단계별 분류를 보면, 2016년도 이전까지는 자율주행 자동차 발전단계를 미국 도로교통안전국(National Highway Traffic Safety Administration, NHTSA)44에서 레벨 0~4까지 5단계로 구분한 것을 사용하였는데, 2016년부터는 미국 자동차 공학회(Society of Automotive Engineers, SAE)에서 발표한 레벨 0~5까지의 6단계로 구분하여 통일한 것을 사용하고 있다. 단계별로 보면, 레벨 0단계는 비자동화 단계로 운전자가 항시 운행을 하여야 하고, 레벨 1단계는 운전자 보조 단계로 시스템이 조향 또는 가·감속을 보조하는 역할을 하고, 레벨 2단계는 부분자동화 단계로 시스템이 조향 또는 가·감속을 수행하는 단계로 차량인식과 차량 간격을 유지하여 주는 기술이 가능한 단계로서 요즘 출시되는 차량들은 레벨 2단계를 접목하여 많이 출시되고 있다. 레벨 3단계는 조건부 자동화 단계로 위험 시에만 운전자가 개입하는 단계로서 일정 구간은 운전자의 손발 조작 없이 주행이 가능하다. 레벨 4단계는 고등 자동화 단계로 운전자의 개입이 불필요하고, 마지막 단계인 레벨 5단계는 완전 자동화 단계로 운전자가 불필요하고, 시동을 켜서부터 목적지 도착과 주차까지 Door To Door 전 과정을 수행하는 완전 자율주행이 가능한 단계로 구분하고 있다. 1~2단계는 현재 상용화되어 운영되고 있고, 3단계는 일부 상용화 및 시험운행을 하고 있

---

44 NHTSA : 1970년에 교통안전 증진을 목표로 설립된 미국 운수부 산하조직으로 차량의 교통안전기술표준을 제정 및 감독하고, 각종 자동차·오토바이 등 제품 안전도를 시험 평가를 실시하는 등 각종 교통안전에 대한 연구를 추진하는 미국의 정부기관이다.

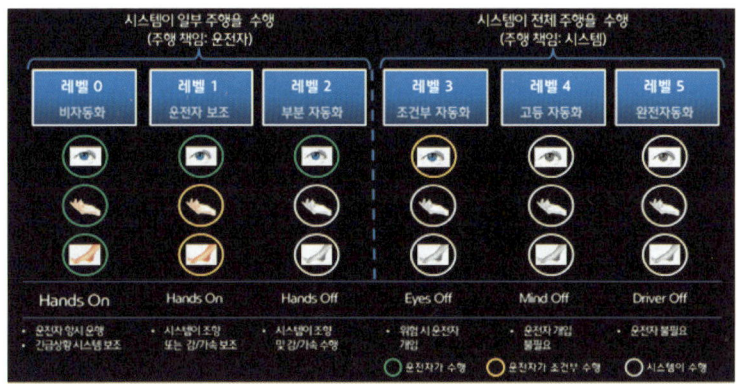

SAE J3016 기준에 의한 자율운전 단계 | 출처 : 모터그래프 |

는 국가나 자동차 제조사가 나타나고 있다. 완전한 3~4단계에 진입하려면 도로와의 협업이 필수적이다. 실시간 교통정보, 통행패턴 등 빅데이터를 분석해 교통상황을 예측하고 자율주행 자동차와 일반차가 혼재된 상황에서 원활한 교통 소통이 가능한 운영체계를 구축해야 한다.

자율주행 자동차는 위치정보 기술(GPS), 주변 환경인식 기술(3D 카메라, 레이더[45], 라이다[46], 멀티센서 – 밤이나 터널 등 인식이 어려운 경우 사용), 경로생성 기술(TMAP, AI), 차량제어 기술(사람이 운전하는 것과 같

---

[45] Radar : Radio detecting and ranging의 약자로 강력한 전자기파를 발사하여 그 전자기파가 대상 물체에서 반사되어 돌아오는 반향파를 수신하여 물체를 식별하거나 물체의 위치, 움직이는 속도 등을 탐지하는 장치이다. 레이터는 비행기, 배, 자동차 등을 탐지하는 데 쓰인다.

[46] Lidar : 레이저 펄스를 발사하고, 그 빛이 주위의 대상 물체에서 반사되어 돌아오는 것을 받아 물체까지의 거리 등을 측정함으로써 주변의 모습을 정밀하게 그려 내는 장치이다. 라이다는 Light Detection And Ranging의 약자이다. 즉, 라이다라는 명칭은 전파 대신에 빛을 쓰는 레이더를 뜻하는 것으로, 라이다는 전통적인 레이더와 원리가 같으나 그 사용하는 전자기파의 파장이 다르므로 실제 이용 기술과 활용 범위는 다르다.

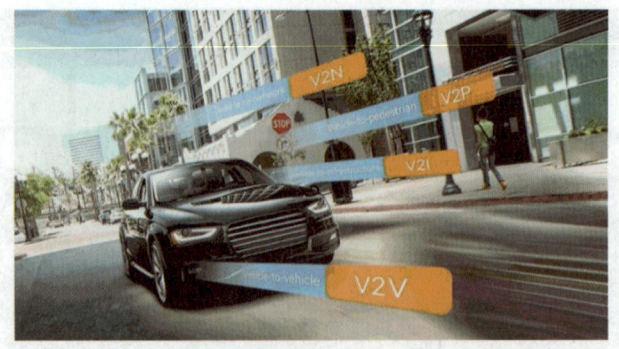

자율주행 자동차 연결 방식 | 출처 : Qualcomm |

은 운전기술)의 4가지 기술 조건이 서로 유기적으로 충족해야 안전한 자율운전이 가능하다.

자율주행 자동차를 연결하는 방식에는 V2V(Vehicle To Vehicle, 차량 간 통신으로 안전서비스, 차량 간 협력주행), V2N(Vehicle To Pedestrian or Nomadic Device, 차량제어 및 자동진단정보 제공), V2I(Vehicle To Infrastructure, 자동요금징수, 내비게이션) 방식이 있다.

자동차와 IT 기술을 융합하여 인터넷 접속이 가능한 커넥티드 카(connected car)가 되어 다른 차량이나 교통 및 통신 기반 시설(infrastructure)과 무선으로 연결하여 위험 경고, 실시간 내비게이션, 원격 차량 제어 및 관리 서비스뿐만 아니라 전자우편(E-mail), 멀티미디어 스트리밍 서비스(Multimedia Streaming Service)[47], SNS 서비스

---

[47] Multimedia Streaming Service : 소리, 음악, 동영상 등의 다양한 멀티미디어 데이터를 스트리밍 방식으로 제공하는 서비스이다. 스트리밍은 전송되는 데이터를 지속적이며 끊임없이 처리하고 재생할 수 있는 기술을 말한다. 보통은 파일 전체를 내려받고 난 뒤에 멀티미디어를 재생하여 대용량의 파일의 경우 전체 파일을 내려받는 데 시간이 오래 걸릴 수 있으나, 스트리밍 기술을 이용하면, 파일이 모두 전송되기 이전에라도 멀티미디어 재생이 가능하다.

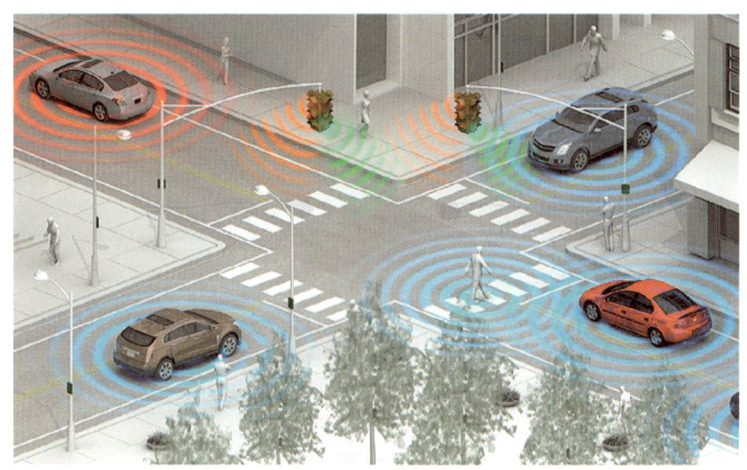

Connected car | 출처 : Global Auto News |

까지 제공하고, 향후에는 자율주행이나 자동차의 자동 충전, 그리고 운전자의 건강 상태나 혈중 알코올 농도를 파악하여 운전 가능 여부를 점검하는 서비스 등으로 진화될 것이다(출처 : IT용어사전).

또한 차량전방에 탑재된 카메라를 통해 신호등의 잔여 대기시간이 얼마나 남아 있는지 확인이 가능하고 보행자 가운데 노인이나 어린이가 있는지를 알아보기도 하고 공사 중이거나 주변에 교통사고가 발생하면 동영상을 디스플레이에 띄워 위험에 대비할 수 있게 해 준다. 더불어 주차장에서 비어 있는 공간을 감지하여 안내해 준다.

도로 또한 스마트 도로(smart highway)가 되어야 한다. 스마트 도로는 주행 중인 자동차 안에서 도로상황 등 각종 교통정보를 실시간으로 주고받으며 소음이나 교통체증을 줄여 주면서 주행할 수 있는 도로 기술로 정보통신 기술과 자동차 기술 등을 결합하여 이동성, 편리성, 안전성 등을 향상시킨 차세대 도로이다.

기존 도로와 스마트 도로를 비교해 보면 다음 표와 같다.

기존 도로	스마트 도로
• 도로망 • 차량 이동 공간 • 도로의 양적 확대(HW) • 도로 시설 간 물리적 연계 • 정보수집 및 가공을 통한 교통정보를 제공	• 디지털망 • 모빌리티 서비스 공간 • 도로의 질적 고도화(SW) • 객체 정보 간 디지털 연계 • 빅데이터(Big Data) 분석 및 딥러닝(Deep Learning)을 통한 교통흐름을 예측

기존 도로와 스마트 도로 비교

자율주행 자동차로 인하여 새롭게 발생할 수 있는 사회적인 이슈가 있다. 첫째, 『레드 플래그 법(Red Flag Acts, 적기 조례법, 붉은 깃발법)』과 같은 현상이 발생할 수 있다. 이는 영국, 1865년 자동차의 등장으로 피해를 볼 수 있는 마차를 보호하기 위해 제정한 세계 최초의 교통법이다. 이 법은 붉은 깃발을 든 기수는 자동차의 최소 50m 앞에서 차가 진행하는 것을 미리 알리도록 의무화하고, 자동차의 최고 속도를 말보다 느리게 시속 3km/h로 규제한 법이다. 이 법은 1896년까지 약 30년간 유지되면서 영국의 소비자들의 자동차 구매 욕구를 감소시켜 자동차를 가장 먼저 만들고도 자동차 산업 주도권을 독일, 미국, 프랑스에 내주는 부작용이 일어났다. 이 법을 통해 기존 산업 보호에 역점을 두고, 새로운 산업 모델을 규제로 억누르면, 경제 전체의 역효과가 나타나는 것을 알 수 있다. 두 번째, 전기 자동차가 가속화될 것이다. 미국 스탠퍼드대 교수인 토니 세바(Tony Seba)는 '에너지 혁명 2030'에서 2030년 이후 모든 자동차가 전기 자동차로 대체되며, 거의 모든 에너지는 태양과 바람이 만들어 낸다는 주장을 하였다. 전기 자동차가 내연기관 자동차를 대체 가속되는 이유로 배터리 제조비용이 매년 16% 하락하고, 태양광 발전은 매년 41% 성장함으로써 전기자동차 가격하락, 센서 가격 하락이 가속화될 것이기 때문이다. 세 번째, 트롤리 딜레마(Trolley Dilemma)와 같은 윤리학의 사고 실험 같은 현상이 벌어질 것이다. 영국의 철학자 필리파 루스 풋(Philippa Ruth Foot)이 제시하고, 미국의 철학자 주디스 자비스 톰슨(Judith Jarvis Thomson) 등이 체계적으로 분석한 실험으로 (a) 직진 시, 여러 사람이 죽거나 다치지만, 급격히 방향을 바꾸면 보행자 1명만을 치게 된다. (b) 직진 시, 차도에 있는 1명을 치게 되지만, 급격히 방향을 바꾸면 차에 타고 있는 본인이 크게 다치거나 죽게 된다. (c) 직진 시, 여러 사람이 죽거나 다치지만, 급격히 방향을 바꾸면 차에 타고 있는 본인이 크게 다치거나 죽게 된다.

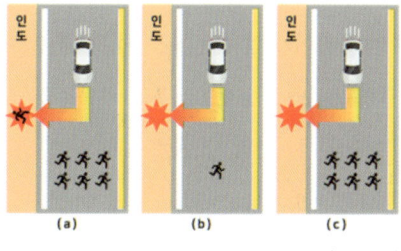

Trolley Dilemma | by s. k |

자율주행 자동차가 안전하고 효율적으로 운행되기 위해서는 자율주행 자동차의 문제점을 개선해야 한다. 개방형 OS를 사용하기 때문에 해킹이 쉬워 운전자의 의지와 관계없이 사고가 유발되는 문제, 인지능력(돌발사태 발생 시 처리능력)이 떨어지는 문제, 윤리적 문제(운전자 안전 우선으로 설정되어 있어 사고의 경중을 가리지 않음) 등을 해결해 나가야 할 것이다.

자율주행 자동차로 인하여 사라지는 분야 및 직업은 기존의 완성차업체 및 부품공급업체, 화석연료 생산 및 판매하는 에너지업체, 정유 산업, 주유소, 무사고로 인한 자동차 보험회사, 교통사고 전문변호사 등이 사라질 것이다. 자동차 정비소 또한 과거 전자제품을 수리하던 전파사가 없어지고 서비스 센터로 전환되었듯이 자연스럽게 사라질 것이다. 자율주행 자동차로 인한 새로운 분야 및 직업은 무인 자동차 엔지니어(도로표지판을 읽는 영상카메라와 위치 확인 시스템 등의 장치가 들어가는 무인자동차를 개발하고 검사·수리하는 엔지니어), 지리정보 시스템 전문가(자율주행 자동차의 효율적이고 안전한 운행을 위해 고정밀 지도를 개발하는 전문가), 빅데이터 전문가(자율주행 자동차와 도로 사이에서 생성되는 데이터를 분석하여 가장 안전하고 효율적인 방향을 제시해 자동차가 움직이게 해 주는 전문가), 교통설계 전문가(안전하고 효율적인 자율 주행을 위해 지능형도로구축, 자율주행 자동차 운행에 적합한 도시설계 등을 하는 전문가) 등의 새로운 직업이 생겨나게 될 것이다.

시스템 측면에서 볼 때 자율주행 자동차 변화를 보면, 기존의 자동차가 내연기관일 때에는 Full Set 개념(부품수 30,000개)이었으나 자율주행 자동차는 스마트폰과 같이 하나의 Mobile Device 개념(부품수 20,000개)으로 변화되고 부품교체 주기 또한 6~7년에서 2~3년 주기로 바뀌게 된 것이다. 이에 따라 자동차를 정비공장에서 수리한다는 개념보다는 전자제품 같이 AS를 받는 개념으로 전환될 것이다. 앞으로 자율주행 자동차는 수많은 센서가 부착되어 운전자 중심에서 탑승자 중심으로 변화가 될 것이다.

 자율주행 자동차는 자동차의 외형과 내장에도 큰 변화를 가져올 것이다. 계기판이 있던 자리에는 작업공간으로 변화될 것이고 좌석에는 탑승자가 여가를 즐기거나 업무를 처리하는 데 필요한 모든 것들이 갖춰질 것이다. 외형적으로는 사이드미러나 후미등도 사라질 것이다.

 에너지 측면에서 볼 때 자율주행 자동차의 변화는 자동차와 도로가 전기 에너지를 생산하는 방향으로 진화하여 태양광 패널, 압

압전도로 | 출처 : 매일경제 |

전도로(압전소자를 도로 밑바닥에 심은 뒤 자동차가 지나갈 때 발생하는 압력으로 전기를 생산하는 것)를 통해 도로관리에 필요한 에너지는 자체 조달하고 잉여 전력은 휴게소로 송전하여 줄 것이다. 전기자동차는 전력사용 피크 시간일 때 운행을 하고, 전력을 적게 사용하는 시간일 때 충전하는 시스템으로 변화가 될 것이다.

자율주행 자동차의 등장으로 인하여 자동차의 개념이 변화될 것이다. 첫째로 자율주행 자동차는 단순 이동수단이 아닌 라이프스타일 변화로 인하여 매일 1~2시간 동안 차 안에 있게 될 것이고, 운전자가 직접 운전하지 않는 동시에 새로운 공간으로 변신하여 원격진료, 회의, 엔터테인먼트 공간으로 변화가 될 것이다. 둘째로 자율주행 자동차는 공유자동차 개념이 도입되어 대중교통은 공유차량으로 전환될 것이고 개인차량은 이동수단이 아닌 집무형태로

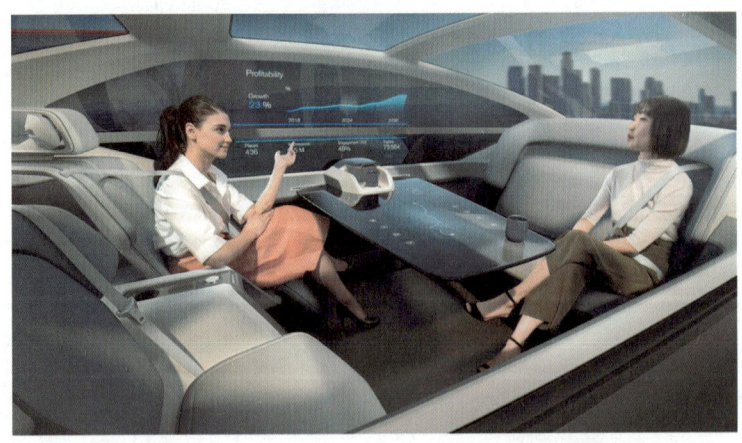

미래의 자율주행 자동차 | 출처 : volvo |

변화될 것이다. 셋째로 자율주행 자동차는 휴대전화의 변화와 같이 변화될 것이다. 초창기 휴대전화가 특정 계층의 전유물이었다가 전화기능과 PC 기능을 융·복합한 상품으로 전환되면서 현재는 어린이까지 가지고 다니는 필수품이 되었듯이 앞으로 자동차는 장애인, 어린이, 노약자 등 누구나 소유할 수 있는 물건으로 변화되어 시장의 규모가 달라질 것이다.

자율주행 자동차 등장으로 인하여 도시의 형태, 주거의 형태 또한 변화될 것이다. 첫째로 아파트 단지나 빌딩에 있는 주차장의 면적 크기에 대한 정리가 필요하다. 주차장 내부는 자율주행 자동차를 위한 전기차 충전설비와 IT를 이용한 최적 공간 활용 시스템이 적용이 되어 주차장 공간 활용이 극대화될 것이다. 둘째로 도시 도로망 또한 지금의 형태와는 다르게 변화될 것이다. 전체적인 도로의 총량은 줄어들게 될 것이며 대신 휴게소는 단순한 정차공간이 아닌 엔터테인먼트나 레저를 겸비한 장소로 변화될 것이다. 셋째로 도로와 자동차를 설계할 때 인지 반응시간(Perception Reaction Time, PRT)[48]과 헤드웨이(Headway)[49]를 반영하고 계획하여 자율주행 자동차를 운영하면 현재의 도로는 현저하게 줄어도 교통흐름에

---

[48] PRT : 인간이 앞차를 발견하고 인지하는 시간으로 올신(OLSON)이 정의하였다.(자율주행 자동차 : 0.1초, 카레이서 : 0.6초, 반응이 빠른 사람 : 1.0초, 일반적인 운전자 : 1.5~2.0초, 반응이 늦은 사람(설계기준으로 채택) : 2.5초

[49] Headway : 앞차와의 간격을 말하는 것으로 일반적으로 2초 간격을 두고 다닌다.(100km로 환산 시 27.8m/s이므로 50~60m 간격이다. 흐름이 가장 좋은 차량통행대수는 1,800~2,200대/h이고, 자율주행 자동차는 1.0으로 설계하여 차량통행대수는 3,600~4,400대/h이다.)

는 문제가 없어지게 되고, 차량의 대수가 증가하여도 주차장 면적은 자동차 증가 대수에 비례하여 늘어나지 않아도 될 것이다. 넷째로 현재는 주거의 지역 선호도가 학군, 재산증식, 편리성을 위주로 선택되었다면 자율주행 자동차로 인하여 거리와 시간에 대한 물리적 제약이 줄어들고 인구수 감소로 인한 학생 수 급감, 오프라인 교육보다는 온라인 교육 활성화, 복지국가로 인한 재산증식에 대한 애착감이 줄어드는 것과 같은 사회적 변화로 기존의 선호 지역과는 다른 양상을 보일 수 있다. 이로 인하여 앞으로는 쾌적하고 조용한 도시외곽을 더 선호할 것이다. 하지만 앞으로도 사회의 변화는 도시 중심으로 변화될 것이다. 마지막으로 유인자동차가 가지고 있는 불확실성이 줄어들고 인공지능(AI)을 갖춘 자율주행 자동차가 최적의 시스템으로 운영되어 사회적 비용이 줄어들 수 있다. 이러한 형태로 변화하기 위해서는 전혀 다른 도시교통계획을 수립해야 할 것이고 도로망 계획도 에스컬레이터 형식의 도로개념이 필요할 것이다. 자율주행 자동차 시대에는 끼어들기, 난폭운전, 졸음운전 등으로 인한 교통체증이 발생하지 않아 지금처럼 도로가 넓을 필요가 없다.

    자율주행 자동차로 인하여 산업에 활용하고 있는 사례를 보면 먼저 물류산업 분야에서의 자율주행 자동차 활용사례를 보면, 24시간 끊임없는 물류이동이 가능하고, 택배배송기사는 운전이 필요 없고, 거점에서 물건만 나르는 역할을 하고 ICT 기술과 연동하여 시간 낭비 없는 최적화 물류 서비스가 가능하다. 도심 내 주행하는 모든 자율주행 차량은 대중교통, 배송, 택배 기능을 수행한다.

보안산업 분야에서의 자율주행 자동차 활용사례를 보면, 카메라 연동 중앙 감시 체계를 갖춘 자율주행 자동차가 24시간 순찰을 하고 Multi-Function Service(고성능 카메라 장착 후 주행하며, 여러 계약 기관에 조건에 맞는 데이터를 동시 전송)를 제공한다.

공항안내 서비스 분야에서의 자율주행 자동차 활용사례를 보면, 인천공항 기준으로 보면 공항 내부에서 교통약자 대상으로 이동 서비스를 제공하는 무인 자율주행 전동차를 운영하고 있다. 이 자율주행 자동차는 카메라 센서와 라이다(Lidar) 센서를 활용해 보행자와 각종 장애물을 인식하고 한, 영, 중, 일 4개 국어를 제공할 뿐만 아니라 배터리 잔량이 부족할 때 자동으로 충전소까지 회차하는 기능을 가지고 있다.

실내 자율주행 전동차 | 출처 : 인천공항공사

정보통신산업 분야에서의 자율주행 자동차 활용사례를 보면, Google, Naver, Kakao 등의 IT 업체에서 실시간 도로 현황을 파악하는 용도로 활용하고 있다. 360° 카메라를 활용하여 365일 실시간 교통체증이나 신규 도로 개설 등의 교통정보를 파악하는 데 활용된다. 또한 매년, 매월 주기적으로 업데이트하던 도로뷰 서비스를 실시간으로 업데이트가 가능하다.

자율주행 배달 분야에서의 자율주행 자동차 활용사례를 보면, 배달 앱 '배달의 민족'이 개발한 차세대 배달 로봇 딜리 드라이브(Dilly Drive)가 있다. 이 로봇은 전후방에 야간 전조등과 브레이크 등을 장착하고 깃발에도 LED Light를 적용해 배달 로봇 상태를 주변에서 알 수 있게 하였고, 실내외에서 자유롭게 이동할 수 있도록 크기와 기능도 최적화하여 미니 냉장고 25L, 최대 적재 무게는 30kg까지 견딜 수 있도록 견고하게 설계되어 있다.

자율주행 배달 | 출처 : 전자신문

무인 자율주행 이동 우체국 분야에서의 자율주행 자동차 활용사례를 보면, 우정사업본부가 시범 운용할 예정인 무인 자율주행 이동우체국 서비스가 있다. 우체국 앱으로 택배를 주문하면 약속시간에 '무인 자율주행 이동 우체국'이 집 앞에 도착하고 고유번호로 차량 문을 열고 택배를 무인 발송해 준다. 택배를 받을 때도 마찬가지로, 집 앞에 도착한 '무인 자율주행 이동 우체국' 차량의 문을 열고 물건을 수령하면 된다. 자율 주행 자동차 기술 및 신기술이 적용된 물류 자동화와 효율화를 통해 집배원의 업무가 경감되고 안전사고도 예방하는 등 근로 환경 개선이 기대된다.

무인택배 배송서비스 분야에서의 자율주행 자동차 활용사례를 보면, 실리콘밸리 로봇 스타트업 '뉴로(Nuro)'가 개발한 'R1'은 미국 애리조나주에서 택배서비스를 시행 중인데, 배달 물품을 적재한 장소에서 반경 1.5km 내에서 40km/h 이하의 속도로 배달이 가능하다. 또한 영국의 유통기업이자 물류혁신에 앞장서는 '오카도

자율주행차량 'R1' | 출처 : 크로거 |

'Ocado)'는 라스트마일 딜리버리(택배가 목적지에 배송되기 전 마지막 단계)를 위한 자율배송 트럭 '카고팟(Cargopod)'을 개발하였는데, 카고팟의 화물적재 가능 용량은 최대 128kg이며 운행 최고 속도는 40km/h이다.

매장형 자율주행 자동차 분야에서의 활용사례를 보면, 로보마트(Robomart)는 2017년 미국 캘리포니아주 산타클라라에 설립된 업체로 신선식품, 빵, 조리된 음식을 집 앞까지 배달해 주는 매장형 자율주행 자동차를 개발하여 운영하고 있다. 로보마트는 고객의 거주지 근처에 있으면서 고객이 온라인을 통해 제품을 검색해 구매하는 동안 고객의 위치로 이동해 바로 제품을 받아 볼 수 있도록 지원한다. 유통업체 측면에서는 물건을 항상 적재하고 있다가 바로 전달이 가능하기 때문에 사람이 직접 제품을 배송해야 하는 빈도를 줄일 수 있어 비용 절감 효과와 24시간 제품 판매가 가능하기 때문에 매출 확대에도 도움이 되고 있다.

매장형 자율주행 자동차
| 출처 : Robomart |

자율주행 트럭에서의 자율주행 자동차 활용 사례를 보면, 중국의 자율주행 스타트업체인 투심플(TuSimple)은 자율주행 화물 네트워크를 구축하여 애리조나주에서 자율주행 트럭을 운영 중에 있다. 장거리 물류산업을 무인으로 전환하여 저렴하고 효율적인 장거리 운송을 목표로 하고 있다.

자율주행 택시에서의 자율주행 자동차 활용사례는 현대자동차 그룹과 미국 자율주행업체 입티브의 합작사인 모셔널(Motional)에서 볼 수 있다. 모셔널은 2023년부터 미국 차량 공유 서비스 업체인 리프트(Lyft)사의 플랫폼에 최대 규모의 양산형 로봇 택시를 공급하며 자율주행 서비스의 확대 계획을 하였다. 아이오닉큐5(IONIQ5) 기반 로보 택시에는 레벨 4 수준의 자율주행 기능이 장착하여 로보택시가 인간보다 더 빠르고 안전하게 대응하도록 라이다와 레이더, 카메라 센서 등의 기술을 추가 장착하여 운행하고 있다.

자율주행 택시 | 출처 : Motional |

건설 산업에서도 자율주행 자동차로 인하여 교통 시스템의 변화 등으로 도로, 교량, 신호등을 지금까지의 형태와는 다르게 건설되어야 할 것이다. 도로 또한 포장만 잘 된 도로가 아니라 각종 센서와 자율주행 자동차가 함께 통합된 토털 인텔리전트 도로로 변신해야 할 것이다. 주거시설이나 사무실 건물에서 주차장은 사라지고 자율주행 자동차에 의한 차량 허브 개념이 도입되어 내 집 앞에 차량이 대기하고 있을 것이다.

| 차량허브 | 출처 : 국토교통부 |

자율주행 자동차를 운영하는 소프트웨어도 수시로 업그레이드된다. 또한 천여 개의 센서가 부착되어 운전자 중심에서 탑승자 중심으로 변화되고, 2035년 주요 도심에서 완전 자율주행 자동차 주행이 가능해질 것이다. 자동차는 130년 동안 이동수단으로 이용해 오고 있었지만, 이제는 움직이는 생활공간, 움직이는 컴퓨터, 움직이는 전자제품으로 변신할 것이다.

The Fourth Industrial Revolution,
Smart Construction
Smart City
Smart Home

The Fourth Industrial Revolution,
Smart Construction/Smart City/Smart Home

CHAPTER 04

CHAPTER 04

4차 산업혁명에 따른 건설 산업의 방향

4차 산업혁명은 농업, 유통, 제조, 금융, 의료, 에너지 등 모든 분야에서 적용되고 있다.

스마트 농업의 대표적인 사례로 일본의 IT 기업인 후지쯔의 아키사이(AkiSai)를 들 수 있다. 후지쯔의 아키사이는 농업관리 클라우드 서비스를 적용하여 사물인터넷(IoT) 센서로 실시간으로 재배 환경을 계측하여 적합한 수분, 온도, 비료농도 등을 제시해 준다.

| 출처 : 농업진흥청 |

스마트 유통의 대표적인 사례로 미국의 대표적인 온라인 유통업체인 아마존고를 들 수 있다. 아마존고는 계산대 없는 매장으로 스마트폰 앱을 실행하고 상품을 고르기만 하면 연결된 신용카드로 자동 계산해 준다.

| by s. k |

스마트 공장의 대표적인 사례로 독일의 지멘스를 들 수 있다. 대표적 스마트 팩토리인 암베르크 공장은 1일 5천만 건 이상의 정보를 수집하고, 자동 제조하면서 불량률은 0.001%에 불과하다.

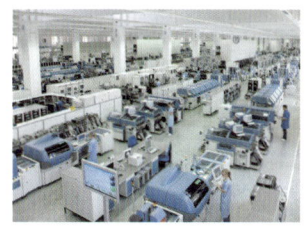

| 출처 : SIEMENS |

스마트 금융의 대표적인 사례로 독일의 피도르 은행(Fidor, 2009년에 설립된 독일 온라인 은행)을 들 수 있다. 피도르 은행은 간편하게 SNS로 가입할 수 있고, 소셜 플랫폼으로 금융정보 등을 제공하여 주며 핀테크(Fin Tech) 기술이 접목되어 있다.

| 출처 : fidor |

스마트 의료의 대표적인 사례로 미국의 IBM 왓슨을 들 수 있다. IBM 왓슨은 인간의 언어를 이해하고 판단하는 슈퍼컴퓨터가 있어 1초에 1조 회 이상 연산이 가능하고, 환자의 상태를 파악 후에 적합한 치료법을 제안해 준다.

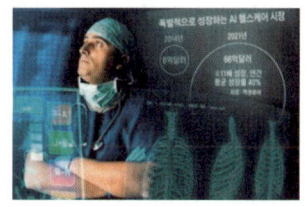

| 출처 : 조선일보 |

스마트 에너지 관리는 에너지 문제 해결을 위한 IoT 기반 스마트 에너지 플랫폼 기술을 개발하여 에너지 공급, 전달, 활용하는 에너지 전 주기 시스템 간 상호 연계·통합을 통해 에너지 효율을 증대하고, 에너지 공유 및 거래 서비스를 제공한다.

| 출처 : 한국전력 |

이와 같이 4차 산업혁명은 다양한 분야에서 광범위하게 적용되고 있다. 앞으로 건설 산업은 과거와 같은 하드웨어 회사가 아닌 소프트웨어 회사로, 즉 하드파워가 아닌 소프트파워 회사로 변신하여야 한다. 예를 들어, 전통적 제조회사인 자동차 회사가 IT 분야로 진출하고, 전통적인 전자회사인 삼성전자가 자동차 전장사업부를 운영하고, LG전자가 VC 사업부를 만들어 운영하고 구글과 테슬라 등이 진출하고 있는 것이 대표적인 사례이다. 또한 건설회사는 공간을 파는 것이 아니라 커뮤니티와 서비스를 팔아야 한다. 즉, 지식 서비스 업종과 제조업이 결합하여야 한다. 미국의 스포츠 의류

업체인 언더아머(Under Armour)는 자사제품에 센서를 부착하여 맥박, 운동량 등의 정보를 수집하고 스마트 워치에 보여 주고 인공지능으로 분석하여 달린 후 자세에 대한 분석 결과를 포함한 통합적인 운동성과를 확인할 수 있다. 스포츠 의류업체가 인간의 생체정보를 축척하여 의학 산업적으로 응용한 것과 같은 사례이다. 4차 산업혁명에 따른 건설 산업 분야 관련 지표로 보면 아직은 미진한 부분이 많이 있지만, 이러한 부분을 보완하여 발전시켜 나가면 다른 산업 분야 못지않게 크게 성장할 수 있을 것으로 본다.

특히 이번 장에서는 4차 산업혁명에 따른 건설 산업의 방향을 제시하고자 한다. 4차 산업혁명은 한마디로 산업 간의 융합이라고 볼 수 있고, 산업의 융합은 농업, 유통, 제조, 금융 등 산업의 모든 분야에서 이루어지고 있다. 건설 산업 분야에서도 예외는 아니며, 건설 산업의 새로운 비즈니스 모델로 4차 산업혁명을 건설 산업 분야에 접목할 수 있는 분야가 스마트 건설(Smart Construction), 스마트 시티(Smart City), 스마트 홈(Smart Home) 분야라고 생각한다. 이 분야는 4차 산업혁명의 요소기술과 밀접한 관계가 있어 건설 산업이 4차 산업혁명으로 인하여 다시 한번 재도약할 수 있는 발판이 될 수 있는 방향이라고 생각한다.

이제는 단순 하드웨어를 활용하는 것보다 소프트웨어를 활용하여 스마트하게 하는 방향으로 나가야 할 것이다. 예를 들면, 3D 프린터를 이용하여 건축함으로써 생산성을 높인다거나, 드론을 활용하여 시설물을 관리한다거나, 사물인터넷을 활용하여 기기를 제어하는 방식도 스마트하다고 할 수 있지만 앞으로 스마트하다는 것은 빅데이터를 활용하여 사전에 미래를 예측하여 보다 편리하고 보다 안전하고, 보다 생산적인 활동을 하는 방향으로 나가는 것이 더 스마트하다고 말할 수 있을 것이다.

그럼 지금부터 스마트 건설(Smart Construction), 스마트 시티(Smart City), 스마트 홈(Smart Home) 순으로 알아보도록 하겠다.

1. 스마트 건설 정의

스마트 건설(Smart Construction)은 정보통신기술(Information and Communication Technology, ICT)과 인공지능기술(Artificial Intelligence Technology, AIT)을 건설현장에 적용하여 품질, 안전, 공정 등의 건설 전반을 개선하여 효율을 높이고 생산성을 향상시키는 것이다.

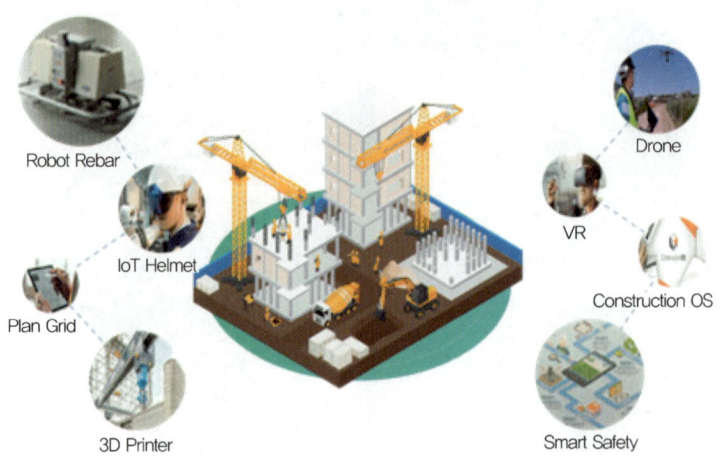

Smart Construction | by s. k |

앞으로 건설 산업은 기존의 하드파워에만 집중하지 말고, 4차 산업혁명 요소기술인 사물인터넷(IoT), 빅데이터(Big Data), 3D 프린터(3D Printer), 드론(Drone) 등과 같은 소프트파워에 집중하여 발전해 나가야 할 것이다.

2. 스마트 건설 추진배경

건설 산업은 제조업과 같은 타산업에 비해 생산성이 낮을 뿐만 아니라 사업 수행 과정에서 설계변경과 같은 계획과 실행의 불일치, 공사기간 지연, 사업비 증가 등의 이유로 수익성이 저조하다. 지난 20년간(1995~2014)의 건설 산업 생산성은 시간당 가치로는 25달러, 연평균 증가율은 1.0% 수준인 반면, 제조업은 시간당 가치가 39달러이고 3.6% 수준의 연평균 증가율을 보이고 있다. 또한 전체 산업을 기준으로 할 때도 시간당 가치가 37달러로 제조업에 비해 약 64% 수준, 전체 산업에 비해서는 약 68% 수준이다(출처 : 맥킨지 글로벌 연구소). 건설 생산성이 증가하지 않는 원인은 첨단 기술의 개발 및 적용이 건설 프로젝트의 단기 성과에 큰 영향을 주지 않고, 건설 생산 체계상 표준화의 어려움과 프로젝트 모니터링을 통한 데이터 수집의 어려움이 있다. 또한 보수적인 건설 산업의 문화에 첨단기술의 도입이나 인재 도입 등의 어려운 점이 있기 때문이다. 대한민국은 시간당 노동생산성이 건설 선진국에 비해 현저하게 낮아 건설현장에 4차 산업혁명 요소 기술을 도입해 노동생산성을 현재 시간당 13.5달러(2015년 기준)에서 19달러(2025년)까지 높이려고 하고 있다. 하지만 건설 선진국인 벨기에(48달러), 네덜란드(42달러), 영국(41달러), 스페인(41달러)과 같은 나라에 비하면 절반 수준밖에 미치지 못하고 있는 실정이다(출처

: 6차 건설기술 진흥 기본계획, 국토교통부). 또한 인구 구조의 변화로 인하여 인구가 감소하고 있고 이로 인하여 건설인력의 노령화가 갈수록 심화되고 있다. 이러한 문제를 근본적으로 해결하기 위해서는 노동 집약적인 건설 산업을 IT와 결합한 첨단산업으로 탈바꿈시켜야 한다. 그래야만 건설 선진국 수준으로 노동 생산성을 올릴 수 있을 것이다. 첨단산업화하는 것은 현장에서 건물을 짓는 건설부재를 미리 공장에서 생산하여 현장작업을 최소화하고 공사기간을 단축하는 프리패브리케이션(Prefabrication)50이나 사고위험이 높은 환경에서는 로봇을 통한 원격 시공함으로써 안전 확보 및 공사기간을 단축할 수 있는 로보틱스(Robotics)를 이용하거나 현장에서 3D 프린터 등을 활용하여 자동차를 생산하듯이 건축물도 생산을 하여야 한다. 더불어 PRE-CON(Pre-construction), BIM(Building Information Modeling, 빌딩 정보 모델링)과 같은 건설 기법과 AR·VR·MR, 드론(Drone), 3D 프린터, 사물인터넷(IoT) 등과 같은 4차 산업혁명 요소기술을 활용하여 스마트한 시공을 하여야 안전한 시공, 좋은 품질, 높은 생산성을 기대할 수 있다.

50　Prefabrication : 약칭 프리패브. 건축공사의 현장작업을 최소한으로 줄이고, 구조부재나 마루, 벽, 천장, 지붕의 패널 등을 미리 공장에서 생산하여 현장에서 조립하는 공법이다. 건설 산업에 서는 건설 부재를 미리 공장에서 생산하여 현장작업을 최소화하고 공사기간을 단축하는 데 활용할 수 있다.

3. 국가별 스마트 건설 추진사례

주요 국가별 스마트 건설(Smart Construction) 추진 현황 및 전략을 보면 전통적인 건설 산업의 구조적 한계를 극복하고 노동 생산성을 향상하고 각 국가별로 가지고 있는 사회적 문제점을 해결해 나가는 방향으로 스마트 건설을 추진하고 있다. 각 국가별 스마트 건설 추진사례를 보도록 하겠다.

1) 한국

국토부에서 스마트 건설기술 로드맵을 발표하고 정부 주도로 추진하고 있다. 추진방향을 보면 2차원 설계도면에서 3차원 정보모델로, 인력·경험 중심 작업에서 데이터 기반 시뮬레이션으로, 건설 전 과정을 정보통신기술(ICT) 등 첨단 기술을 접목하는 기술혁신을 추진하고 있다. 국토부에서는 2025년까지 스마트 건설기술 활용기반을 구축하고, 2030년까지 건설 자동화를 완성하는 것을 목표로 하고 있다. 주요 스마트 건설기술을 보면 건설 대상 부지를 드론이 항공 촬영하여 자동 측량하고, 빅데이터(Big Data)를 바탕으로 한 자동 설계한 후, 시공 시뮬레이션을 통하여 최적의 공정계획을 한다. 이후 건설장비 투입시점을 결정하고, 원격 관제에 따라 건설 장비들이 자율 작업을 진행한다. 이어서 공장에서 사전 제작한 부재들을 현장에서 정밀하게 조립되며, 작업자에게 실시간으

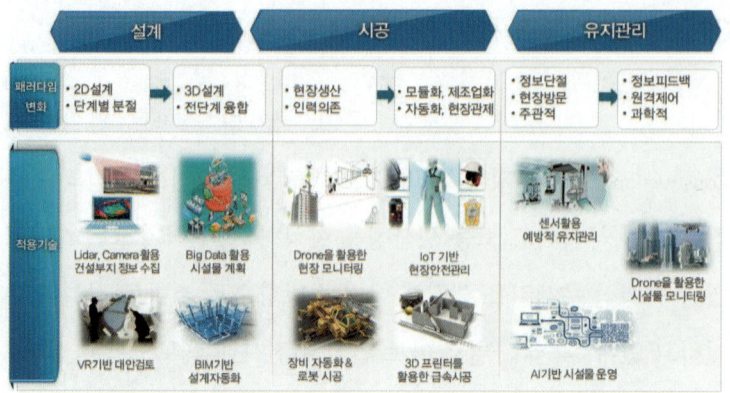

스마트 건설기술 로드맵 | 출처 : 국토교통부 |

로 위험요소를 알려 주고 통제하여 안전도를 향상시킨다. 발전 목표를 단계적으로 보면 설계 단계에서는 측량과 건설정보모델링(BIM)을 활용한 디지털 정보모델을 정착시킨 후, 빅데이터를 기반으로 설계 자동화를 추진하고, 시공단계에서는 건설장비 자동화, 조립시공 제어 등 기술 개발 후 시공 전반을 자동화하고, 유지관리 단계에서는 로봇과 드론이 신속 정확하게 시설물을 점검할 수 있는 기술을 확보하고, 디지털 트윈(Digital twin)을 통한 시설물 유지관리 체계로 발전시켜 나가는 방향으로 추진하고 있다.

2) 일본

일본 정부의 목표는 2016년 모든 건설 생산과정에 IT 기술을 활용한다는 내용을 핵심으로 하는 i-Construction 정책을 발표하고 이를 통해 2025년까지 건설현장의 생산성을 20% 높이겠다는 것이다. i-Construction 정책은 조사·설계·시공과정 등에서 IT 기술을 활용하고 시공과정을 규격화하고 시공일정 등을 표준화하는 것이다. 기존에 사람이 직접 수행하던 측량 등 조사과정을 드론 등을 활용해 3D 형태로 구현하고 설계도 BIM 이나 VR 장비 등을 활용해 자동화한다. 대규모 인력이 투입되는 시공현장에서는 IoT로 연결된 무인건설기계를 투입해 인력 투입을 최소화한다. 각종 콘크리트 구조물은 규격화해 공장 제작이 가능하도록 하여 건설현장을 기계화와 표준화를 통해 생산성을 높이겠다는 목표이다. 정책 실효성을 높이기 위해서 일본 정부는 일정규모 이상인 공공건설 공사에는 IT 기술이 적용된 건설 장비를 활용하는 조건으로 발주를

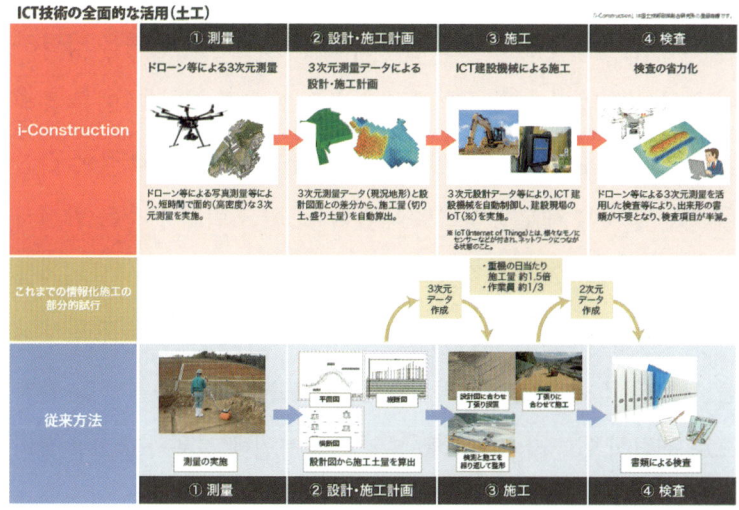

i-Construction 적용사례 | 출처 : kojoh |

하고 있다. 아울러 IT 기술이 건설현장에 적용될 수 있도록 각종 건설기준 정비와 인센티브도 제공하고 있다.

3) 중국

중국 주택도농건설부에서 발표한 '14차 5개년 건축업 발전 계획에 관한 통지(2022.01.25)'에서 중국 정부는 세계 건축 강국 건설을 위해 효율적인 시장 메커니즘과 신뢰할 수 있는 표준, 활력 넘치는 시장 주체를 갖춘 현대화 건축업 발전체계 구축을 추진목표로 삼고, 2035년까지 건축업의 질과 효율성을 높이고, 이익을 극대화해 건축의 산업화를 이루고 건축 품질을 향상시키며 기업 혁신능력을 대폭 강화할 계획을 가지고 있다. 이를 실천하기 위한 추진방침으로 고급 인재를 전면적으로 양성하고 산업 전반의 강점을 강화하며 중국 건축업계가 세계를 선도할 수 있도록 할 것이고, 이를 통해 스마트 건축 강국 대열에 합류하고 사회주의식 현대화 강국 건설을 지원할 것을 세부방침으로 세웠다. 또한 조립식 건축을 발전시킬 것을 명시하고, 조립식 건축에 대한 표준화 설계 및 생산체계를 구축하고 생산, 시공의 스마트화를 이루며 표준화된 부품과 부재를 사용해 조립식 건축물의 종합적인 효율성과 이익을 높일 방침으로 조립식 인테리어 방식을 분양주택 사업에 적용하고 고품질의 강구조 주택 건설을 적극 추진하며, 학교, 병원 등 공공 건축물에 강구조물을 우선적으로 적용하기로 하였다. 건설 로봇 부분에서는 건축 로봇에 대한 연구개발(R&D)과 응용을 확대하고, 이를 위해 신형 센서, 스마트 제어 및 최적화 등 건축 로봇의 핵심 기술을 연구하고, 핵심 기술 표준을 연구 제정해 대표적인 건축로봇 상품을 개발할 것이라는 세부추진 계획과 더불어 친환경적인 건축 방식을 보급할 것을 발표하였다. 이를 위하여 친환경 건축 혁신 센터를 육성하고 핵심 기술 발전 및 산업화 응용에 박차를 가할 방침으로, 친환경 건축 관련 정책과 기술, 실시 체계를 수립하고 친환경 건축 기술 지침과 가격 책정의 근거를 제시해 건축의 모든 과정에서 녹색 건축 기준 체계를 마련하기로 하였다. 이와 같이 중국정부는 기본적인 부분부터 건설 로봇 그리고 친환경건축까지 다양한 분야에서 스마트 건설(Smart Construction)을 적용하려고 노력하고 있다.

4) 싱가포르

싱가포르는 건설 산업 선진화와 모듈러(Modular) 생산방식을 추진하고 있다. 건설 산업 선진화의 일환인 'Construction 21 운동'은 생산성 향상 및 환경 개선을 추구하는 건설 산업 선진화 방안이며 기술개발 로드맵을 통해 자동화 장비 및 BIM · 가상설계 및 시공 등 7대 핵심 기술 분야를 선정하였다. 대부분의 국가 건설프로젝트 설계 시 BIM 사용을 의무화(약 80%)하고 있고, 모듈러(Modular) 생산 방식을 적극적으로 도입하고 있다. 싱가포르 BCA(Building and Construction Authority, 건설청)는 모듈러 생산 방식으로 작업 인력과 공사 기간을 줄여 생산성을 약 50% 향상하고 소음의 최소화와 현장 안전성 증대를 제시하였다. 모듈러(Modular) 공법은 반복적이며 표준의 형태 및 디자인을 갖춘 시설에 적합하여 소규모 비즈니스 호텔, 콘도, 오피스텔, 모듈러 주택 등의 건축 시 효과가 있고 작업자 감소 및 공사 기간 단축, 먼지 및 소음 최소화, 현장 안전성 증대라는 장점이 있다. 공장에서는 모듈러(Modular)를 생산하고, 현장에서는 만들어진 모듈러를 조립하는 형태로 건축을 한다.

5) 영국

영국은 'Construction 2025 산업 전략'을 세워 정부와 산업계가 협력하여 영국을 세계 건설의 선두에 서게 하는 장기적인 5대 비전을 제시하였다. 그 내용을 보면, People(건설이 재능 있고 다양한 노동력으로 유망한 산업), Smart(효율적이고 기술적으로 발전된 산업), Sustainable(저탄소 녹색건설 수출에서 세계를 선도하는 산업), Growth(건설이 경제 전체 성장을 견인하는 산업), Leadership(정부 및 산업대표자로 구성된 건설리더협회의 리더십이 뚜렷한 산업)이다. 비전에 대한 Target으로 원가 및 사업 전주기(Life Cycle Cost) 비용은 33% 절감하고, 탄소가스의 50% 저감, 공사 기간의 50% 단축, 건설 분야 수출입 격차의 50% 감소로 정하고 추진하고 있다.

6) 미국

　미국에서는 민간기업을 중심으로 스마트 건설을 추진하고 있다. 이에 따라 미국은 건설관련한 다양한 스타트업이 활발하게 활동하고 있다. 스타트업들은 빅데이터(Big Data), IoT 기술, 웨어러블 장비 등을 개발하여 현장 관리에 활용함으로써 건설현장의 생산성 향상 및 안전에 기여하고 있다. 미국에서 1조 원 이상 가치를 가진 주요 글로벌 건설 민간기업으로는 카테라(Katerra), 프로코아(Procore) 등과 같은 글로벌 건설사와 오토데스크(AutoDesk), 벤틀리(Bentley) 등과 같은 건설 전 프로세스의 정보를 통합 관리하는 BIM 설계사가 있고, 다큐리(DAQRI)와 같은 회사는 BIM 데이터를 스마트 헬멧에 탑재하고 시공 정보를 실시간으로 확인해 주는 서비스를 제공하여 주고, 오누마(Onuma) 같은 회사는 1시간에 1,000만 개 설계안을 제작하고, 최적 설계안을 도출하고 기술개발을 하여 주는 회사와 같이 미국에는 다양한 건설 관련 민간회사들이 스마트 건설을 추진하고 있다.

　결론적으로 스마트 건설(Smart Construction)이 성공하려면 처음 시작은 싱가포르 같이 국가 주도로 진행되어야 할 것이다. 대한민국의 경우 2009년 국토교통부가 발표한 BIM 적용 가이드라인과 같이 100억 원 이상의 공공 공사는 BIM 적용을 의무화하여 초기 단계부터 정착이 될 수 있도록 정부의 지원과 정책이 필요하다.

4. 건설사별 스마트 건설 추진사례

스마트 건설은 건설 프로세스의 시작인 설계부터 시공 및 유지·관리까지 전 분야에서 적용되어야 한다. 먼저 설계분야를 보면, 3차원 입체 설계 시스템인 BIM(Building Information Modeling, 빌딩 정보 모델링)이다. BIM은 기존 CAD의 2차원 설계를 뛰어넘어 물량 산출은 물론, 시공, 유지·관리까지 건설생산 프로세스 전반을 시뮬레이션해 볼 수 있기 때문에 시행착오를 줄이고 효율성은 높여 준다. 시공분야에서는 4차 산업혁명 기술을 이용하여 공정 점검, 자재 관리, 안전사고 예방, 원·하도급사 소통 등 다양한 건설 현장 관리업무에 적용하여 효율을 높여 나가는 것이다.

각 건설사별 스마트 건설 추진사례를 보도록 하겠다. 대우건설은 DSC(Daewoo Smart Construction) 시스템을 개발하여 건설현장에 적용하고 있다. DSC 시스템은 건설현장의 안전, 품질, 공정 등을 종합 관리하는 시공관리 자동화 통합플랫폼으로 사물인터넷(IoT), 드론(Drone), 모바일, VR & AR 등 모든 첨단기술이 적용된다. 사용 예를 보면, 사물인터넷(IoT) 및 3D 설계를 바탕으로 한 정보수집 활용 기술로 작업자가 Smart Tag를 착용하고 작업을 함으로써 작업자 출력인원을 모니터링해 주고, 지능형 CCTV를 통한 투입인원의 작업위치 및 위험지역으로 출입하는 경우 경고하여 주고, 화재 발

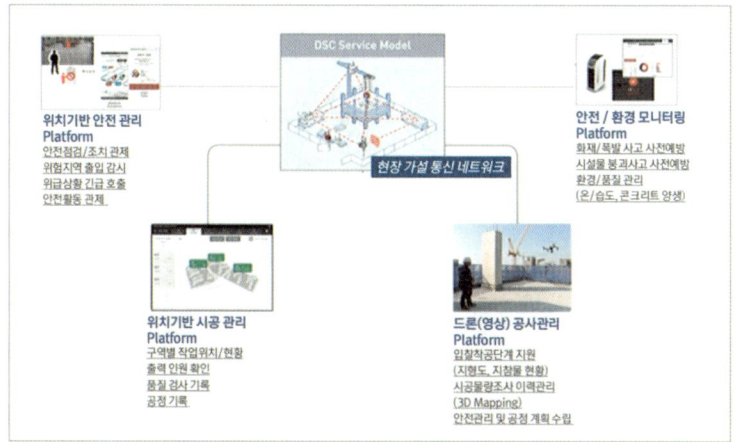

DSC | 출처 : DAEWOO E&C |

생 및 가스 누수가 발생한 경우 감지하여 관련자에게 알려 주는 서비스를 제공한다. 또한 긴급사항 발생 시에는 호출 및 알림 서비스를 제공해 준다. 작업자가 안전밴드 착용하고 작업함으로써 밀폐 공간 산소농도 및 가스누출 등을 모니터링하여 주고, 각종 센서에 의해 구조안전 계측관리가 이루어지고, 드론을 통한 3D 지형 모델링하여 시공물량 산출 등 현장 안전, 품질, 공정관리 전반에 유용하게 활용하고 있다.

또 다른 대우건설의 사례로 4D 스마트 모델링 프로그램인 스마일(SM.ile)을 개발하여 운영하고 있다. 스마일(SM.ile)은 스마트 기술의 SM과 할 수 있다는 형용사어미 ile의 합성어로 빅데이터(Big Data)를 기반으로 한 4D 스마트 모델링 프로그램이다. 이는 다양한 공사를 수행하며 축적한 빅데이터를 활용해 토공사, 골조공사의

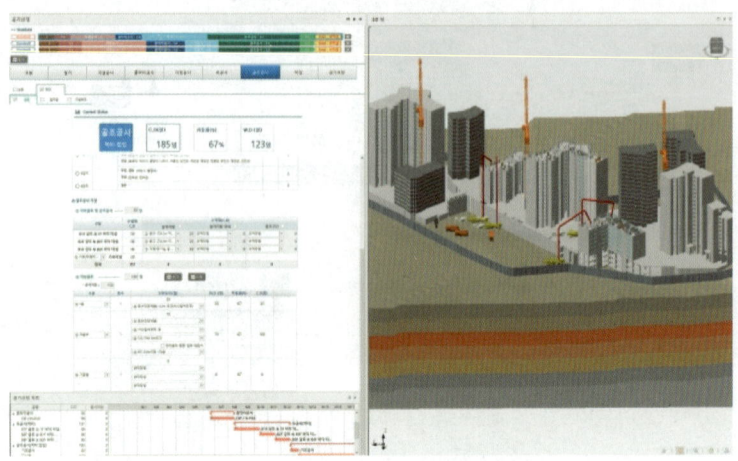

스마일(SM.ile) | 출처 : DAEWOO E&C |

4D 모델링을 손쉽게 구현할 수 있도록 만든 프로그램으로 토공사, 골조공사의 3D 모델링 시간을 획기적으로 단축시킬 수 있을 뿐만 아니라 실시간 시공계획수립을 통한 최적공법 선정, 공사물량, 공사기간 산출 가능하여 통상 한 달가량 소요됐던 작업이 하루 만에 가능해졌다.

대우건설은 코로나19로 인하여 비대면이 일상화되면서 비대면 협업 솔루션을 개발하여 운영하고 있는데, 도면 기반 정보공유 플랫폼 SAM(Site Camera)은 작업자가 GPS를 활용해 현재 자신의 위치를 확인하고 모든 디바이스에서 도면을 실시간으로 검색 가능하다. 현장 담당자는 현장상황을 본사, 업체 등과 쉽고 빠르게 공유할 수 있고, 전문가에게 지원 요청이 가능하여 현장에서 발생 가능한 위험요소와 품질관리에 선제적 대응이 가능하다. 또한 모바일 앱과 실시간으로 동기화되는 웹페이지를 제공해 현장과 사무실에서 사용자가 모든 도면을 조회 가능하여 업무 효율을 향상시키는 데 활용하고 있다. 또 다른 비대면 협업 솔루션으로 사진 기반 정보공유 플랫폼 COCO(Co-work of Construction)를 보면 현장의 이슈나 위험요소 등을 사진으로 촬영한 뒤 사용자와 공종 태그를 선택해 담당자에게 조치를 요청 가능하고 업무가 완료되기까지 전 상황을 실시간으로 추적관리할 수 있다. 사용자는 협업 과정에서 생성한 모든 사진을 현장별, 작성자별, 공종별로 사진대지 보고서로 자동 출력 가능하고, 현장별, 업무별로 멤버 관리, 원터치 사진 촬영 및 편집 기능이 가능하여, 건설현장의 불필요한 업무시간을 단축하고 협업 등이 가능해 업무 효율성을 극대화할 수 있다.

LH는 LHDW(드론-웍스) 개발하여 운영하고 있다. 순수 국산기술로 제작된 드론(Drone) 25기를 도입하고 운행기록, 데이터수신 등의 모니터링 및 원격관리를 위한 통합관제센터를 구축하여 드론으로 취득한 공간정보를 원스톱으로 처리·가공·활용하는 운영 시스템인 드론-웍스(LHDW)를 운영 중에 있다.

SK건설은 지능형 CCTV 기반의 웨어러블 카메라를 개발하여 운영하고 있다. 현장의 안전관리자가 작업일정에 따라 밀폐된 장소나 협소한 공간 등 기존 CCTV로 확인이 어려운 사각지대에 이동식 CCTV를 설치해 안전정보를 실시간으로 확인하는 식으로 운영한다. 이동식 CCTV는 스마트폰 앱을 통해 원격 조정이 가능할 뿐 아

지능형 CCTV | 출처 : SK건설 |

니라, 스피커가 장착되어 있어 현장 작업자가 위험에 노출되거나 불안정한 행동을 보이면 안전관리자 또는 감독자가 즉시 경고 및 음성 송출을 하게 된다.

현대건설은 사물인터넷(IoT) 기반의 현장안전관리 시스템인 '하이오스(Hyundai IoT Safety System, HIoS)'를 개발하여 건설현장에 적용하고 있다. 하이오스(HIoS)는 각종 센서를 통해 축척된 정보를 BLE(Bluetooth Low Energy, 저 전력 블루투스)[51] 통신을 이용해 스캐너로 전송하는 시스템이다. 이 시스템에는 근로자 위치확인, 장비협착 방지, 타워크레인 충돌 방지, 가스농도 감지, 풍속 감지, 흙막이 가

---

51 BLE : 약 10m 도달 반경을 가진 2.4GHz 주파수 대역에서 저전력·저용량 데이터 송수신이 가능한 블루투스 기술이다. 동작 주기가 수 밀리초 정도이고 대부분 시간을 슬립 상태(sleep mode)에 있어 전력 소모가 매우 적다. 2MHz의 대역폭을 사용하고 1Mbps의 전송속도를 지원하지만 동작주기가 짧아서 평균 전송속도는 200kbps 이하이다. 특히 평균 전송속도가 10kbps 이하인 경우에는 전력 효율이 매우 좋아 배터리 교환 없이 1년 이상 사용이 가능하다. 시계, 장난감 등에 사용하기 적합하다. 2006년 노키아(Nokia)가 와이브리(Wibree)라는 이름으로 개발하였다.

시설물 붕괴 방지 등의 기술이 내재되어 있다. 일례로 근로자 위치 확인 기술은 근로자 안전모에 장착된 BLE 태그 인식을 통해 위험 상황 발생 시 근로자의 위치를 즉시 확인할 수 있어 사고 발생 시 인적 피해를 최소화하고 특정 위험구간에 대한 접근 통제도 가능해 사고예방 효과가 크다. 또한 타워크레인 충돌 방지 기술은 타워크레인 회전 시 부주의나 사각지대로 인해 인접해 있는 타워크레인과의 충돌이 우려될 때 운전자에게 관련 정보를 제공하고 전용 모니터로 타워크레인의 상태를 확인해 안전한 작업을 할 수 있도록 도와준다.

GS건설은 플랜 그리드(PLAN GRID)[52]를 도입해 건설현장에 적용하고 있다. 플랜 그리드는 공사 관계자들이 건설현장에서 수시로 발생하는 도면수정과 변경사항 등을 태블릿 PC로 실시간으로 공유하는 데 적용하여 시공 편의성을 향상시키고 있다.

삼성건설은 현장업무 모바일 시스템인 'SMART WE(Work Efficiently, Work Elaborately, Work Eco-Friendly)' 앱을 개발하여 디지털 업무 환경을 구축하고 있다. 이전에는 현장 점검 때 직원들이 도면을 출력해 나갔지만 'SMART WE'

SMART WE | 출처 : 삼성건설 |

[52] Plan Grid : 미국에서 개발한 도면 공유 프로그램으로 클라우드를 기반으로 약 5000장의 도면을 공유할 수 있다. 건설현장에서 수시로 발생하는 도면 수정·변경사항을 공사 관계자들이 최신버전을 실시간 공유함으로써 시공상 혼란 및 재시공을 방지할 수 있고, 도면뿐 아니라 각종 공사 관련 문서도 저장 가능하며, 사진전송기능이 있어 작업 지시도 용의한 프로그램이다.

를 도입한 이후 태블릿 PC 안에 전체 도면과 기술정보 등을 담아 언제 어디서든 열람할 수 있다. 'SMART WE'는 최대 50개 현장이 동시 접속할 수 있는 화상 커뮤니케이션 프로그램도 갖추고 있어서 협력사도 모바일로 진행상황 등을 보고할 수 있기 때문에 공간·시간적 제약을 받지 않고 사용할 수 있다.

현대산업개발은 건설현장의 데이터 통합·관리를 위해 'PMIS(Project Management Information System)'를 구축하고 있다. 이 시스템을 통해 건설현장 인력·장비·자재 등 관리 업무를 자동화하고 프로젝트별 공종들을 표준화하며 공정표 자동생성과 도식화를 통해 현장 공정관리 효율성을 높이고 있고, 자재 이력관리는 QR Code를 활용해 체계적으로 처리하고 있고, 문서 디지털화로 생산성 향상 및 빅데이터를 확보하는 데 활용하고 있다.

HDC PMIS						
			현장별 총괄현황 현장별 주요업무현황			
사업현황	공정계획관리	공정관리	시공관리	문서관리	시스템관리	
사업개요	표준공정관리	실적관리(바코드)	작업일보	설계도면관리	메뉴관리	
조직도	WBS관리	실적관리(층/라인/호)	자원투입현황	설계자료관리	권한관리	
조감도	Activity/마일스톤관리	실적관리(Activity별)	공종별 공사사진	문서관리	공통코드관리	
사업일정관리	표준연계 및 Scheduling	부진공정현황	천후표	자료관리	시스템관리	
	마스터공정표	부진공정만회대책	자재관리	연계시스템		
	내역관리	주/월간 공정보고	검측관리	SAP		
	공정내역연계관리	사업비현황	외주/구매관리	BIM/견적시스템		
		기성현황	업체평가관리	외주/구매조달시스템		
		하도급 계약/기성현황		바코드시스템		
				노무출역관리시스템		
				신규업무관리시스		

PMIS | 출처 : 현대산업개발 |

쌍용건설은 건설현장에서 액션 캠과 드론(Drone)을 통해 작업 여건, 중장비 배치, 근로자 안전수칙 준수 여부 등을 실시간으로 체크하고 있다. '액션 캠 LTE(Long Term Evolution) 현장관리 시스템'은 작업자 안전모에 액션 캠 LTE를 달아 실시간으로 촬영한 영상을 시간과 장소의 제약 없이 스마트폰이나 PC로 작업현장을 모니터링하는 데 활용하고 있다.

한화건설은 건설현장의 재해예방과 안전관리를 위하여 모바일 앱인 HS2E(Hanwha Safety Eagle Eye)를 구축하여 운영하고 있다. HS2E는 건설현장에서 안전·환경 개선 사항이 있으면 누구나 휴대폰으로 사진을 찍어 내용을 입력하면 실시간으로 해당 현장 직원과 협력업체 직원에게 동시에 전파된다. 가장 많이 등록된 재해 유형을 집중관리하고 안전 활동성과를 정량적으로 평가하는 자료로 활용하고 있다.

HS2E | 출처 : 한화건설 |

포스코건설은 건설장비 자동화 시스템 MCS(Machine Control System)을 도입하여 운영하고 있다. 굴삭기에 고정밀 GPS와 각종 센서를 장착해 운전자가 측량사 없이 3D 설계도면만 보고 작업이 가능한 시스템이다. 건설장비 자동화 시스템이 적용된 부대토목 공사 현장은 품질 확보는 물론 공기 단축과 원가절감 효과가 있다. 또한 작업자의 경험과 직감이 아니라 데이터에 기반을 두어 시공하기 때문에 측량사가 굴삭기에 부딪치는 사고를 사전에 예방이 가능하다는 장점을 가지고 있다.

두산 인프라코어는 TMS(Telematics Service) 시스템을 개발하여 공사 현장에 적용하고 있다. TMS 시스템은 GPS(Global Positioning System, 위성위치 확인 시스템), GIS(Geographic Information System, 지리정보 시스템), 무선 인터넷 등을 활용하여 장비에 장착된 단말기를 통해 작업 중인 굴삭기 위치와 유류 소모량 데이터로 장비의 가동 상태 및 엔진과 유압계통 등의 주요 시스템의 이상 유무를 실시간으로 확인할 수 있다. 또한 이들 자료를 수집, 가공하여 스마트폰과 태블릿PC 등과 같은 모바일 기기를 통해 전달하거나, 반대로 원거리에서도 모바일 기기를 통해 장비 제어를 할 수 있다. 더불어 TMS를 통해 위치추적과 원격 차량진단, 사고감지 등의 연계된 서비스를 제공하고, 관리자는 장소에 구애받지 않고 실시간으로 현장을 관리하여 업무 효율성을 극대화하고 안전한 작업환경을 구축하고 있다.

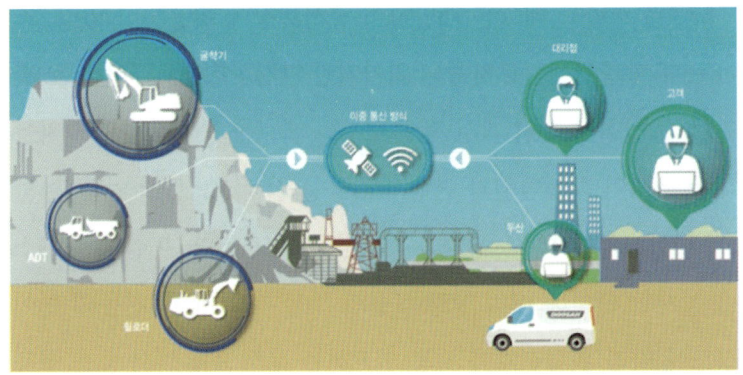

TMS | 출처 : 두산그룹 |

통신업체도 스마트 건설에 관심을 가지고 장비개발이나 시스템 구축을 하고 있다. LG유플러스는 IoT 헬멧을 개발하여 현장에 적용하고 있다. IoT 헬멧은 헬멧에 스마트 카메라, 무전기능, GPS를 탑재해 실시간으로 산업현장을 모니터링할 뿐만 아니라 비상상황이 발생할 경우 근로자의 위치 확인 및 원격에서 현장상황을 실시간으로 파악하는 데 활용하고 있다.

IoT 헬멧 | 출처 : LG유플러스 |

SKT는 스마트 태그를 개발하여 공사현장에 활용하고 있다. 스마트 태그는 건설근로자들의 위치기반 안전상태를 실시간으로 확인할 수 있어서 작업 개시 전 근로자가 태그를 등록하면 관리자는 해당 구역의 작업인원과 진행사항 등을 실시간으로 확인할 수 있고, 위험상황 발생 시 알림을 통보받을 수도 있다. 또한 유출가스를 실시간 확인해 대피 알람을 울려 주는 가스 센서, 진동의 변이 정도에 따라 위험신호를 자동 경고하는 무선진동 센서 등을 적용하여 안전 및 품질 사고를 사전에 예방하는 데 활용하고 있다.

다음은 해외건설사 스마트 건설 추진사례를 보겠다. 일본의 건설회사는 로봇을 중심으로 하여 스마트 건설을 추진하고 있다. 시미즈 건설은 건설 로봇을 건설현장에 투입하고 있다. 건설 로봇은 야간에 용접, 리프트, 볼트 등의 작업을 수행함으로써 인력 부족 문제를 해소하고, 위험작업을 건설 로봇으로 대체함으로써 위험작업이 줄어들 뿐만 아니라 공사기간을 단축하는 등의 여러 분야에 활용하고 있다.

일본의 카지마(Kajima) 건설은 건설 중장비 자동화를 통한 차세대 생산 시스템인 A4CSEL을 개발하여 운영하고 있다. A4CSEL(Automated, Autonomous, Advanced, Accelerated Construction system for Safety, Efficiency and Liability)은 기존의 리모컨 등에 의한 건설 중장비의 원격 조작이 아닌 태블릿 PC에서 여러 건설 중장비의 작업 계획을 지시하면, 무인 중장비가 자동으로 공사를 진행하는 시스템이다. 또한 4족 보

A4CSEL | 출처 : Kajima |

행 로봇 스팟(Spot)이 실증작업을 한다. 360° 카메라를 탑재한 스팟을 제어실에서 원격 조작함으로써 굴착면의 사진 촬영이나 펌프미터의 계기 사전 점검 등을 실시하고, 미리 설정한 경로를 따라 터널 내부를 자율 보행 방식으로 순찰하는 로봇이다.

일본의 오바야시(Obayashi) 건설의 로봇 슈트 HAL(Hybrid Assistive Limb)는 뇌로부터 물건을 올리라는 명령을 허리에 붙인 센서로 보내 주면, 허벅지와 배 주위에 두른 모터가 장착된 벨트를 통해 올리는 힘을 보조해 주는 슈트로서 40kg의 짐을 드는 경우 로봇 슈트 HAL이 최대 16kg를 서포트 가능하여, 1일 작업량 기준으로 약 1.5배의 성과를 얻을 수 있다. 또한 5G를 활용하여 원격으로 건설 기

로봇 슈트 HAL
(Hybrid Assistive Limb)
| 출처 : Obayashi |

기를 제어하는 시스템을 구축하여 운영하고 있다. 5G를 통해 건설기계를 원격으로 제어하는 기술은 산사태와 같은 재난 발생 시 안전하고 신속한 인프라 복구가 가능하고, 쌍방향 음성제어 시스템을 도입하여 음성으로 원격 조작이 가능하여, 숙련된 건설 노동자의 부족을 해결하고, 업무 효율을 극대화하는 데 활용하고 있다.

일본의 타케나카(Takenaka) 건설은 RCS BIM 소프트웨어를 구축하여 적용하고 있다. 골조공사 단계에서의 철근 조립에 RCS BIM 소프트웨어를 개발하여 운영하는데, RCS(Rail Climbing System) 기술은 철근 직경이나 개수, 벽체 등을 고려해 설계단계에서 철근 조립 방식을 확인할 수 있는 핵심 기술이다. 이 기술은 철근을 조립 하고 잘못되면 다시 풀었다 묶는 시행착오가 적어, 기존보다 30% 정도의 비용절감 효과가 있다. 또한 빌딩 커뮤니케이션 시스템 개발하

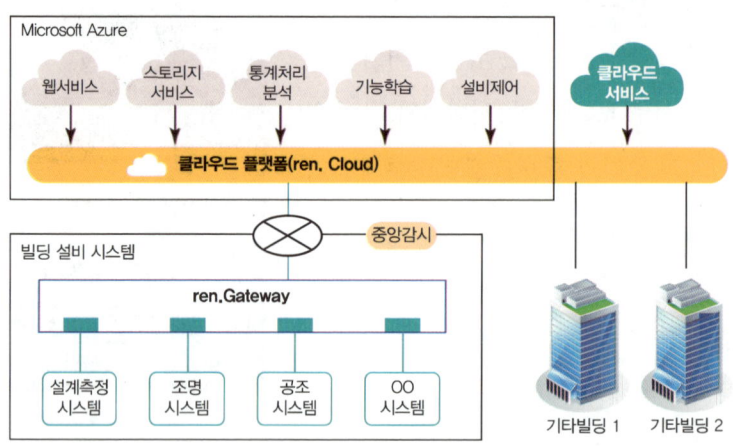

빌딩 커뮤니케이션 시스템 | 출처 : Takenaka

여 적용을 하고 있다. 빌딩 커뮤니케이션 시스템은 건물에서 사용되는 설비와 환경 센서를 상호 연결하고, 종합적으로 모니터링 및 분석하여, 건물의 관리부하경감, 이용자의 쾌적성 향상, 에너지 효율 등을 증가시켜 주는 시스템이다.

일본의 타이세이(Taisei) 건설은 T-iROBO Series를 개발하여 건설 현장에 적용하고 있다. 현장 청소 로봇인 T-iROBO Cleaner는 레이저 레인지 파인더를 탑재하여 상황을 스스로 판단하여 적절한 위치로 이동하여 사람이 청소할 때와 유사한 작업효율을 보여주고 있다. 반자율 콘크리트 피니셔인 T-iROBO Slab Finisher는 무선 컨트롤러로 수동 제어가 가능하고 미리 지정한 경로로 작업하거나 다음 층에서 동일한 경로로 반복 작업이 가능하다. 자동철근 결속 로봇인 T-iROBO Rebar는 레이저 센서를 이용하여 철근 교차점을 검출하고, 주변 장애물을 감지하여 정밀하게 결속하거나 철근 결속작업을 자동으로 할 수 있다.

일본의 코마츠(Komatsu)는 ICT 기술을 적용한 굴삭기와 불도저를 개발하여 출시하였다. ICT 굴삭기는 GNSS(Global Navigation Satellite System, 글로벌 위성 위치측정 시스템)를 장착하여 위치정보와 3D의 설계 데이터, 암(Arm) 제어 시스템을 통해 작업 기구를 자동화하였고, ICT 불도저는 ICT 기술을 적용하여 세계 최초로 굴착에서 마무리 땅 고르기까지의 불도저 블레이드 조작을 자동화하여 효율적인 시공이 가능하도록 개발되었다.

일본의 히타치(Hitachi)는 기업체질 강화를 지원하여 현장의 작업 개선 방법을 제공할 수 있는 HI-CEC(Hitachi Constructive Engineering for Customer support)를 개발하여 건설현장에 적용하고 있다. HI-CEC는 건설업 등 다양한 생산현장에서 작업 개선 방법을 제공하는 서비스로, ICT 기술에서 얻어진 전자 정보를 기초하여 고효율·고정밀의 건설 시공을 지원한다. 또한 건설 시공 공정에서 얻어진 전자정보를 다른 공정에서 활용함으로써 건설공사 전체의 생산성 향상과 높은 품질을 확보하는 데 활용하고 있다.

Hitachi | by s.k |

중국의 브로드 그룹(Broad group)은 공장에서 주요 골조 등을 생산하고 현장에서는 레고처럼 조립하는 모듈러 공법을 적용하여 6일 만에 15층 높이의 호텔을 건설하였고 최근에는 30층 높이의 호텔을 15일 만에 건설하는 데 성공하였다.

모듈러 공법 | 출처 : Broad Group |

미국의 벡텔(Bechtel)은 가상현실 기반 안전교육 시스템인 세이브 스캔(Safe Scan)을 운영하고 있다. 이는 HCS(Human Condition Safety)를 기반으로 건설현장 작업자들에게 가상현실을 활용하여 안전교육을 제공하는 시스템이다. 세이브 스캔은 비디오 게임과 유사하여 작업자들을 공사현장으로 투입하기 전에 가상현실 기반의 위험상황에서 작업자들에게 대응능력 및 위험요소들에 대해 미리 인지시키고 체험할 수 있도록 지원하는 솔루션이다.

미국의 다큐리(DAQRI)는 증강현실 기반의 스마트 글라스, 스마트 헬멧을 적용하여 건설현장에서 발생되는 상황을 시각화할 수 있는 이상적인 인터페이스 기기와 여러 개의 센서와 카메라 장착하여, 실시간 온도체크 및 작업자 위치인식, 작업자에게 문제상황 및 작업방법 안내 시스템 등을 제공하고 있다. 또한 다큐리 헬멧(DAQRI Helmet)은 양방향 통신 및 AR 기반 작업지시, 3D 모델 매칭,

시설물 정보 태깅 등이 가능하고, AR 기반 시설물 작동 및 보수절차 정보 제공 및 현장 스캐닝도 가능하다.

미국의 카테라(Katerra)는 엔드 투 엔드(end-to-end) 종합서비스를 구축하여 건설현장에 적용하고 있다. 설계, 자재, 조달, 제조, 건설까지 엔드 투 엔드(end-to-end) 종합서비스를 제공하고 있고, 모듈러와 관련해 공장 생산방식을 도입해 건축물 구성요소를 모듈화하여 현장에서 조립하는 방식을 적용하고 있다. IT 기술을 접목하여 모든 과정에서 IT 기반 기술인 BIM, ERP 등을 활용하여 통합 수행하며, S/W, H/W 솔루션 등을 구축하여 엔드 투 엔드 종합서비스를 적용하고 있다.

미국의 프로코어(Procore)는 오픈 클라우드플랫폼인 'Construction OS' 개발하여 현장에 적용하고 있다. 이는 클라우드 기반의 건설공사 전반을 운영·관리하는 플랫폼으로 프로젝트관리, 품질관리, 안전관리, 자금관리, 인력관리 분야 등의 플랫폼을 제공하고 있다.

오픈 클라우드 플랫폼 Construction OS | 출처 : procore |

스웨덴의 스칸스카(SKANSKA)는 디지허브(DigiHub)와 디지털 컨스트럭션 플랫폼(Digital Construction Platform, DCP) 구축하여 운영 하고 있다. 디지허브는 연구와 혁신을 촉진하는 혁신 센터로, 새로운 제품과 서비스를 회사에 전체적으로 도입하기 전에 작은 규모 내에서 테스트 베드 역할을 하는 것이고, 디지털 컨스트럭션 플랫폼은 다량의 데이터를 프로젝트 구성원, 하도급 업체, 고객들에게 쉽게 연결해 주는 체계로 프로젝트 문서와 도면뿐만 아니라, IoT 센서, 탄소 배출량 추적, 건설현장의 장비 등을 실시간으로 추적하는 기능 등이 있는 플랫폼이다. 디지허브와 디지털 컨스트럭션 플랫폼을 도입하여, 2023년까지 건설비용을 20% 절감하고, 시공기간을 25% 축소하고, 안전, 환경, 사회적 책임 등을 향상을 목표로 100% 디지털화한다는 전략을 가지고 있다.

DigiHub and DCP | 출처 : SKANSKA |

호주의 신생기업인 패스트브릭 로보틱스(Fastbrick Robotics, FBR)의 하드리안 엑스(Hadrian X)는 자동으로 벽돌을 쌓아 올리는 로봇이다. 하드리안 엑스는 28m로봇팔로 벽돌을 정확한 위치에 쌓을 뿐만 아니라 진동을 감지하고 벽돌의 위치가 어긋나지 않게 하는 수정기능도 가지고 있다. 또한 시간당 1,000개의 벽돌을 쌓아 숙련된 인부의 4배 속도로 작업을 한다.

벽돌 쌓는 로봇 | 출처 : Fastbrick Robotics |

5. IT 기술을 활용한 현장관리 적용사례

다양한 IT 기술의 융복합 형태로 현장에 광범위하게 적용되어 품질 향상, 안전한 작업환경 구축, 생산성 향상 등을 가져와 현장의 경쟁력을 강화시키는 데에 활용하고 있다.

무선 조명제어 시스템(Wireless Lighting Control System)을 활용한 현장관리는 타워크레인 조명, 지하주차장 조명, 현장 외부 조명 등을 무선으로 제어하는 시스템이다. 활용분야는 타워크레인의 조명 전원을 경비실 또는 사무실에서 무선으로 ON·OFF하고, 지하주차장 조명 및 현장 옥외 조명을 회로별로 구분하여 무선으로 ON·OFF 함으로써 에너지 절감뿐만 아니라 안전관리에도 유용하게 이용된다.

Wireless Lighting Control System

전원관리 모니터링 시스템(Power Management Monitoring System)을 활용한 현장관리는 현장의 타워크레인 전원, 현장 가설조명 전원 및 현장 배수펌프 고장으로 인하여 지하실 및 작업현장 침수에 대비하기 위한 경보 시스템이다. 활용분야는 사무실이나 관리실에서 전기사용 여부를 모니터링하여 배수펌프 동작 여부를 확인할 수 있고, 현장에서 야간에 불필요한 전기 사용을 통제하여 에너지 절감 및 화재 예방 목적으로 활용이 가능하다.

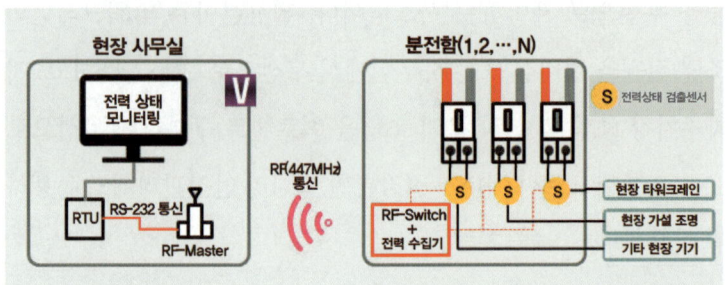

Power Management Monitoring System

무선 CCTV 카메라 시스템(Wireless CCTV Camera System)을 활용한 현장관리는 타워크레인 및 외곽펜스에 무선 카메라를 설치하여 안전관리 및 현장 관리하는 시스템이다. 활용분야는 언제 어디서나 스마트폰으로 현장상황을 확인할 수 있고, 유선방식이 아닌 무선 방식으로 공사 중 단선으로 인한 시스템 중단 없이 안정적으로 시스템 운영이 가능하다.

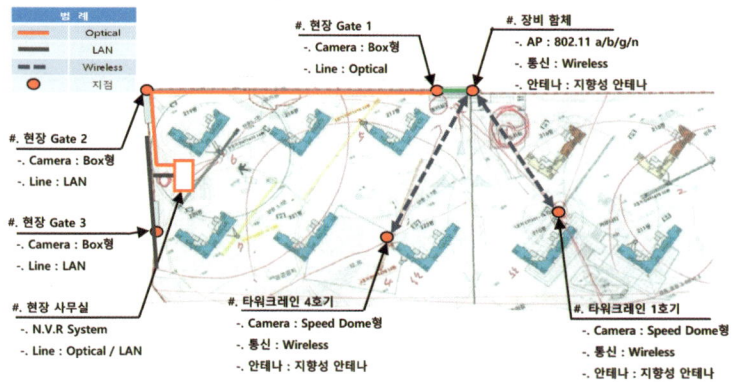

Wireless CCTV Camera System

 스마트 미러링 시스템(Smart Mirroring System)을 활용한 현장관리는 모바일 화면을 무선으로 디스플레이 장치에 전송하는 시스템이다. 활용분야는 모바일에서 촬영한 사진이나 자료를 대형 스크린에 보여주어 시청각 교육을 하는 시스템이다. 활용분야는 안전교육 및 작업자 정보 전달 교육을 시각효과를 더하여 집중력을 향상하는 데 활용할 수 있다.

Smart Mirroring System

모바일 웹(One Touch HSE-Q)을 활용한 현장관리는 모바일 웹을 통하여 안전·품질·환경 관련 사항을 전사 공유하는 시스템으로 안전사고 예방활동 및 업무 효율을 극대화하기 위해 활용되고 있다. One Touch HSE-Q는 스마트폰에 설치하는 모바일 앱으로, 건설 현장에서 근로자들이 모바일 기기로 현장의 안전이나 품질, 환경과 관련된 위험 요소나 부적합 요소들을 촬영해서 사진과 내용을 전송하면, 그 내용이 바로 담당자에게 푸시 알림 형태로 조치 요청되고, 피드백에 대해 실시간으로 관계자들과 공유할 수 있는 시스템이다. 기존에는 안전·품질 담당직원만이 현장에 카메라를 들고 다니며 촬영하고, 사무실에 복귀해서 파일을 컴퓨터에 옮겨 작업한 후에 담당자에게 수정 조치를 요청하는 프로세스라서 긴급사항을 처리하는 데 시간이 소요되지만 'One Touch HSE-Q' 앱은 이러한 과정을 모바일 기기로 바로 처리할 수 있어 신속한 조치가 가능하다.

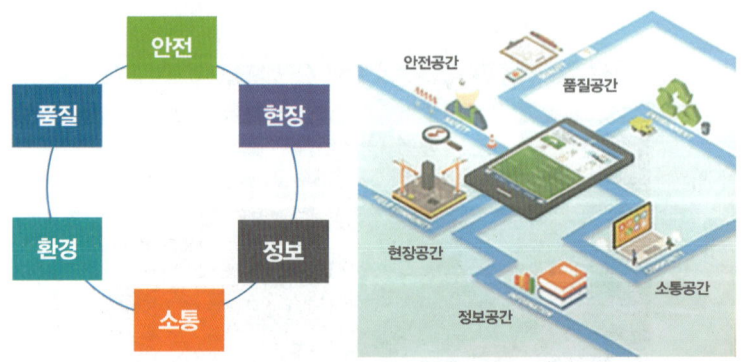

One Touch HSE-Q | 출처 : DAEWOO E&C |

모바일 웹 기술도서 열람 시스템(MEMtech)을 활용한 현장관리는 모바일 웹을 활용한 기술도서 열람 및 신규 기술 자료의 정보 공유 시스템으로 언제 어디서나 원하는 기술도서의 문서를 열람할 수 있다. 대우건설은 모바일 웹 기술도서 열람 시스템인 MEMtech (Mechanical & Electrical Mobile Technology)를 모바일 기반으로 제작하여 기술도서 및 기술표준 등의 정보를 스마트폰 등 모바일 기기를 이용하여 실시간으로 확인이 가능하고, 새로운 정보가 생산될 때에는 실시간으로 업데이트하고 언제 어디서나 열람할 수 있는 서비스를 제공한다. 더불어 푸시 수신기능, 협력업체 조회, 일정관리 기능 등이 있어 본사 뿐만 아니라 현장에서도 자료를 신속하고 편리하게 사용할 수 있다.

모바일 기기를 활용한 현장관리는 작업자들이 휴대하고 있는 모

바일 기기를 이용하여 RS-232(Recommended Standard 232)[53] 통신, NFC(Near Field Communication)[54] 통신기술을 접목하여 현장 출입을 관리하는 시스템이다. 활용분야는 작업자 스마트폰으로 개인정보(경력, 질병이력) 등을 인식하여 현장 출입 시 또는 주요 작업장 출입 시 관리하는 데 활용하고 있다.

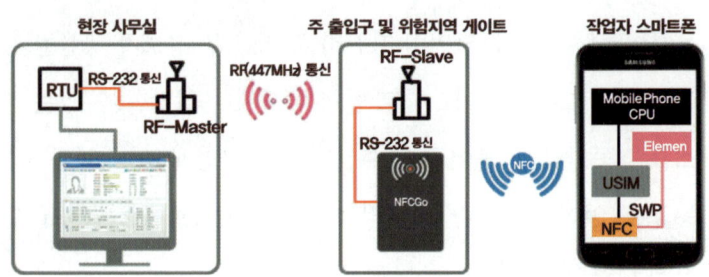

모바일 기기를 활용한 현장 출입관리 시스템

지정맥 인식 시스템(FingPay)[55]을 활용한 현장관리는 손가락에 분포한 정맥 혈관을 인식하여 출입을 관리하는 시스템으로 손 혈

53 RS-232 : 1960년에 도입된 표준의 하나로, PC와 음향 커플러, 모뎀 등을 접속하는 직렬 방식의 인터페이스의 하나이다. 인터페이스는 포트라고도 하고 직렬 포트라고도 한다. 노이즈에 큰 영향을 받지 않고 먼 곳까지 신호를 전달하고, 단순하게 사용하기에 유용하다.

54 NFC : 13.56MHz 대역의 주파수를 사용하여 약 10cm 이내의 근거리에서 데이터를 교환할 수 있는 비접촉식 무선통신 기술로서 스마트폰 등에 내장되어 교통카드, 신용카드, 신분증 등 다양한 분야에서 활용될 수 있는 기술이다. NFC를 활용하면 스마트폰으로 도어락을 간편하게 여닫을 수 있으며, 버스나 지하철 등 대중교통을 손쉽게 이용이 가능하다.

55 FingPay : 손가락 정맥 패턴을 이용해 인증을 하는 지정맥 인증서비스이다. 손가락 정맥 패턴은 모든 사람이 각기 달라 위·변조가 불가능하고 인증속도가 빨라 사용하기 편리하다. 카드나 스마트폰 등 기존의 결제 수단을 소지하지 않아도 결제가 가능하고 인식 장치의 크기가 작아서 복잡한 가맹점 카운터에 설치가 용이하다. 이런 장점 때문에 ATM, 백화점, 식당 등 다양한 유통업체에 적용되고 있다.

관 인식 시스템(Hand Vascular Pattern Recognition System)[56]의 단점인 한 사람의 손혈관 체크로 다수의 인원이 등록되는 문제를 보완하여 출입을 관리하는 데 활용하고 있다.

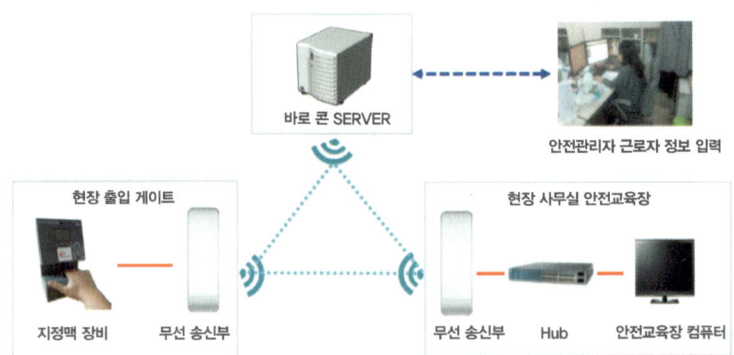

지정맥 인식 시스템을 활용한 현장 출입관리 시스템

멀티 송수신기(Multi-transceiver)를 활용한 현장관리는 단방향 송수신으로 인한 의사소통 지연으로 발생할 수 있는 사고를 예방하기 위해 다자간 및 양방향 송수신이 가능한 멀티 송수신기를 이용한 현장관리이다. 멀티 송수신기는 TDMA(Time Division Multiple Access)[57] 방식의 데이터 통신기술을 이용해 양방향 통신이 가능하

56 Hand Vascular Pattern Recognition System : 정맥 인식기술은 손등의 피부로부터 적외선 조명과 필터를 사용해 피부에 대한 혈관의 밝기 대비를 최대화한 다음, 입력된 디지털 영상으로부터 정맥 패턴을 추출하는 기술이다. 지문 또는 손가락이 없는 사람도 이용할 수 있는 장점이 있다. 사용이 편리하고 사용자의 거부감이 적으며, 지문보다 많은 정보를 가지고 있어 인식률이 높다.

57 TDMA : 하나의 중계기에 여러 사용자가 접속하여 동시에 데이터를 송수신할 수 있도록 해 주는 기술로 동일한 주파수를 작은 시간들로 나눠서 사용자는 자신에게 주어진 시간에 주파수를 독점하게 된다. 이는 하나의 중계기를 매개로 하여 다수의 기지국이 다원 접속하여 동일 주파수대를 시간적으로 분할하여 신호가 겹치지 않도록 상호 통신을 하는 시분할 다중접속 방식이다.

Multi-transceiver
| 출처 : DAEWOO E&C |

며, 음성 믹싱 및 노이즈 제거 기술을 적용해 작업 그룹 내의 여러 작업자 상호 간 동시 통화가 가능하고, 블루투스 기능을 이용해 양손을 자유롭게 사용할 수 있기 때문에 안전한 작업환경을 제공할 수 있다. 활용분야는 거푸집 작업 시 여러 사람이 동시에 양방향으로 송·수신할 수 있어 안전한 작업환경을 제공하는 데 활용할 수 있다.

소음전광판 및 측정기를 활용한 현장관리는 현장작업 중 법적 기준치 이상의 소음 발생이나 이상 소음 발생 시 경보해 주는 시스템으로 사전에 민원 발생을 방지하는 데 활용하고 있다.

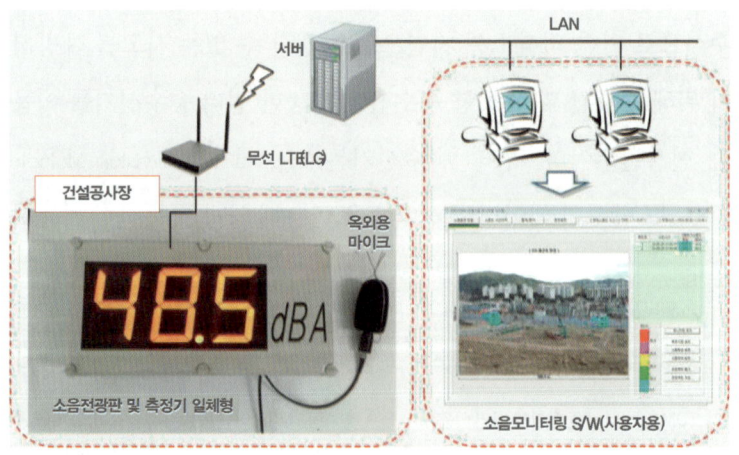

소음전광판 및 측정기

원격검침 시스템을 활용한 현장관리는 원격검침 시스템의 검침을 소수점 5자리까지 확장하여 모니터상에 디스플레이함으로써 세대에서 미미하게 발생되는 누수까지도 발견하여 누수로 인한 피해를 초기에 막는 데 활용할 수 있다. 활용방법은 현장작업이 완료된 시간대에 원격검침시스템을 가동하여 급수, 온수의 계량기 검침 지침이 지정 범위 밖인 경우 누수 경보를 해 주고, 관련 세대의 누수 여부를 확인하여 조기에 조치하는 데 활용하고 있다.

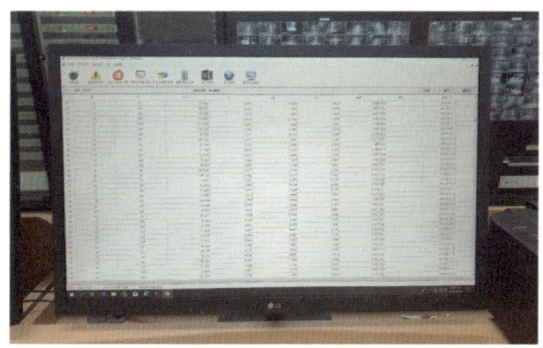

원격검침 시스템을 이용한 누수감지 시스템 | by s. k |

모바일 디스플레이 장치를 활용한 현장관리는 STS(Stainless steel) 무용접 배관연결 작업 시 작업자의 숙련도에 따라 오작업이 발생할 수 있는 상황을 사전에 막아 준다. 이는 모바일 디스플레이 장치를 활용하여 작업 공구와 모바일 디스플레이를 블루투스 통신하여 작업의 정밀도를 높이고 작업자의 업무능력을 향상시킬 뿐만 아니라 배관탈락 등 오작업(시공 불량 시 노란색으로 작업불량상황 안내)을 사전에 차단하는 데 활용하고 있다.

PRE – CON(Pre-construction)을 활용한 현장관리는 시공사가 설계 단계부터 참여하여 시공 노하우를 바탕으로 BIM을 활용하여 설계검토, VE(Value Engineering)를 통한 원가절감, Microsoft-Project[58]나 프리마베라 프로젝트 플래너(Primavera Project Planner, P3)[59]를 활용한 공기검토 등을 하고, 발주자와 계약한 상한 공사비(Guaranteed maximum price, GMP, 총액 보증 한도 계약 방식) 내에서 공사수행 방법을 제안한다. 또한 공사 중에는 BIM을 통한 설계 검토, 플랜 그리드(Plan Grid)를 통한 현장도면 공유, 프로세스 매핑(Process Mapping)[60]을 통한 공정관리, 레이저 스캐닝을 통한 품질관리 등을 수행하고 품질, 공기, 원가, 시설물 관리, 안전 등 건설시공

모바일을 활용한 배관연결 상태확인 시스템
| by s. k |

[58] MS-Project : 프로젝트 관리 소프트웨어로 처음 시작할 때부터 MS-Project는 범용적으로 적용할 수 있는 Middle & Low End급을 타깃으로 하였고 네트워크 차트와 간트 차트를 작성할 수 있다. MS-Project는 상대적으로 툴이 쉽다.

[59] P3 : PERT/CPM 이론을 배경으로 한 프로젝트 관리 소프트웨어이다. 각종 프로젝트의 계획 수립에서 최종완료 단계까지의 일정관리, 진도관리, 자원관리 등을 수행한다. PC 환경에서 구동되도록 개발되어 다수의 사용자가 동시에 하나의 Project에서 입력, 출력 등의 작업을 수행할 수 있어 대규모 Project의 진행에 용이하고 GUI(Graphic User Interface)를 채용하여 사용자가 화면을 보면서 작업하기 때문에 전체적인 Project의 파악이 용이하고 마우스로 작업이 가능하여 사용이 편리하다.

[60] Process Mapping : 프리콘의 핵심 요소 중 하나로, 여러 참여 주체들이 검토 합의를 통해 전체 시공 일정을 조정하고 서로의 업무를 명확히 이해해 나가는 일련의 과정을 말한다. 시공 중 예상 못한 변수가 발생할 경우 신속하게 대안을 찾고 각 시공 주체는 그에 따라 각자의 일정을 조율하는 등 유연한 대응이 가능한 기법이다.

전반에 대해서 효율적 관리를 통하여 발주처의 만족도를 향상시켜 시공권 수주 및 재 수주 기회를 창출하는 일련의 공사관리 활동이다.

Pre-engineering	Pre-design	Pre-costing	Pre-consulting
• 철거공사 공법, 시공계획 수립 (구조계산, Sequence 반영) • 주요 공종 공법, 기본계획수립 • 구조, 설비, 전기시스템 최적화	• 초기 단계 설계 참여 (건축심의, 건축허가, 실시) • 기술제안사항 설계조서 반영 (시공성, 원가절감, 법규 등) • 설계오류, 개선사항 검토 • 3D 전환 모델링	• 공사비 적정성 검토 (V.E / 건축주 Needs 반영) • 견적 RISK최소화 (Pre-engineering Pre-design 사항 반영)	• 적정 공기 • 인허가, 법규 개정 사항 • 시행사 Needs에 대한 실시간 Solution제공

PRE-CON의 업무영역

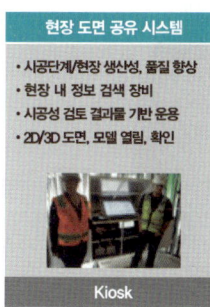

1인 자동 측정
- 시공단계/작업 생산성, 품질 향상
- 1인 측량/측설 장비
- 시공성 검토 결과물 기반 운용
- 2D/3D 도면, 모델 인식

Trimble MEP Layout

자동견적 소프트웨어
- 시공성 단계/견적 생산성 향상
- 설계조건 기반 자동 Modeling 작성
- 모델 기반 신속 견적 Software
- 시공성 검토 초기 단계 운용

Destini Estimator

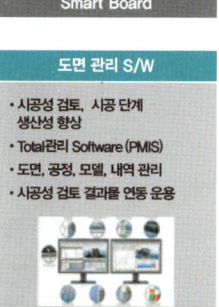

의사소통 하드웨어
- 시공성 검토 단계/회의체 생산성 향상
- 대형 TouchScreen + Slim PC 장비
- 회의체 운용 시 활용

Smart Board

현장 도면 공유 시스템
- 시공단계/현장 생산성, 품질 향상
- 현장 내 정보 검색 장비
- 시공성 검토 결과물 기반 운용
- 2D/3D 도면, 모델 열림, 확인

Kiosk

3D 데이터 처리 S/W
- 시공성 단계 모델링 생산성, 품질 향상
- 3D Laser Scan 활용 자동 모델링 Software
- 시공성 검토 결과물 연동 운용

Edge Wise / LFM Server

도면 관리 S/W
- 시공성 검토, 시공 단계 생산성 향상
- Total관리 Software (PMIS)
- 도면, 공정, 모델, 내역 관리
- 시공성 검토 결과물 연동 운용

Vico Office

PRE-CON을 활용한 현장관리

BIM(Building Information Modeling, 빌딩정보 모델링)을 활용한 현장 관리는 3차원(3D) 정보모델을 기반으로 시설물의 생애주기에 걸쳐 발생하는 모든 정보(품질, 공기, 원가, 시설물 관리, 안전 등)를 통합 제공함으로써 설계품질 향상과 현장시공 오차를 줄일 수 있는 디지털화된 현장관리 모델이다. BIM으로 사용되는 프로그램으로는 오토데스크 레빗(Autodesk Revit)이 범용적으로 사용되고 있고, 검토 버전인 오토 데스크 나비스웍스(Autodesk Navisworks) 프로그램을 사용하면 간편하고 빠르게 BIM을 이용할 수 있다. BIM 정보표현 수준을 '조달청 시설사업 BIM 적용 기본지침서(V2.0/2019.02)'에 의해 구분해 보면 2D(Dimension)는 일반적인 평면 환경의 도면을 말하고, 3D Modeling은 2D(평면) 환경의 도면을 3D(입체)화하여 공종 간 코디네이션(Coordination)을 통해 설계도서 품질을 향상시킬 수 있다. 4D Modeling은 3D Modeling에 공기를 고려한 개념으로 4D 공정 Modeling

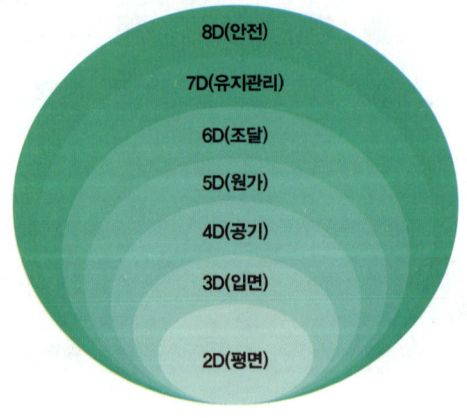

BIM 계통도 | by s. k |

을 통해 공정관리가 용이하다. 5D Modeling은 4D Modeling에 원가를 고려한 개념으로 5D 원가 Modeling을 통해 원가관리가 용이하다. 6D Modeling은 5D Modeling에 조달 부분을 추가한 개념으로 6D Modeling을 통해 조달이 쉬워진다. 7D Modeling은 6D Modeling에 유지관리 부분을 추가한 개념으로 7D Modeling을 통해 시설물의 유지관리가 용이해진다. 8D Modeling은 7D Modeling에 안전 부분을 추가한 개념으로 8D Modeling을 통해 현장의 안전관리가 용이해진다.

BIM의 모델링 상세 수준에 따라 LOD(Level of Development, 모델링 상세 수준)를 단계별로 구분하여 사용하고 있다.

Level	설명
LOD 100	• 간단한 형태로 스케치한 수준 • 배관의 루트만 간단히 그린 형태
LOD 200	• 형태나 길이, 위치 등을 정확하게 표현한 레벨 • 배관은 정확한 관경, 길이 등을 그리고, 밸브 등의 장치는 대략적으로 형태만 잡아 놓은 수준
LOD 300	• 일반적인 설계 BIM은 LOD 300 레벨 • 배관부속, 밸브, 장비 등도 거의 정확한 형태로 표현한 수준
LOD 350	• 일반적으로 시공 BIM은 LOD 350 레벨 • 배관의 지지철물, 보온, 행어, 전산볼트 등까지 표현한 수준
LOD 400	• 부속자재에 대한 세부 부품까지 표현한 레벨 • 문을 설치하는 경우, 예로 들면, 문짝, 경첩, 경첩을 문과 고정하기 위한 나사까지 표현
LOD 500	• 유지보수에 관한 내용까지 표현한 레벨 • 나사 설치를 예로 들면, 어디 제품인지 언제 설치했는지, 누가 설치했는지까지 표현

LOD(Level of Development, 모델링 상세 수준)단계

드론을 활용하여 현장관리를 하고 있는 사례를 보면 사업계획 단계부터 설계 단계, 시공 단계, 유지관리 단계 등에 활용하고 있다. 단계적으로 활용분야를 보면 사업계획 단계에서는 토지를 수용·보상하기 위한 현장조사와 신규 사업지구 경계 설정 조사 등을 하고, 설계 단계에서는 시설물의 형상·속성 정보를 실제와 같은 3차원 정보로 구축하고, 도면 작성과 작업물량을 산출하고, 시공 단계에서는 드론으로 다각도의 영상을 확보하고, 이 영상을 통해 외관 조사 및 파손 등의 규모 파악하고, 마지막으로 유지관리 단계에서는 고층부 외벽 점검 등에 드론을 이용하여 근접 촬영하여 균열부분 확인 등 시설물 내 손상 부분 탐지 등에 활용하고 있다.

드론을 활용한 현장관리 | 출처 : LH

3D 프린터를 활용하여 현장관리를 하고 있는 사례를 보면 먼저 부재 설계 단계, 3D 프린팅 단계, 현장운송 단계, 조립 단계 순으로

이루어져 있다. 3D 프린터에 의한 현장관리로 인한 장점으로 운반비가 절감되고, 시간이 절약되며, 인력투입을 최소화할 수 있다. 또한 기후, 기타 여건의 다른 공정 간섭을 최소화할 수 있고, 재료 낭비가 적고, 생산방식이 간소화되며 맞춤형 제품 생산이 가능하다. 더불어 다품종 소량생산이 가능하여 욕조, 조명기구 등 디자인 요소가 가미된 개인 맞춤형 제품 제작이 가능하다.

3D 프린터를 활용한 현장관리 | 출처 : 특허청 |

건설 로봇을 활용하여 현장관리 사례를 보면 로봇을 활용하여 아파트 벽체 도장이나 유리창 청소 등 위험성이 높은 고소 장소 등에 사용되어 안전, 품질, 원가절감 등의 효과가 있다.

도장 로봇 | 출처 : 전자신문 |

PMU(Pre-fabricated Modular Unit)는 현장 외부의 작업장에서 공조덕트, 급배수배관, 펌프류, 케이블 트레이(Cable Tray) 등을 조립한 후 현장으로 운반하여 설치하는 공사이다. 각 공종의 제작설치도(Shop Drawing)를 BIM으로 작업하여 사전 시뮬레이션(simulation)해 공종 간 간섭 체크 후 제작도면을 작성하고, 작성된 제작도면에 준하여 작업장에서 관련 공정을 제작 후 운반 및 양중하여 현장 설치 및 테스트를 실시하는 방식으로 건설공정을 공장화한 현장관리 방식이다.

스마트 시운전 솔루션을 활용한 현장관리는 공사현장에서 시운전 시 발생할 수 있는 문제점의 해결 및 단순 반복적인 업무의 개선을 위한 솔루션으로, 휴대폰이나 태블릿 PC를 활용하여 세대 내 전등, 전열, 가스밸브 상태 확인 및 창문개폐 여부도 확인이 가능하

디홈 플랫폼 개념도 | 출처 : DL이앤씨 |

다. 또한 세대 내 에너지 사용량을 시간별, 일자별로 파악이 가능하여 불필요하게 낭비되고 있는 에너지를 시각적으로 파악이 가능하다. 보안 분야에서는 세대현관문 제어가 가능하여 세대 시건장치 유무를 파악할 수 있기 때문에 작업자가 일일이 세대를 방문하여 시건장치를 할 필요가 없어 시간 및 인건비 절감하는 데 활용되고 있다.

CPS(Cyber-Physical System)를 활용한 현장관리 사례로 프랑스의 소프트웨어 회사인 다쏘(Dassault)는 Smart Office Building Project에서 건물의 디지털 정보를 집계하여 에너지 사용 및 제어, 시스템 상태에 대한 정보를 실시간으로 제공하고, 조명업체와 건설업체가 협업을 맺어 건물관리 서비스를 제공하는 데 활용하고 있다. CPS는 사이버 시스템과 물리적 시스템을 통칭 하는 것으로 융합연구의 발전으로 새롭게 이목을 끌고 있는 시스템이다. 즉, 서로 다른 특징을 갖는 체계에서 모든 수준과 정도를 통합할 수 있는 시스템으로 컴퓨터 프로그래밍으로 만들어진 가상(Cyber) 세계인 디지털 환경과 물리적 법칙에 의해 운용되는 물리적(Physical) 세계를 통합하는 개념이다. 사물인터넷을 적용한 디바이스나 스크린 야구, 스크린 골프 등도 사이버물리시스템에 해당된다. 특히나 개별적으로 동작하는 기존의 임베디드 시스템과는 다르게 우리가 살아가는 실제적인 물리 세계와의 상호작용을 강조하는 시스템이라고 할 수 있다. 사이버 물리 시스템은 연산(Computation), 조작(Control), 통신

(Communication)의 세 가지 요소를 핵심 개념으로 구축되며, 주로 통신기술을 활용하여 물리적인 현상을 관찰하거나, 계산을 하거나, 조작을 하는 등 각 시스템 개체들 간의 협력적인 관계로 이루어져 있다. 실제 공간에 존재하는 물리적 환경과 컴퓨터상에 존재하는 사이버 환경이 연계되고 상호작용하는 다이내믹한 시스템으로, 센서와 액추에이터가 포함된 물리 시스템과 이를 제어하는 컴퓨팅 요소가 결합된 네트워크 기반 분산제어 시스템이다.

CPS 사례 | 출처 : Dassault System |

　DT(Digital Twin)을 활용한 현장관리는 현실세계의 기계나 장비, 사물 등을 컴퓨터 속 가상공간에서 실물과 똑같은 물체를 만들어 다양한 시뮬레이션을 통해 검증해 보고 구현해 보는 기술이다. 예를 들어, 신차를 개발할 때에는 여러 대의 자동차로 시험해 볼 수 있지만 우주 탐사선과 같이 여러 대로 시험해 볼 수 없을 때에는 디지털 트윈 기술로 시뮬레이션해 봄으로써 비행하면서 겪게 되는 환경이 탐사선에 미치는 영향을 파악하고 기기 고장을 예측할 수 있어 실제 발사하는 데 활용되고 있다. 이는 미국 GE에서 만든 개념으로 2000년대 들어 제조업에 도입되기 시작했으며 항공, 건설, 에너지, 국방, 도시설계 등 다양한 분야에서도 활용되고 있다. 사례를 보면, Microsoft의 'The promise of a digital twin strategy'는 실시간으로 장비의 움직임을 파악하여 작동 상태를 최적화하고, 디지털 트윈 시뮬레이션을 바탕으로 정확한 엔지니어링을 통하여 의사결정하는 데 활용되고 있다.

DT 사례 | 출처 : Microsoft |

6. IT 기술을 활용한 안전관리 적용사례

건설 산업에서 가장 중요한 요소 중의 하나가 안전이다. 대한민국도 2022년 1월 『중대재해처벌법』 및 스마트 건설안전 시행이 강화되면서 건설회사별로 안전에 대한 투자가 많이 이루어지고 있다. 이와 같이 시대적인 요구와 인간중심의 안전한 작업환경 구축을 위하여 IT 기술을 이용하여 현장 안전 관리에 활용하고 있다. 현장에서 IT를 활용한 안전관리 사례를 보도록 하겠다.

AI 생체인식 헬스케어 솔루션을 활용한 안전관리는 현장 입구에 기구를 설치하여 작업자가 현장 출입 시 체온, 혈압, 심박수, 산소포화도, 스트레스 등을 안면인식으로 측정할 뿐만 아니라 음주 여

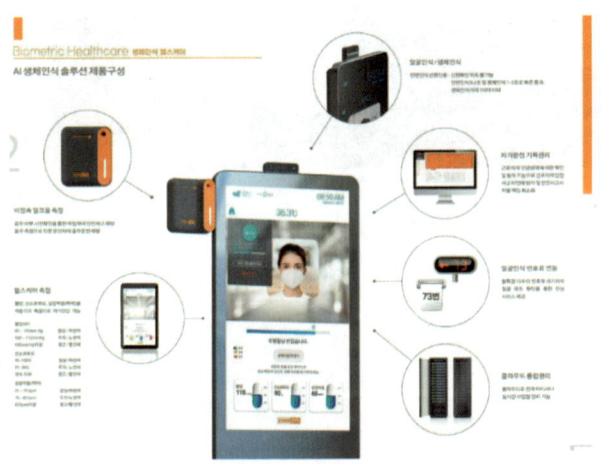

AI 생체인식 헬스케어 솔루션 | 출처 : LG U+ |

부를 파악하여 현장 출입을 허락하는 시스템이다. 이 시스템으로 지병을 가지고 있는 작업자나 음주 작업자를 격리하여 작업자 안전사고를 사전에 예방하는 데 활용할 수 있다.

센서 부착형 안전모를 활용한 안전관리는 작업자의 안전모에 위치인식 태그를 부착하여 작업자의 위치파악 및 위험시 비상호출이 가능한 시스템이다. 활용분야는 출력 인력 관리, 작업 장소별 근무 인원 관리(위험지역 작업자 인원 및 화재 시 잔여인원 확인 가능), 작업자 사고 시 긴급호출 기능 등을 활용하여 안전사고가 발생한 경우 조기에 대응하는 데 활용할 수 있다.

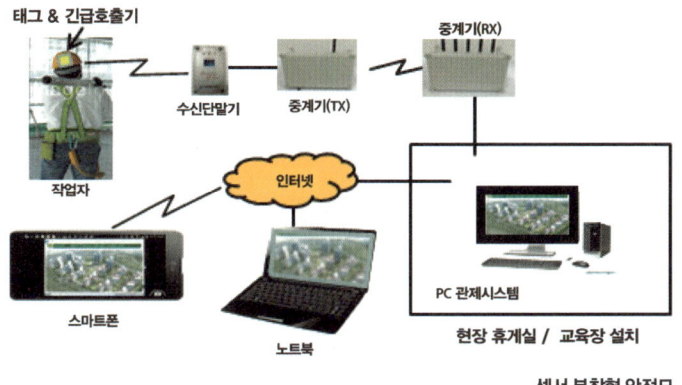

센서 부착형 안전모

안전모 턱끈, 안전벨트, 안전고리 체결 유무 감시기를 활용한 안전관리는 중대재해 중 가장 많은 비중을 차지하고 있는 추락사고를 예방하기 위한 시스템이다. 활용분야는 작업자의 안전모의 턱끈 체결 여부를 정전센서로 감별하고, 안전벨트 착용 여부 및 안전고리

스마트 안전 장비 | 출처 : LGU+

체결 여부를 IoT 센서 기반으로 원격 모니터링하여 미착용 시 경고해 줌으로써 작업자의 추락사고를 사전에 예방하는 데 활용하고 있다.

휴대용 질식 감지기 시스템을 활용한 안전관리는 질식사고 위험이 있는 장소에서 작업하는 경우, 이 시스템을 휴대하고 작업함으로써 안전사고를 사전에 예방할 수 있는 시스템이다. 휴대용 질식 감지기 시스템은 CDMA(code division multiple access, 코드 분할 다원접속)[61] 방식의 통신 기술을 적용하고 있다. 감지 센서가 유해가스 기준치 초과 시 또는 기준 작업시간 초과 시 경고하여 주고, 긴급호출 및 무선 모니터링이 가능하여 질식사고 등에 조기 대응하는 데 활용되고 있다.

---

61 CDMA : 미국의 퀄컴에서 개발한 확산대역기술을 이용한 디지털 이동통신방식으로 사용자가 시간과 주파수를 공유하면서 신호를 송수신하므로 기존 아날로그 방식(AMPS)보다 수용용량이 10배가 넘고 통화품질도 우수하다. 확산대역기술을 사용한 다중접속방식의 한 종류로서 부호분할다중접속, 코드분할다중접속라고도 한다. 확산대역통신이란 전송하려는 신호의 대역폭보다 훨씬 넓은 대역폭으로 신호를 확산시켜 전송하는 것으로 통신의 비밀이 보장되며, 외부의 방해신호는 역확산 과정에서 반대로 확산되므로 통신을 방해하지 않는다.

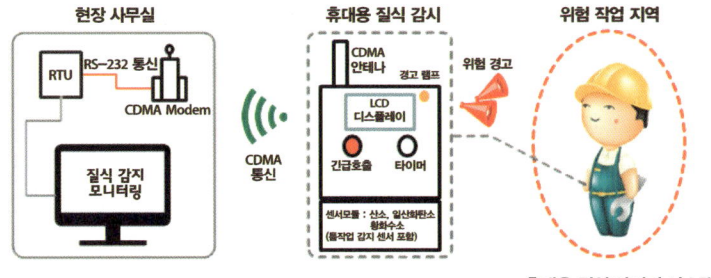

휴대용 질식 감지기 시스템

　중장비 영상 분석기를 활용한 안전관리는 중장비에 카메라 및 영상분석기를 설치하여 작업 중에는 안전한 작업이 가능하도록 영상을 보여 주고, 사고가 발생한 경우에는 영상을 확보하여 정확한 사고 분석 및 재발방지 교육용으로 사용하는 시스템이다.

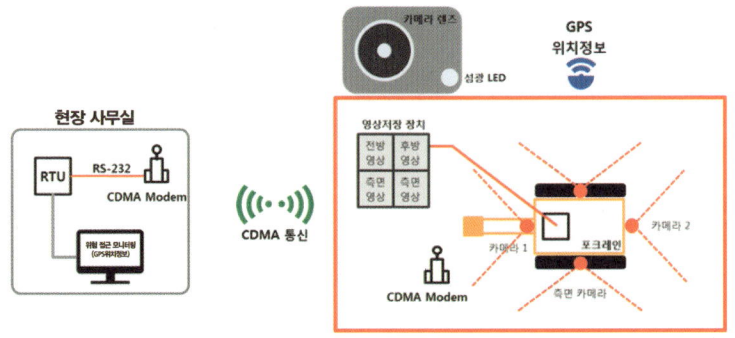

중장비 영상 분석기를 활용한 안전관리

　타워크레인 하방 카메라 및 충돌방지 시스템을 활용한 안전관리는 타워크레인에 카메라 및 충돌방지 시스템을 설치하여 작업 중에 타워크레인 기사에게 작업시야 확보 및 타워크레인 간 회전 반경 중첩으로 인한 충돌사고를 사전에 방지하는 시스템이다. 타워크레인 운전자가 운전석 모니터로 작업장 상황을 정확하게 인지할 수 있고, 타워크레인 간에 상호 충돌지역으로 접근하는 경우 운전자에게 경보로 알려 줌으로써 사전에 타워크레인 간에 충돌을 방지하는 데 활용하고 있다.

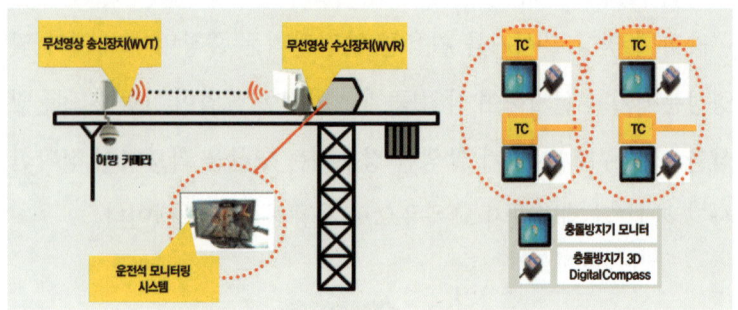

타워크레인 하방 카메라 및 충돌방지 시스템

기울기 감지 센서를 활용한 현장관리는 LPWA(Low Power Wide Area, 저전력광역, 최소한의 전력으로 통산 10km 이상 통신할 수 있는 무선통신방식) 통신을 적용하여 도로변, 옹벽, 전신주, 건물외벽 등의 시설물에 부착하여 굴착 공사시, 흙막이 공사시, 설비, 건물, 토사면 등의 기울기가 변동이나 이상이 발생할 경우 상시 모니터링함으로써 관제센터 플랫폼을 통해 관리자에게 신속하게 연락하여 줌으로써 사고를 미연에 방지하는 데 활용한다.

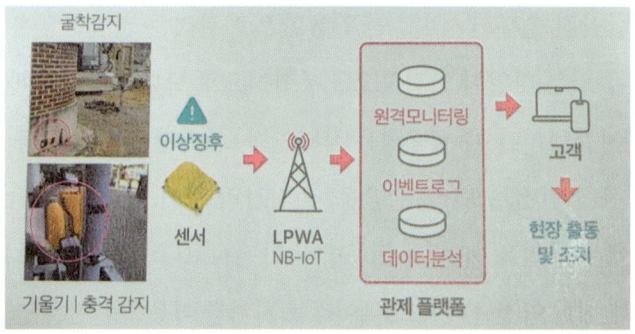

기울기 감지 센서를 활용한 현장관리 | 출처 : LGU+ |

　사물인터넷(IoT)과 가상현실(VR)을 활용하여 안전관리를 하고 있는 사례를 보면 작업자는 작업자 보호구에 IoT 센서 및 위치 전송 센서 부착하고, 현장기사는 가상현실 기반의 스마트 헬멧을 착용하고 현장의 안전관리 및 공사관리 등을 하는 데 활용하고 있다.

IoT 헬멧을 활용한 안전관리 | 출처 : DAQRI |

통합안전 솔루션 서비스를 활용한 안전관리는 건설현장에서 발생할 수 있는 다양한 안전사고를 통합적으로 모니터링하고 관제해 주는 시스템이다. 주요구성은 작업안전, 설비안전, 웨어러블 기기를 이용한 안전, 교육/안전활동, 출입관리 등이 있다. 작업안전은 현장에서 작업을 하는 각종 중장비 안전사고나 개구부와 같은 시설물에 대한 안전관리이고, 웨어러블 기기를 이용한 안전은 안전모, 안전벨트 등 작업자가 착용하고 있는 안전장구에 대한 안전관리이고, 교육/안전활동은 VR 안전체험교육이나 TBM(Tool Box Meeting) 활동 등의 안전이고, 출입관리는 근로자 출입과 차량 출입 등을 통제하는 안전이다. 이와 같이 다양한 안전 관련 활동을 통합적으로 관리해 주는 데 활용하고 있다.

Smart Safety | 출처 : 포스코ICT |

7. IT 기술을 활용한 상품홍보 적용사례

건설 산업에서도 다양한 IT 기술을 활용하여 견본주택 제품설명이나 새로운 프로젝트 설명회 등 상품을 홍보하는 분야에 IT 기술을 활용하고 있다. 건설사에서 IT를 활용한 상품홍보 사례를 보도록 하겠다.

QR code(Quick Response Code)[62]를 활용한 상품홍보는 사각형의 격자무늬의 2차원 매트릭스 코드 기술을 이용하여 스마트폰으로 스캔하면 각종 정보를 제공받을 수 있는 시스템이다. 건설 산업에서는 견본주택에 설치되어 있는 각종 상품이나 시스템의 기능이나 사용설명을 고객들에게 전달하는 데 활용하고 있다.

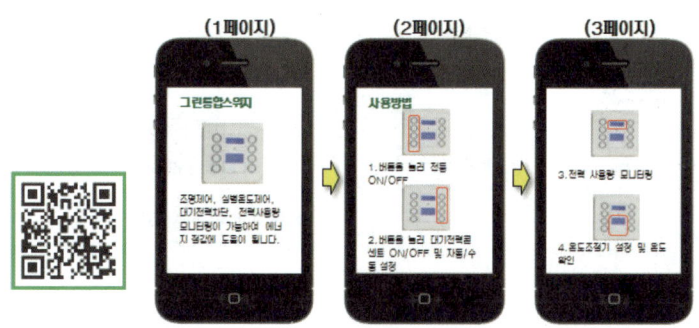

QR 코드를 활용한 상품 홍보 | 출처 : DAEWOO E&C |

62　QR code : 사각형의 가로세로 격자무늬에 다양한 정보를 담고 있는 2차원(매트릭스) 형식의 코드로 Quick Response의 머리글자이다. 스마트폰으로 QR 코드를 스캔하면 각종 정보를 제공받을 수 있다. 1994년 일본 덴소웨이브사가 개발하였으며 특허권 행사를 포기한다고 선언하여 다양한 분야에서 널리 활용되고 있다.

비콘(Beacon)63 시스템을 활용한 상품홍보는 스마트폰의 블루투스 기반의 근거리 무선통신 기술을 이용한 상품홍보 시스템으로 이용자가 스마트폰을 이용하여 상품에 대해 빠르고 상세하게 알 수 있도록 해 주는 시스템이다. 활용분야는 백화점에서 고객이 비콘 영역에 들어오면 상품 할인 정보, 쿠폰 등의 프로모션을 제공하고, 박물관·미술관에서는 관람객을 감지해 작품 해설이나 작가 정보, 유사한 화풍의 작품과 작가 정보를 텍스트, 오디오, 비디오 등을 통해 관람객에게 전달하여 주는 데 활용되고 있다. 건설 산업에서는 비콘이 가지고 있는 기능을 활용하여 견본주택을 방문한 고객들에게 상품홍보를 하는 데 활용하고 있다.

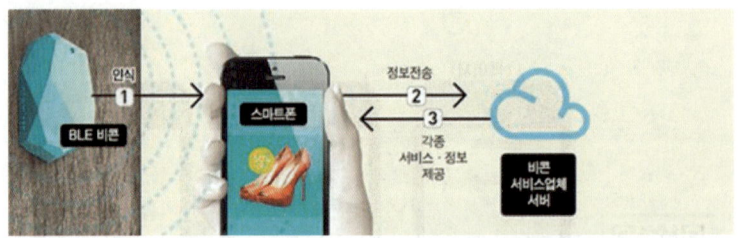

비콘(Beacon) 동작 원리 | 출처 : Beacon |

63 Beacon : 스마트폰 블루투스를 켜 놓으면 스마트폰을 주머니 혹은 가방에 넣어 두어도 비콘과 50m 거리 이내에서 자동으로 인식하고 통신한다. 비콘의 장점은 크게 초저전력, 저렴한 비용, 넓은 활용 분야를 들 수 있다. 블루투스 4.0 BLE (Bluetooth Low Energy)의 적용으로 배터리 소모문제가 없다. 또한 단말기 가격이 저렴하고 전력소모가 적어 유지비 역시 거의 들지 않는다. 단점으로는 사용자가 능동적으로 정보를 찾을 필요 없이 일정 범위 내에서 자동으로 수신이 되기 때문에 자칫하면 불필요한 정보가 과하게 제공되어 사용자를 오히려 피곤하게 만들수 있고 개인정보나 사생활 침해 문제를 안고 있다.

증강현실(AR)과 가상현실(VR) 시스템을 활용한 상품홍보 사례를 보면, 스마트폰을 활용하여 가상의 사물을 혼합하는 기술을 이용한 상품홍보를 하는 것이다. 컴퓨터 내에서 구현되는 가상의 경험을 현실인 것처럼 체험하는 인터페이스 기술을 이용한 것으로 건설사에서는 미건립 모델하우스나 공용부 시설물을 사전에 보여 줌으로써 마케팅 전략으로 운영되고 있다.

VR을 활용한 상품홍보 | 출처 : DAEWOO E&C |

8. 국 · 내외 스마트 건설 사례

국내외 스마트 건설 사례를 보면, 스마트 건설의 대표적인 사례인 인천 송도지구 내에 있는 송도 트리플 쇼핑몰은 IoT 기술 기반의 스마트 빌딩 시스템 도입하여 건물 전체를 통합관제시스템으로 운영하여 입주 기업들의 효율적인 업무환경 제공과 쇼핑몰 방문객들에게 편안한 쇼핑을 지원하고 있다. 적용기술을 보면, 대형 키오스크를 활용한 층별 안내 및 정보 제공 시스템, 스마트 주차관리시스템 기반으로 효율적이고 스마트한 주차 서비스를 제공하고 있다. 또한 미디어 파사드 기술을 이용한 화려한 영상과 사운드로 방문객에게 다양한 볼거리를 제공해주고, 스마트한 시설물 관리를 위하여 IoT 기술을 이용한 통합 관제시스템을 운영하고 있다.

송도 트리플 쇼핑몰 | 출처 : 인천경제자유구역청 |

두 번째 사례로, IM House⁶⁴이다. 인공지능, 디지털 트윈, 미디어와 같은 요소기술을 활용한 상황인식 인공지능 시스템 카이(CAAI)를 적용하여, 사용자의 생애주기를 학습하여, 매 순간 최적화된 상태로 공간환경을 제공해 준다. 적용기술은 공간들이 거주자의 필요성에 따라 나누어지거나 확장이 가능하고, 키네틱 파사드(Kinetic Facade)⁶⁵와 플로어에 의한 공간의 물리적 변형이 가능하다. 또한 딥러닝을 통해 거주자의 생애주기 패턴 인식을 학습하여, 주거 내에서 변화 가능한 요소인 키네틱, 조명, 미디어 등을 실시간으로 제어하여 거주자 맞춤형 공간을 제공해 준다.

IM House | 출처 : 스케일건축 |

세 번째 사례로, 경기도 성남에 소재하고 있는 성남 금토 A-4BL 신혼희망타운(사업기간 : 2020~2025, 시행처 : LH, 대지면적 : 43,271m², 세

---

64 IM House(Interactive Mass-customized House) : 나는 집이라는 의미로. 스스로 집임을 인지하며 주인과 감정적 소통을 나누고 자기조절 능력을 갖추어 주인의 라이프스타일에 맞게 스스로를 변형하고 표현할 수 있는 능력을 지닌 집이다.

65 Kinetic Facade : 건물 전면부가 움직이는 형태가 되는 시스템이다.

성남 금토 A-4BL 신혼희망타운 |출처 : LH|

대수 : 1,189세대)이다. LH(한국토지주택공사)에서 추진하고 있고, 4차 산업혁명 시대 변화와 스마트 건축 정책에 대응하는 미래건축 아이디어 창출과 실증을 위한 주거모델이다. 즉, 초개인화 트렌드와 코로나19 등의 영향으로 신 라이프스타일에 대응할 수 있는 신개념 주거공간으로 거주자가 체감 가능한 효율성이 있는 스마트건축 주거단지 모델 이다. 적용기술은 에너지 분야에는 스마트 페이빙, 스마트 윈도우, HEMS(Home Energy Management System), BIPV 태양광 발전 등이 적용되어 있고, 스마트 퍼니쳐, 옥외공간에는 출입구 생활방역 강화 게이트, 스마트 키오스크, 스마트 가로등 등이 적용되어 있다. 또한 교통·물류 분야에는 딜리버리 허브, 스마트 횡단보도, 드론포트+드론택배 시스템, 로봇택배 시스템 등이 적용이 되어 있고, 주거생활 부분에는 세대 내 택배함, 스마트 디스플레이, 스마트 월, 층간소음 알림장치, 원패스 시스템 등이 적용되어 있고, 커뮤니티 부분에는 스마트 패트롤, AI 헬스장, 스마트 로봇, 스

마트 팜, 로봇 전기 충전카페 등의 다양한 4차 산업혁명 요소기술들이 단지 공용부와 주거시설 내에 적용되어 있다.

네 번째 사례로, 네덜란드 암스테르담의 디 엣지(The Edge)[66] 이다. 직원들이 이상적인 환경에서 근무 할 수 있도록 빌딩에 28,000개의 센서를 설치하여 습도, 채광, 온도 같은 변수 요인을 측정하고 사용자의 취향에 맞게 자동 조절되는 건축물이다. 적용기술은 건물의 지붕과 남쪽 정면을 태양광 패널을 설치하고, 지하대수층을 이용한 축열 시스템으로 냉난방을 하여 유럽의 일반적인 오피스 빌딩에 비해 전기를 70% 절감 효과가 있다. 또한 POE(Power Over Etherent)를 적용한 IP 기반 LED 조명 시스템을 이용하여 6,000개 이상의 조명을 통합 조절 가능하고, 앱을 이용하여 빈자리를 찾아 직원이 원하는 자리에서 근무할 수 있도록 시스템을 구축하였다.

The Edge | 출처 : 조선일보 |

---

66   The Edge : 네덜란드 암스테르담 남쪽 상업지구 쥐다스에 위치한 사무용 빌딩이다. 2014년 9월 완공된 15층, 4만m² 면적의 건물로 글로벌 컨설팅사 딜로이트 사옥으로 건립되었다.

마지막 사례로 일본 릭실 그룹(LIXIL Group)[67]의 스마트 홈(Smart Home) 모델 하우스 U2-Home II 사례를 보면 일본 릭실의 미래의 집 U2-HOME II는 일반주택과 외관은 같지만, 실내는 250개의 센서를 통해 거실의 온도, 습도, 광도, CO_2량 등을 파악하는 스마트 건축이다. 적용기술을 보면, 통합관리 센서는 문의 열림을 확인하여 알람을 하여 주고, 야외 환경측정센서를 이용하여 내부온도를 관리해 주고, 스마트한 안전관리 시스템은 화장실 동체감지 센서를 통한 위험상황 알람과 욕실비상버튼 스위치 등이 적용되어 있고, 스마트한 보안 시스템은 외벽에 카메라와 센서를 설치하여 수상한 사람의 접근 시 자동셔터가 잠기게 설계되어 있다. 또한 거주자의 생활패턴도 분석하여 전등의 조도를 자동으로 조절해 줄 뿐만 아니라 사용자의 취향에 맞게 색감도 자동으로 조절해 주는 장치가 반영되어 있다.

LIXIL의 Smart Home | 출처 : LIXIL

67 LIXIL GROUP : 미국의 아메리칸 스탠다드, 독일의 그로헤, 이태리의 파마스틸리사, 일본의 토스템, 이낙스 등 글로벌 기업들이 2011년 4월 1일 통합하여 설립한 회사이다.

1. 스마트 시티 정의

스마트 시티(Smart City)는 정보통신기술(Information and Communication Technology, ICT)[68]과 인공지능기술(Artificial Intelligence Technology, AIT)[69]을 활용하여 도시 기반시설 등을 유기적으로 연결하고, 도시 기능을 효율적으로 극대화하여 시민들에게 편리함과 경제적·시간적 혜택을 제공할 뿐만 아니라, 교통난·공해·범죄 등의 도시문제를 해결하는 미래형 도시이다.

Smart City | by s. k |

68   ICT : 정보기술(Information Technology, IT)과 통신기술(Communication Technology, CT)의 합성어로 정보기기의 하드웨어와 정보기기의 운영에 필요한 소프트웨어 기술을 이용하여 정보를 생산, 가공, 전달, 활용하는 모든 방법을 의미한다.

69   AIT : 인간의 뇌신경과 학습능력, 상식의 이해력 등을 흉내 낸 기능의 지식컴퓨터 기술로 주로 기계류의 무인화, 용·배수, 재배 환경 등의 제어, 자재 도입 등의 모든 계획 판단, 예측, 상담 등의 이용에 응용되고 있다.

글로벌 스마트 시티(Smart City) 시장규모는 마켓앤마켓(MarketsandMarkets)에서는, 연평균 18.4%의 성장을 통하여 2023년 6,172억 달러(약 692조 원)로 성장할 것으로 전망하고 있고, 시장조사기관 프로스트 앤 설리번(Frost & Sullivan)[70]에 따르면 전 세계 스마트 시티(Smart City) 시장은 중국, 인도 등 신흥국을 중심으로 2020년에는 1.6조 달러, 2025년에는 3.3조 달러 규모로 성장할 것으로 전망하고 있고, 내비건트 리서치(Navigant Research)에서는 2026년에 2,252억 달러(약 113조 원)로 증가할 것으로 전망하고 있다.

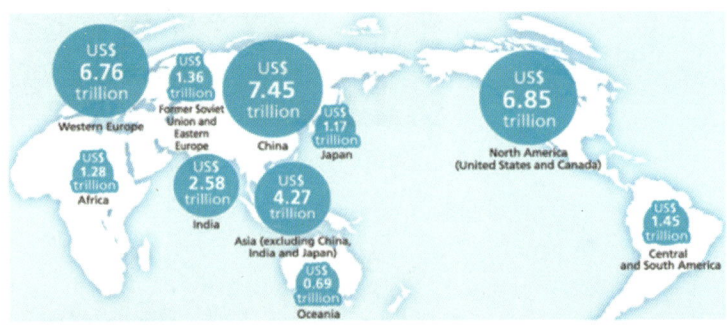

2010~2030년 세계 스마트 시티 투자 누적액 전망 | 출처 : Nikkei BP Clean Tech, 2012 |

스마트 시티(Smart City)의 기대 효과로는 기존 도시와 비교할 경우 각종 도시 비용을 30% 이상 절감할 수 있고, 생산성은 20% 이

---

70 Frost & Sullivan : 1961년 로어 프로스트(Lore Frost)와 댄 설리번(Dan Sullivan)에 의해 설립되었으며, 혁신 기술과 메가 트렌드, 새로운 비즈니스 모델에 기반을 두고 변화된 경제환경에서 컨설팅, 리서치 등을 수행하고 고객 지원하는 기업이다.

상 향상이 가능하다. 스마트 시티의 대표적인 사례로 아랍에미리트 연합국(United Arab Emirates, UAE)의 7개 연방 중 영토규모와 경제력이 가장 큰 수도 아부다비(Abu Dhabi)에 소재한 마스다르 시티(Masdar City)[71]는 스마트 시티 구축으로 에너지 사용량을 50% 이상 절감하고, 물 사용량도 40% 이상 절감한 스마트 시티의 대표적인 사례이다(출처 : KDB 미래전략연구소).

Masdar City

| 출처 : Masdar City WEB SITE |

71 Masdar City : 아랍에미리트 수도 아부다비에 세워진 계획도시 프로젝트로, 아부다비시에서 동남쪽으로 17km 떨어진 곳에 건설되고 있다. 2006년에 계획하여 2008년도부터 시작하여 2025년 완료될 계획으로 도시규모는 $6km^2$이며 180~220억 달러의 비용이 소요될 것으로 추정된다. 아부다비 국제공항에서 차로 5분, 두바이에서 40분 거리에 있으며, Mubadala Development Company의 자회사인 Masdar에 의해 건설되고 있다. 아부다비 정부가 자본의 대부분을 보유하고 있고, 영국 건축회사 포스터 앤 파트너에 의해 설계되었다. Masdar City의 주요 건설 정책목표는 세계 최초 탄소제로도시를 실현하는 것으로 태양 에너지 및 기타 재생 가능 에너지로 에너지를 공급하겠다는 것이다.

2. 스마트 시티 추진 배경 및 방향

스마트 시티(Smart City)의 추진 배경 및 방향에 대해서 알아보도록 하겠다. 첫째, 급격한 도시화율에 있다. 한국의 도시화율은 92.3%(가구 수 중심으로 48개 시에 살고 있는 비율)이고, 전 세계 평균 도시화율은 2015년도에 50%에서, 2050년도에는 67%로 예상된다(출처 : UN, 2014).

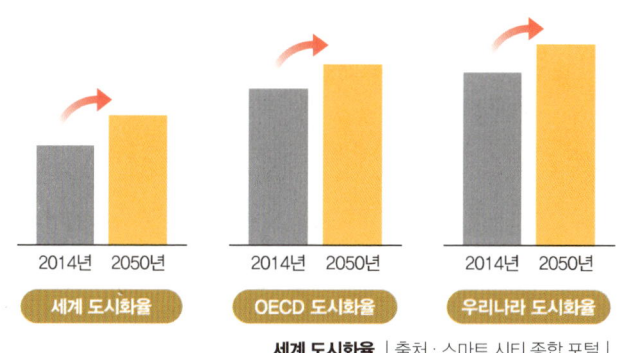

세계 도시화율 | 출처 : 스마트 시티 종합 포털 |

두 번째로, 세계적 인구수 증가에 있다. 전 세계 인구 또한 UN의 추계에 의하면 현재 76억 명(식량생산능력 110%, 2018년 기준)에서 현재의 인구증가율이 유지되면 세계의 인구는 2050년에는 100억 명을 돌파할 것으로 예측되고 있다. 앞의 수치에서 보는 것과 같이 인구수는 늘어나고 사람들은 도시로 집중되는 현상이 지속될 것으로 전망된다.

 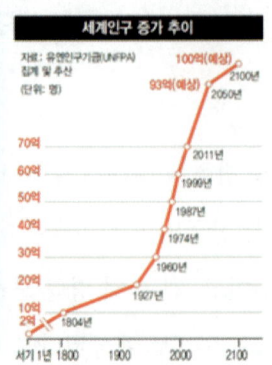

세계 인구증가율 | 출처 : UN |

　세 번째로, 도시의 주거 부족과 에너지 사용량 증가, 물 부족 및 쓰레기 증가 등 도시 문제 발생이다. 이로 인한 스마트 시티 전망을 보면, 전 세계적으로 향후 20년간 매년 30만 명 규모의 신도시 250여 개 건설될 것으로 예상된다(출처 : 건설경제). 또한 2050년 전 세계 인구의 3분의 2 이상이 도시에 거주하게 됨으로써 도시를 스마트하게 구축하지 않으면 거대 인구를 수용할 수 없기 때문에 국가별로 스마트 시티를 추진할 수밖에 없는 상황이다.

　스마트 시티가 성공적으로 정착하기 위하여 추진해야 하는 방향을 보면, 첫째, 정부가 일방적으로 주도하는 방식이 아닌 민간과 함께 참여하여 진행하는 방향이 되어야 한다. 둘째, 신도시뿐만 아니라 구도시의 노후화된 설비 등도 병행하여 추진하여야 한다. 셋째, 스마트 시티는 특성상 인프라 구축으로 끝나는 것이 아니라 서비스를 지속적으로 운영하여야 한다. 서비스를 지속해서 운영하기 위해서는 큰 비용이 투자되어야 한다. 지금까지는 지자체에서 그 비용을 부담하였기 때문에 과거 u-City가 실패한 것이다. 이러한 문제점 해결방법은 서비스 수혜자가 비용을 분담하는 것을 원칙으로 하여야 한다. 넷째, 차량도착 알림 서비스, 방범 서비스 등과 같이 시민이 피부로 느낄 수 있는 서비스를 제공해야 한다. 즉, 시민이 참여를 하고 시민들에게 수익을 줄 수 있는 시민 참여형 사업을 추진하여 시민들이 예산 투자를 가능하게 해야 과거 u-City와 같은 실패 사례가 되지 않고 시민들에게 다가가는 스마트 시티가 될 것이다.

3. 스마트 시티 비교

기존의 도시와 스마트 시티를 비교·분석해 보도록 하겠다.

구분		기존 도시	스마트 시티	적용사례
문제해결 방식		도시기반시설의 확대	스마트 서비스 제공	
대상		공급자 중심 (정부, 기업)	시민 중심(이용자의 수요에 맞는 서비스 제공)	
구축대상		인프라 중심 (도로, 항만, 건물, 발전소)	서비스 중심(스마트 그리드, 스마트 파킹, SMART-Light, SMART-Car)	
중심공간		물리적인 공간 중심 (공간적, 시간적 제약 존재)	사이버 공간 중심(공간적, 시간적 제약 없음)	
사례	교통체증 발생	도로 확장 및 신규도로건설	혼잡도로 정보의 실시간 제공을 통한 우회도로 정보 제공 및 실시간 교통량에 따른 전자 감응식 교통신호 제어 적용	영국 M2고속도로 지능형 교통 시스템 구축 결과 통행시간 25% 단축, 교통사고 50% 단축
	주차문제 발생	신규 주차장 건설	실시간 비어 있는 주차공간 정보 제공	
	범죄발생 증가	경찰인력 확대	실시간 CCTV 모니터링으로 범죄 발생 시 경찰 인력의 즉각적인 투입 가능	국내 지자체 스마트 방범시스템 도입 후 범죄 발생률 20% 감소
	전기소비 급증	발전소 확대	실시간 전기요금 정보 제공	
	상하수도 문제	누수 지점 정보 취득 어려움	장기적 노후도 추정에 따른 누수 가능 지역 추정이 가능	카타르 도하, 중국 베이징 40~50% 누수 예방 효과 발생

기존 도시와 스마트 시티 비교

또한 기존의 u-City와 Smart City의 추진개념부터 배경기술까지 서로 차이점을 비교해 보고, 새로운 스마트 시티(Smart City) 건설을 위하여 참고해야 할 것이다.

구분	u-City	Smart City	비고
추진개념	도시의 경쟁력과 삶의질 향상을 위하여 첨단 IT기술과 유비쿼터스 도시 기반시설 등을 통하여 언제, 어디서나 유비쿼터스 도시 서비스를 제공하는 도시	도시공간에 IT 융합기술과 친환경 기술 적용하여 행정, 교통, 방범·방재, 에너지, 환경, 주거·복지 등 도시기능을 효율화하고 도시문제 해결을 지원하는 도시	
적용대상	신도시에 적용	신도시 및 기존 도시에 적용	
추진주체	중앙정부, 지자체 등 공공 주도	중앙정부, 지자체 외 민간 기업 및 개인도 참여	
구축방향	정보통신 인프라 구축정보의 효율적 이용을 위한 시스템	도시 내 서비스 개발 저비용 고효율, 파생산업 확장 유도	
대상영역	관리기능 서비스 제공. 행정, 교통, 복지, 방범·방재 등	광범위한 서비스 제공. 교육·행정, 교통, 주거·복지, 환경, 방범·방재, 에너지 등	
배경기술	PDA, 휴대폰, VMS Service	스마트폰, 웨어러블, On-Demand Service[72]	

u-City와 Smart city 비교

---

[72] On-Demand service : 수요자의 요구에 따라 상품이나 서비스가 찾아오는 것을 말한다. 주문형 서비스를 통해 최종 사용자는 클라우드 컴퓨팅, 스토리지, 소프트웨어 및 기타 리소스를 제한 없이 즉시 사용할 수 있고, 이러한 리소스의 추가는 일반적으로 라이브 환경에서 현재 작업에 영향을 미치지 않는 전환 프로세스를 통해 수행이 된다.

4. 스마트 시티 구성요소

도시를 센서 기반으로 네트워크를 구성하여 도시 전체가 거대한 하나의 컴퓨터처럼 작동하여 도시기능을 효율적으로 극대화할 수 있는 도시형태이다. 스마트 시티는 4차 산업혁명의 모든 기술, 서비스를 구현할 수 있는 플랫폼이라고 말할 수 있다. 스마트 시티는 인프라(도시 인프라, ICT 인프라, 공간정보 인프라), 데이터(IoT, 빅데이터, 인공지능, 클라우드 플랫폼), 서비스(알고리즘[73], 도시 혁신, 도시 서비스)로 구성되어 있다.

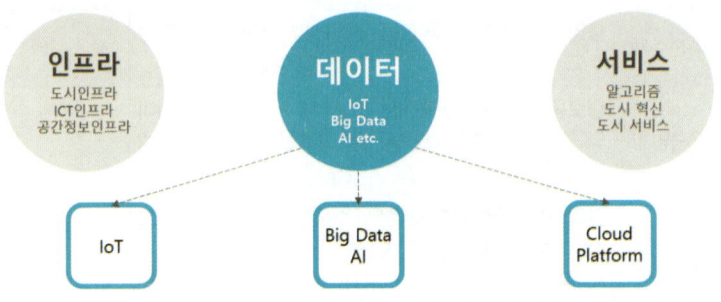

Smart City 구성요소 | 출처 : 한국교통연구원 |

각각의 구성 요소별로 주요내용 및 관련 산업을 보면 다음 표와 같다.

---

[73] algorithm : 주어진 문제를 논리적으로 해결하기 위해 필요한 절차, 방법, 명령어들을 모아 놓은 것이다.

구분		주요내용	관련 산업
인프라	도시 인프라	• 스마트 시티 관련 기술 및 서비스 등을 적용할 수 있는 도시 하드웨어 • 스마트 시티는 소프트웨어 중심의 사업이지만 도시 하드웨어의 발전도 필요	도시개발 사업 지 건설 산업 등
	ICT 인프라	• 도시 전체를 연결할 수 있는 유·무선 통신 인프라 필요 • 과거에는 사람과 컴퓨터의 연결이 주된 목적이었지만 스마트 시티 에서는 사물간 연결이 핵심	ICT 산업 등
	공간정보 인프라	• 지리정보, 3D지도, GPS 등 위치측정 인프라, 인공위성, 지오태킹(Geo tagging) [74] • 현실공간과 사이버공간의 융합을 위해 공간정보가 핵심 플랫폼으로 등장 • 공간 정보 이용자가 사람에서 사물로 변화	공공의 GIS 주도에서 향후 민간 주도 GIS 산업으로 전환
데이터	IoT 데이터	• 도시 내 각종 인프라와 사물을 센서 기반으로 네트워크에 연결 • 스마트 시티 전체 시장규모에서 가장 큰 시장을 형성하며 투자가 가장 필요한 부분	교통, 에너지, 안전 등 각종도시 운영 주체가 주도
	데이터 공유	• 생산된 데이터의 자유로운 공유와 활용 지원 • 좁은 의미의 스마트 시티 플랫폼으로 볼 수 있음 • 도시 내 스마트 시티 리더들의 주도적 역할이 필요	초기 공공 주도하여 데이터 시장 형성 후 민간 주도
서비스	알고리즘 & 서비스	• 데이터를 처리·분석하는 알고리즘을 바탕으로 한 도시 서비스 • 실제 활용이 가능한 정도의 높은 품질과 신뢰성 확보 필요 • 여러 국가의 리빙랩(Living Lab)에서 다양한 시범사업 전개	한국이 취약한 부분
	도시 혁신	• 도시 문제 해결을 위한 아이디어와 새로운 서비스가 가능하도록 제도 및 사회적 환경 조성 • 정치적 리더십 및 사회적 안정 등의 사회적 자본이 적용되는 영역 • 중앙정부나 지자체의 법제도 혁신기능 필요	시민이 주도하고 정부가 지원

스마트 시티 구성요소 | 출처 : 한국정보화진흥원 |

[74] Geo tagging : 사진 촬영 시 내장된 GPS 수신기를 통해 사진에 촬영한 위치를 자동적으로 표시해 주는 기능으로, 사진 촬영장소의 GPS 정보가 자동 기록된다.

5. 한국의 스마트 시티 추진방향

한국의 스마트 시티(Smart City) 추진을 위한 조직편재를 보면 대통령 직속 4차 산업혁명위원회에 스마트 시티 특별위원회가 구성되어 있고, 국토교통부에는 국가 스마트도시 위원회가 구성되어 있다. 스마트 시티 특별위원회는 국가 전략적 관점의 스마트 시티 조성과 확산 방안을 논의하기 위해 제4차 산업혁명위원회 산하에 구성(2017년 11월)을 하였는데 구성을 보면 대통령 직속으로, 민간전문가 23인 및 정부 6인으로 구성되어 있고 그 역할은 법제도, 표준화, 대외협력 등 정부정책 자문을 주임무로 하고 있다.

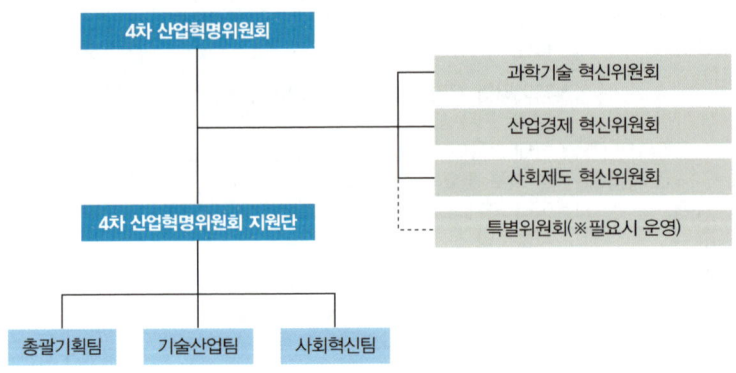

4차 산업혁명위원회 조직도 | 출처 : 4차 산업혁명위원회 |

한국의 스마트 시티(Smart City) 발전단계를 보면 크게 3단계로 나누어서 진행이 되고 있다. 한국의 스마트 시티 발전단계를 보면 1단계는 2009부터 2013년도까지 제1차 유비쿼터스 도시 종합계획을 세워 공공이나 시민들에게 u-City 필요성을 인식하여 같이 참여할 수 있도록 유도하는 것을 목표로 하였다. 기존의 도로, 교량, 병원 등 도시기반 시설에 유비쿼터스 도시기반 시설을 구축하여 행정, 교통, 보건, 의료, 복지 등 각종 유비쿼터스 도시 서비스를 언제, 어디서나 제공하는 도시를 구현하는 것으로 진행하였다.

2단계는 2014년부터 2018년도 까지 제2차 유비쿼터스 도시 종합계획을 세워서 1차 종합계획의 점검과 발전방향 제시하고 u-City를 확산하겠다는 목표를 가지고 추진하였으나, 대도시 위주의 스마트 시티 구축으로 인하여 지방 중소도시의 확산에는 미흡함을 보였다는 문제점이 발생하였고, 중앙정부 주도의 추진으로 인하여 다양한 서비스 반영에는 한계를 보였다는 것과, 스마트 시티 기반기술과 핵심 기술력 부족한 상태로 진행되었다는 한계를 보였다.

현재는 3단계로 2019년부터 2023년도까지 제3차 스마트 도시종합계획을 세워서 중앙정부의 기획과 민간기업, 학교, 기관의 참여로 사업의 확대와 다양한 서비스로 바람직한 도시 형태의 구축을 추진하고 있다. 세부 추진사항을 보면, 7대 혁신 변화를 기초로 하여 도시성장을 단계별로 접근하고, 도시 가치를 높이는 맞춤형 기술을 제공하는 것을 세부 추진목표로 하고 있다. 하지만 정보통신의 보안성 문제나 상호 연결을 위한 표준화, 고도화 등의 해결해야 할 과제를 가지고 있다.

6. 한국의 스마트 시티 발전방향

1) 국제표준 선점

국제표준화기구는 스마트 시티 기술의 표준화를 본격적으로 추진하고 있고, 스마트 시티 서비스에 대한 표준화와 성능평가 지표 관련 표준화가 진행되고 있다. 중국과 유럽의 참여가 활발함에 비해 한국은 전에 시행한 u-City 통합 플랫폼이 있으나 아직은 미진한 편이다. 또한 국제표준 oneM2M[75] 기반으로 검증된 오픈 프레임웍 플랫폼 구축 및 실증이 필요하고, 산업표준인 올조인(AllJoyn)[76], OIC(Open Interconnect Consortium)[77] 플랫폼 등 간의 서로 상호운용의 호환성을 가질 수 있도록 해야 한다.

---

[75] oneM2M : 사물통신, IoT 기술을 위한 요구사항, 아키텍처, API 사양, 보안 솔루션, 상호 운용성을 제공하는 글로벌 단체이다. oneM2M의 사양은 스마트 시티, 스마트 그리드, 커넥티드 카, 홈오토메이션, 치안, 건강과 같은 다양한 앱과 서비스를 지원하는 프레임워크를 제공한다. oneM2M은 2012년 7월에 설립되었다. one2M2M은 현재 200개 이상의 참여 파트너들과 회원들이 있다.

[76] AllJoyn : 사물인터넷(IoT) 연합단체인 올신얼라이언스(AllSeen Alliance)에서 표준화한 오픈 소스 기반의 IoT 플랫폼이다. 올조인은 로컬 영역에서 올조인 기기 간 P2P 통신을 지원하는 IoT 플랫폼이다. 리눅스(Linux), 안드로이드(Android), 아이오에스(iOS), 윈도우(Windows) 등 다양한 운영 체제(OS)와 Wi-Fi 같은 무선 접속 기술을 지원하여 사실상 특정 하드웨어에 의존하지 않는 IoT 앱 개발이 가능하다. 즉, 각기 다른 제조사에서 만들어진 조명, 냉장고, 에어컨, 도어록, 스마트폰 등으로 올조인 기반 IoT 서비스를 구성할 수 있다.

[77] OIC : 사물인터넷(IoT) 기기의 연결성 확보를 위한 기업 간 기술 협력체이다. IoT 시대를 대비해 운영체제와 서비스 공급자가 달라도 기기 간의 정보관리, 무선공유가 가능하도록 업계 표준 기술에 기반을 둔 공통 운영체제(OS)를 규정할 계획이다. 관련 업체들이 운영체제 통합과 기기 간 정보관리의 필요성을 느껴 조직한 OIC는 업계 표준 기술에 기반을 둔 공통 운영체제를 정하는 것을 목적으로 한다. '올신얼라이언스(AllSeen Alliance)'와 경쟁관계이다.

2) 통합플랫폼 구축

스마트 시티는 교통·상하수도, 의료, 안전 등 도시를 구성하는 주요 부문 간 데이터를 서로 공유해 하나의 플랫폼으로 연결하고 통합함으로써 유기적으로 물 흐르듯이 작동되어야 한다. 개방형 스마트 시티 플랫폼[78]을 통해 사용자, 고객 그리고 파트너 등이 기능, 정보, 서비스 등을 원하는 방식대로 손쉽게 사용할 수 있는 지능화된 스마트 시티의 구현이 가능하며, 시민·기업이 참여하여 도시문제를 효율적으로 해결하는 지속가능한 스마트 시티 혁신모델 및 플랫폼이 필요하다. 구축방법은 첫째로 국제표준 기반으로 한 개방형 공통 플랫폼(Open Platform)[79]을 구축하고 게이트웨이 및 단말에 공통 서비스 기능을 제공(HTTP, CoAP, MQTT)[80]하여야 한다. 둘째로 다른 기종 플랫폼 간 상호운용(IBM IoT 클라우드 플랫폼 연계모델 개발) 및 공통 인프라 플랫폼 연계(교통, 사회 안전 등)하고 타도시의 스마트 시티 서비스 연계 및 공공기관 정보와 연계(기상청 기상 자료, 교통부 교통정보 등)도 이루어져야 한다. 세 번째로 '국제표준 oneM2M

---

78 개방형 스마트 시티 플랫폼 : 사물 인터넷 관련 국제표준인 oneM2M 규격 기반으로 스마트 시티와 관련된 다양한 응용서비스와 사물들을 표준기반으로 연계하여 사용자들에게 필요 서비스를 제공하고 개발자들을 지원하는 플랫폼이다.

79 Open Platform : 사용자, 고객 그리고 파트너 등이 플랫폼에 있는 기능, 정보, 서비스 등을 사용자, 고객, 파트너가 원하는 방식대로 손쉽게 사용할 수 있도록 Open API(Application Programming Interface)를 제공하는 플랫폼으로 사용자, 고객, 파트너로 구성되어 있고 Open Platform 전략은 가능한 많은 사용자와 파트너를 유치하는 것이다.

80 CoAP, MQTT : 사물인터넷의 디바이스들을 위해 제한적인 환경에서 HTTP와 유사한 목적으로 사용하도록 만들어진 기술이다. 대표적인 것이 CoAP(Constrained Application Protocol), MQTT(Message Queueing Telemetry Transport)이다.

Release 1' 기반의 검증된 오픈 프레임워크 플랫폼 구축 및 실증이 필요하고 산업표준(AllJoyn, OIC 등) 플랫폼 간 상호운용해야 한다. 마지막으로 oneM2M 표준 플랫폼 간 연동(표준규격 플랫폼 연동 기능), Interworking Proxy 기반 연동(비표준 플랫폼 및 기타 산업표준)과의 연동기능을 제공해야 한다.

3) 수익모델 창출

필요성에 의해 사용자가 사용비용을 지불할 수 있고, 수익이 발생할 수 있는 수익모델을 만들어야 한다. 플랫폼의 유형 및 수익 모델에 따라 중계형, lock-in형, 광고형이 있다. 중개형은 아마존 이노센티브(Amazon, Innocentive)[81] 등과 같이 제품 · 콘텐츠 등의 거래 중개로 수익을 얻는 비즈니스 모델이고, Lock-in형은 MS(Windows), Apple(iOS 기기) 등과 같이 자사제품 판매 극대화를 위해 플랫폼 전략 수행을 하고, 광고형은 Google, Facebook 등과 같이 사용자를 확보한 후에 광고를 팔아 수익을 얻는 비즈니스 모델이다. 송도신도시 사례를 보면, 자유무역지구로 지정되어 외국인 투자 활성화 정책에 따라 글로벌 부동산 투자사인 게일 인터내셔널(GALE

---

[81] InnoCentive : 크라우딩 소싱을 주력으로 하는 미국 기업으로 연구개발(R&D) 포털 전문 기업이다. 다국적 제약회사인 일라이릴리(Eli Lilly)가 세계 정상급 과학자를 온라인으로 연결해 R&D 비용과 제품 개발기간을 줄여 보겠다는 목적으로 세웠다. 이노센티브의 주력 사업은 크라우딩 소싱으로도 불리는 '문제의 집단 해결' 서비스이다. 정부나 기업에서 문제가 생겼을 때 문제를 사이트에 올리고 현상금을 내걸면 전 세계 지식인, 과학자, 엔지니어들이 문제 해결에 도전하고 문제가 해결되면 문제를 해결한 사람은 현상금을 받을 수 있다. 기업이나 정부는 낮은 비용으로 문제를 해결할 수 있고, 이노센티브는 사이트를 운영하면서 수수료를 받아 사업을 유지한다.

INTERNATIONAL)이 참여하여 개발권을 획득하였다. 주요 주주로 참여한 시스코(CISCO)[82]는 송도 u-City 관련 사업에 사용되는 장비나 네트워크 등을 자사 제품을 사용하는 조건으로 참여하였다. 송도 신도시 구축 플랫폼은 전체 시스템을 CISCO Platform에 맞게 적용하여, CISCO 장비, CISCO Solution 위주로 현장에 자가망을 구축하였고 홈 네트워크의 경우 CISCO Platform은 국내 건설사에서 주로 사용하는 홈네트워크 방식과 달라 호환성을 위하여 국내 홈네트워크 월패드를 OEM(original equipment manu-facturing)으로 개발, 제작하여, CISCO Platform에 맞게 적용하였다. 주요 수익구조는 상업건물에 대하여 IOC를 구축하고 빌딩, 자가망 관리, 유지보수, 운영 프로그램개선사업, 지속적인 콘텐츠 확장이 가능한 플랫폼 구축으로 입주민을 대상으로 콘텐츠 유료서비스 등의 수익사업, 자가망 네트워크를 활용한 수익사업(카 쉐어링 서비스, 원격 화상진료 등)을 지속적으로 개발하고 있다. 현재 송도신도시 운영 상태를 보면, 자가망 관리, 유지보수, 운영상 프로그램 개선사업은 운영 네트워크의 물리적인 확대가 불가하여 수익을 내기 어려운 환경이고, 콘텐츠 유료서비스 등의 수익사업은 콘텐츠 개발비용의 한계로 대형 포털사에 비해 입주민의 기대치를 충족시키지 못하고, 자가망 네트워크를 활용한 수익사업은 별다른 수익사업 모델을 찾지 못하고 있다.

---

82 CISCO : 레오나드 보삭과 샌디 러너가 1984년 샌프란시스코에 설립한 미국의 정보 통신 회사이다. 네트워크 설비들을 제조·판매하며, 다양한 네트워킹 솔루션과 서비스를 갖추고 있다.

플랫폼의 유형 및 수익모델 | 출처 : 경기연구원 |

송도 신도시 사업의 비즈니스 모델과 이에 따른 실패요인을 분석하여 새로운 사업 추진이나 스마트 시티를 구축할 때 참고로 하여 진행해야 할 것이다.

4) 표준화된 설계 시스템 구축

3D 객체모델을 활용한 스마트 시티(Smart City) 설계를 위한 지도 데이터, 상하수도, 지하철 등 수많은 데이터를 통합하고, 간편하게 사용하기 위해 BIM(Building Information Modeling, 빌딩 정보 모델링)을 활용하고, 도시재생을 위한 재난, 안전, 유지보수를 위한 3D 기술 및 항공사진을 이용한 3D 스캐닝 기술 등의 솔루션 개발이 필요하다. 3D 객체 모델의 스마트 시티 설계의 구성은 건물정보, 지리정보, 센서정보로 구성되어 있다. 먼저 건물정보는 건물용도, 건물면적, 에너지 사용량, 운영시스템, 시설물 정보, 근무인원 등의 각각의 구성요소로 되어 있다. 지리정보는 GIS(Geographic Information System,

지리정보시스템)[83], 실시간 교통상황, 주차정보, 도로정보 등으로 구성되어 있으며, 센서정보는 화재감지, 온도감지, 진동감지, CCTV, 조명센서, 동작감지 등으로 구성되어 있다.

5) 테스트베드와 시범사업 추진 필요

신기술 개발을 위한 테스트베드와 시민 체감형 서비스 개발을 위한 시범사업 추진이 필요하다. 정부에서는 대통령 직속 4차 산업혁명위원회를 구성하였고, 4차 산업혁명위원회는 스마트 시티(Smart City) 추진을 위하여 시범도시 2곳을 선정하여 5년 내 세계 최고 수준의 스마트 시티를 조성하기로 하였다.

부산 에코델타시티는 부산시 강서구 일원에 적용면적 2,194,000m²(66만 평)로 되어 있고, 계획가구수는 3,380가구(9,000명)이다. 수행기간은 2018년부터 2023년까지이고, 한국수자원공사와 부산광역시에서 추진하고 있다. 주요사업으로는 수열 에너지 시스템(Hydrothermal energy system)[84], 분산형 정수 시스템, 홍수 통합 관리시스템, 스마

---

83 GIS : 일반 지도와 같은 지형정보와 함께 지하시설물 등 관련 정보를 인공위성으로 수집하고, 컴퓨터로 작성해 검색, 분석할 수 있도록 한 복합적인 지리정보시스템이다. 국토계획 및 도시계획, 수자원관리, 통신·교통망 가설, 토지관리, 지하매설물 설치 등의 분야에서 사용되고, GIS가 운용되는 분야는 구체적으로 기상항공 정보 분석, 상·하수도망, 통신망, 전력망, 도시가스망, 도로 등 지상·지하 시설물 설치 및 관리, 공장부지, 농작물 재배지역, 산업단지선정 등이다.

84 수열 에너지 시스템 : 수열 에너지는 자연상태에 존재하는 에너지원으로서 부존량이 무한하므로 대규모의 열 수요를 충족시킬 수 있으며, 수열 냉·난방 시스템은 열을 이용할 때, 연료의 연소 과정이 필요 없으므로 친환경적이다. 수심 100~200m 이상, 5℃ 이하의 차가운 해수를 이용할 경우 직접 열 교환에 의한 냉방, 해저에서 분출되는 열수를 이용할 경우 직접 열 교환에 의한 난방이 가능하다.

트 워터 등이 있다. 특히 로봇과 한국형 물 특화도시 모델을 중점 추진 진행 중이다. 로봇의 경우 생활 전반에 로봇이 함께하여 시민의 삶을 더 효율적이고 안전한 도시를 만들기 위해 웨어러블 로봇, 주차 로봇, 물 이송 로봇, 의료 로봇 등을 도입하기 위해 로봇통합관제센터와 로봇지원센터를 짓고 로봇에 최적화된 인프라를 제공해 기업이 사업화할 수 있도록 지원한다. 한국형 물 특화도시 모델은 물 순환 전 과정(강우·정수·하수)에 첨단 스마트 물 관리 기술을 적용해 기후변화에 대응한다는 개념으로, 이를 위하여 60MW 규모의 수소연료전지 발전소와 하천수를 이용한 수열 에너지 시스템 등이 설치된다.

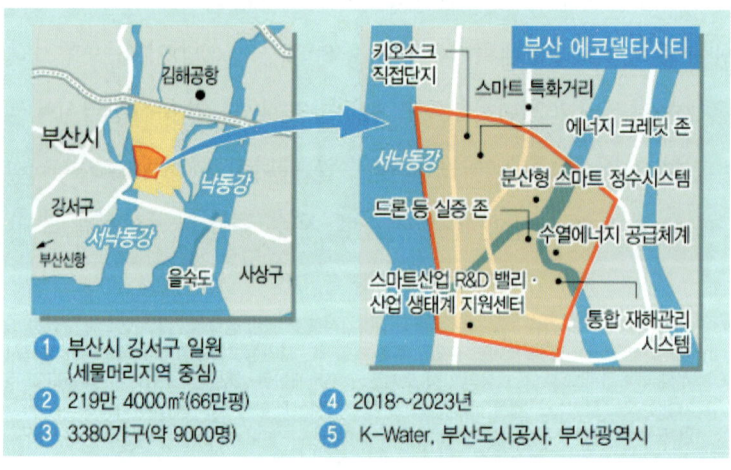

부산 에코델타 시티 | 출처 : 4차 산업혁명 위원회 |

세종 5-1 생활권은 세종시 연동면 일원에 적용면적 2,741,000m^2 (83만 평)로 되어 있고, 계획가구수는 9,000가구(22,585명)이다. 수행기간은 2017년부터 2021년까지이고, 한국토지주택공사가 추진하였다. 주요사업으로는 에너지 관리 시스템(EMS), 지능형 전력계량 시스템(AMI), 전력중개판매 서비스, 제로에너지 단지를 구축하는 것을 주요사업으로 하고 있다. 특히 교통과 의료(헬스케어) 부분에 중점(추진)하였다. 교통의 경우 자율주행 자동차와 공유기반 시스템이 기본이 되는 플랫폼을 구성하여 자율주행과 공유교통수단 전용도로가 지어지고 개인소유 차량진입이 제한되는 구역을 지정하였다. 의료의 경우 개인병원이 네트워크로 연결되어 개인 건강 데이터가 축척되어 맞춤형 의료를 제공하고 응급상황이 발생하면 스마트 호출과 응급용 드론(Drone)을 활용해 응급센터까지 최적의 경

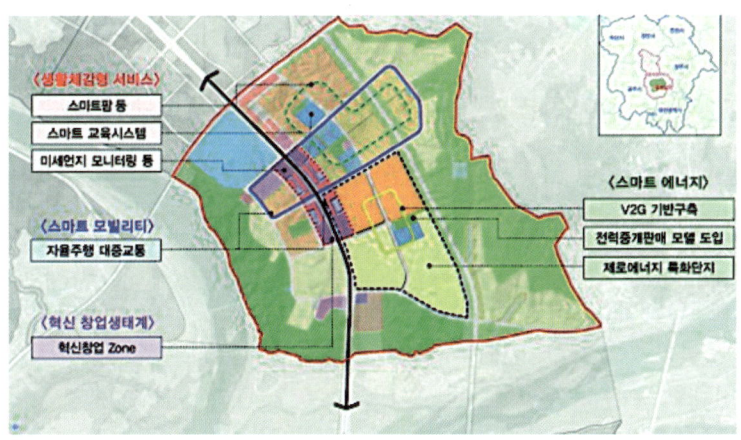

세종 5-1생활권 | 출처 : 4차 산업혁명 위원회 |

로를 알려 주고 화상으로 환자의 정보를 알려 주는 서비스를 제공하여 세계최초 인공지능(AI)으로 운영되는 도시를 만드는 것이 목표로 하였다.

6) 스마트 시티(Smart City) 초기 인프라 구축은 공공이 주도하고, 서비스 개발은 민간이 주도하게 하여 대기업 참여를 유도

7) 다양한 서비스를 제공하기보다는 도시문제(교통, 재난, 재해, 방법 등) 해결에 중점

8) 도시운영 체계는 도시에서 축척된 다양한 빅데이터(Big Data)를 기반으로 구축

　이와 같이 스마트 시티(Smart City)가 발전하고 성공하기 위해서는 여러 가지 조건들을 만족해야만 성공할 수 있다. 다행히 한국은 LH를 중심으로 다수의 신도시를 성공적으로 구축한 경험이 있고, 세계 최고의 초고속 인터넷망이 구축되어 있으며, 새로운 스마트 시티 법이 개정되어 있다. 더불어서, 국민성 또한 새로운 것에 대한 도입에 개방적이어서 스마트 시티를 구축하는 데 다른 국가에 비해 성공할 가능성이 높다.

앞에서 언급한 바와 같이 우리나라는 선진국에 비해 건설 경험이 풍부하고, ICT 분야의 인프라가 잘 구축되어 있어 스마트 시티가 성공할 수 있는 기반이 잘 되어 있다. 하지만 과거 2008년도에 만들어진 『유비쿼터스 도시의 건설 등에 관한 법률(유시티법)』을 만들 당시만 해도 대한민국은 세계 최초로 관련법을 만들어 시행하였지만, 시민들의 의견을 반영하지 않고, 시민들의 편리성을 고려하지 않은 지자체 주도의 전시성 행정으로 인하여 지자체별로 전시관을 만들고 시범사업을 하는 것으로 끝나고 말았다. 이제 2017년도 『스마트 도시 조성 및 산업진흥에 관한 법률(스마트 시티법)』로 재정비한 상황에서 민간이 제안하고 국가가 지원하는 형태로 전환하여 과거와 같은 실패를 반복해서는 안 될 것이다.

7. 한국의 도시별 스마트 시티 추진목표 및 추진사례

한국은 현재 전국 78개 지자체에서 스마트 시티 사업을 추진 중이며, 정부지원사업도 67여 곳에서 추진 중이다. 국내 스마트 시티 조성사업은 정부, 지자체, 통신사가 협업하여 추진 중이며, 기존 도시에 유무선 네트워크와 IoT 기술을 적용하여 다양한 애플리케이션 기반의 응용 서비스 발굴 및 시범적용을 위주로 추진 중이다. 정부와 지자체는 KT, SKT, LG U+ 통신사와 연계하여 시스템 및 통신망을 구축해 방범, 방재, 건물관리, 쓰레기 수거, 교통정보 제공 등 다양한 서비스를 제공하고 있다. 또한 한국의 스마트 시티 추진방향은 지자체별로 자기만의 특색을 살린 다양한 서비스를 제공하는 방향으로 스마트 시티를 추진하고 있다. 하지만 특화시스템을 많이 적용하여 스마트 시티를 구축하기보다는 그 도시의 문제점이 무엇인지를 조사하고 분석하여 교통, 재난ㆍ재해, 환경, 방범, 행정, 교통, 에너지 등과 같은 도시문제 해결하는 방향으로 추진하는 것이 더 합리적인 방법이 될 것이다. 어느 한 지역, 어느 한 분야만을 특화한다고 해서 스마트 시티가 완성되는 것은 아니다. 도시는 지역이나 특정기능이 아니라 모든 시스템이 유기적으로 연결되어 시민의 삶의 질을 높이는 방향으로 추진하여야 성공적인 도시가 구축되기 때문이다. 결국은 이렇게 구성된 스마트 시티는 통합플랫폼을 만들어서 각각의 도시가 하나의 도시로 통합되어 시너지를 내는 것이 이상적인 스마트 시티가 될 것이다. 스마트 시티 개발의 초기 단계인 인프라 구축은 공공에서 주도해야 하며, 이후 단계인 서비스 개발은 민간이 주도가 되어 대기업이 참여할 수 있도록 유도해야 한다. 각 도시별 추진사례를 보면 부산시는 안전, 교통, 관광, 에너지, 환경, 생활편의 등 25개 분야를 추진목표로 하고 있고, 인천시는 정보통신기술 분야, 미디어콘텐츠 분야, 교육 분야 중심으로 글로벌 기업 유치를 추진목표로 하고 있다. 대구시는 사물인터넷(IoT), GIS(Geographic Information System, 지리정보시스템), 에너지, 물, 전기차, 3차원 지도, 도시계획, 안전, 복지 등 16개 분야를 추진목표로 하고 있고, 고양시는 스마트 교통망을 중심으로 스마트 시티를 추진목표로 하고 있다.

한국의 스마트 시티 도시별 진행 현황 | 출처 : 국토환경정보센터

구분		주요 준공 지역				K-스마트 시티 실증단지			
	적용도시	부산 해운대	송도	파주	광교	세종시	동탄2	판교	평택 고덕
적용 가능 서비스	적용면적	54,440 km²	169,500 km²	9,549 km²	11,305 km²	465 km²	9,040 km²	9,374 km²	13,422 km²
	선정연도	2015	2003	2008	2010	2016	2016	2016	2016
	입주연도	2017	2020	2012	2014	2018	2020	2018	2020
	주간	부산시 SKT	인천시 U-LIFE	파주시 KT	수원시	LH/한전/SK 텔레콤			
환경	기상정보 모니터링(미세먼지)	●	●		●		●		
에너지	종합 에너지관리 시스템					●			
	지능형 전력개방 시스템								
	전력중계 판매 서비스								
	스마트 그리드					●			
	에너지 ZERO 단지						●		
	수열 에너지 시스템								
	스마트 빌딩, 매장 에너지관리	●		●					
안전	스마트 해상안전(드론활용)	●							
	빗길 안전운전 알리미	●							
	미아방지 시스템	●							
교육	차세대 지능형 교통체계								
	스마트 파킹(주차정보)	●	●	●		●		●	
	교통정보시스템(대중교통정보)		●	●	●	●	●	●	
	실시간 교통 흐름제어		●						
	BRT(간선급행버스)우선 신호					●			
	스마트 속도감지(DFS)								●
농업	스마트팜	●							
방범	지능형 CCTV 감시시스템	●				●			●
	스마트키오스크(CCTV연계)								
	스마트 미아방지	●							
관광	스마트 관광안내	●							
시설물	5세대 이동통신(5G), 공공Wi-Fi							●	
	전통시장 안개 분무 서비스	●							
	하천 수질관리 시스템				●				
	상수도 누수관리 시스템			●	●	●	●		
	무인 산불감시 시스템				●	●			
	시설물 통합관리(화재)		●	●	●	●			
	웰빙 환경정보 시스템(공원)				●				
	쓰레기 처리시설				●				
	스마트 워터그리드					●			
	3D 지하 매설물 공간정보								
	공공 자전거					●			
	지하철 환기구 관리시스템	●							
융복합	스마트가로등(도로조명관리)	●		●		●		●	
	증강현실							●	
의료	원격의료 서비스			●					

도시별 스마트 시티 추진 현황 | by s. k |

한국의 스마트 시티는 지자체별로 지역에 특징을 살려 특화된 서비스를 제공하고 있다. 도시별 스마트 시티 추진사례를 살펴보도록 하겠다.

1) 부산시 해운대

부산시와 SKT 주관으로 적용면적 2,190,000m²에 2015년부터 2017까지 스마트 시티(Smart City)를 추진하였다. 주요 사업으로는 개방형 스마트 시티 플랫폼 구축, 스마트 시티 서비스 실증사업, 지속가능한 비즈니스 모델 발굴이다. 주요 적용 요소기술은 민생 안정형에는 스마트 가로등, 스마트 미아방지, 사회적 약자 안심 서비스, 해상안전 서비스, 교통 개선형에는 스마트 파킹, 스마트 횡단

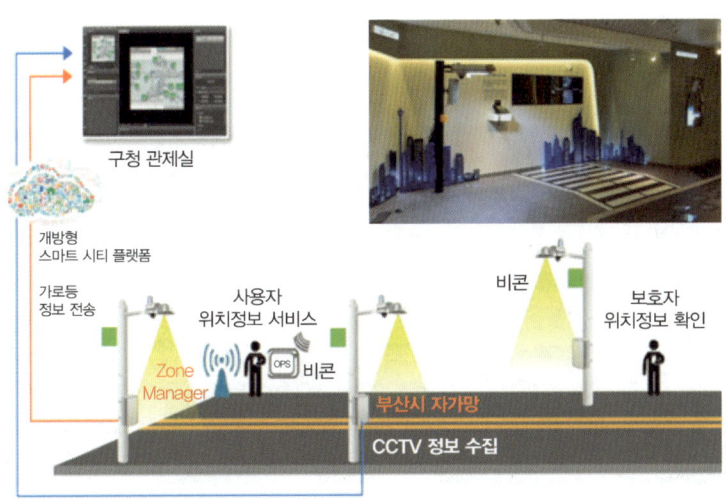

부산시 해운대 Smart City | 출처 : 부산시

보도, 에너지 절감형에는 스마트 매장 에너지 관리, 스마트 빌딩 에너지 관리, 도시 생활형에는 비콘(Beacon) 기반 소상공인 마케팅 서비스 등의 요소기술을 적용하여 건설하였다.

2) 송도 신도시

IFEZ(인천경제자유구역청)와 (주)유라이프솔루션즈 주관으로 적용면적 53,400m²에 2007년부터 2020년까지 스마트 시티(Smart City)를 추진하였다. 주요 사업으로는 도시통합 운영센터 및 u-City 인프라 구축, 통합 운영 플랫폼 및 u-City 서비스 구축 등을 하였다. 주요 적용 요소기술은 ITS(지능형 교통체계) 서비스, 시설물 통합관리 시스템, 대기·수질오염 정보관리 시스템, 지역 기상정보 모니터링 시스템 등 다양한 요소기술을 적용하여 스마트 시티를 건설하였다.

송도 신도시 Smart City | 출처 : 인천경제자유구역청 |

3) 파주 신도시

파주시와 KT 주관으로 적용면적 7,157,000m²에 2008년부터 2012년까지 스마트 시티(Smart City)를 추진하였다. 주요 사업으로는 교통 통합운영센터 구축, 의료 서비스 확대, 시설물 관리, 편리한 생활, 안전한 도시 등을 주요 추진사업으로 진행하였다. 주요 적용 요소기술은 교통정보 시스템, 실시간 교통흐름 제어시스템, 원격진료 시스템, 시설물 통합관리시스템, 상수도 누수관리 시스템, u-포털, u-보안시스템 등의 요소기술을 적용하여 추진하였다.

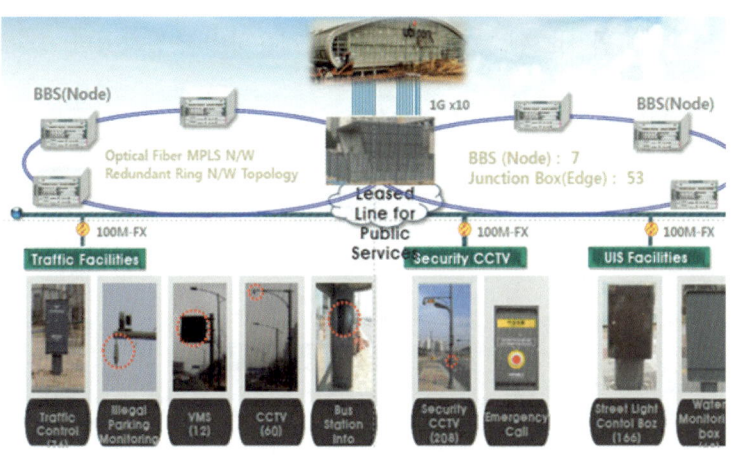

파주 신도시 Smart City | 출처 : 파주시 |

4) 광교 신도시

경기도, 수원시, 용인시, 경기도시공사 주관으로, 적용면적 11,304,937m²에 2005년부터 2012년까지 스마트 시티(Smart City)를 추진하였다. 주요사업으로는 도시통합운영센터 및 u-City 인프라 구축, 통합 운영 플랫폼 및 u-City 서비스 구축 등을 주요 추진사업으로 진행하였다. 주요 적용 요소기술은 교통정보 시스템, 대중교통 정보 통합 운영, 웰빙 환경정보 시스템, 환경지수 측정(미세먼지, 각종 유해가스), 통합 물 순환 시스템(수질측정, 실시간 관리), 지하시설물 관리(상하수도의 누수, 장애 모니터링 및 원격제어), 산불 감시 시스템, 스마트 방범 시스템 등의 요소기술을 적용하여 추진하였다.

광교 신도시 Smart City | 출처 : 수원시 |

5) 세종시

행복청과 한국전력, 수자원공사 주관으로, 적용면적 2,740,000 m²에 2016년부터 2018년까지 스마트 시티(Smart City)를 추진하였다. 주요사업으로는 도시 토털 솔루션 제공, 자연 친화적 기술과 최고 수준의 ICT 기술 도입 등을 주요 추진사업으로 진행하였다. 주요 적용 요소기술로는 차세대 ITS 시스템, 화재감시 열화상 시스템, 공공자전거, BRT(Bus Rapid Transit, 간선급행버스체계)[85] 우선 신호, 스마트 파킹, 3D 매설물 정보, 스마트 가로등, 스마트 그리드, 스마트 워터 그리드 등의 요소기술을 적용하였다.

세종시 Smart City | 출처 : 세종시 |

---

85 BRT : 도심과 외곽을 잇는 주요한 간선도로에 버스전용차로를 설치하여 급행버스를 운행하게 하는 대중교통시스템을 말한다. 요금정보시스템과 승강장·환승정거장·환승터미널·정보체계 등 지하철도의 시스템을 버스운행에 적용한 것으로 '땅 위의 지하철'로 불린다.

6) 동탄2 도시첨단 산업단지 용지

화성시 주관으로, 적용면적 105,000m²에 2016년부터 2020년까지 스마트 시티(Smart City)를 추진하였다. 주요사업으로는 에너지 절감형 스마트 에너지 사업, 일자리를 위한 스타트업 인큐베이팅 복합단지 조성 등을 주요 추진사업으로 진행하였다. 주요 적용 요소기술로는 스마트 그리드, 제로에너지, 태양광 발전, 신생창업을 희망하는 기업에 마케팅, 연구, 주거공간 등의 원스톱 서비스 제공 등의 요소기술을 적용하였다.

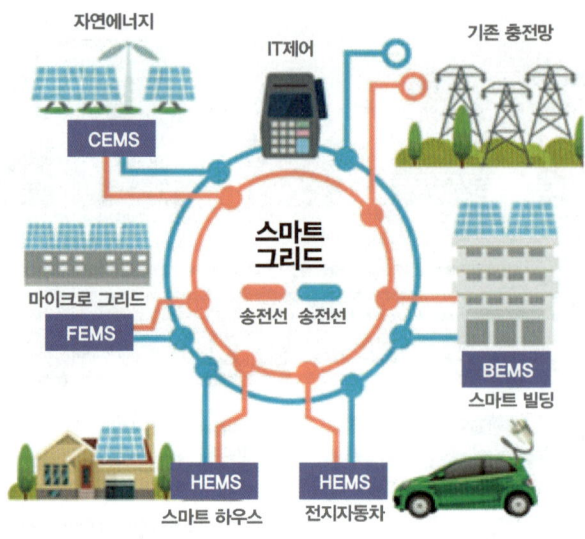

동탄2 도시첨단 산업단지 용지 Smart City | 출처 : 동탄시

7) 경기도 판교

경기도 주관으로, 적용면적 430,000m²에 2016년부터 2018년까지 스마트 시티(Smart City)를 추진하였다. 주요사업으로는 상업·문화·관광(Smart Entertainment 활성화), 알파돔 건립(문화, 쇼핑시설) 등을 주요 추진사업으로 진행하였다. 주요 적용 요소기술은 증강현실, 공공 Wi-Fi, 스마트 파킹, 스마트 가로등, 자율주행 자동차, BIPV[86], BEMS[87], 등의 요소기술을 적용하여 건설하였다.

판교 신도시 Smart City | 출처 : 경기도 |

---

86 BIPV(Building Integrated Photovoltaic System) : 태양광 에너지로 전기를 생산하여 소비자에게 공급하는 것 외에 건물 일체형 태양광 모듈을 건축물 외장재로 사용하는 태양광 발전 시스템이다.

87 BEMS(building energy management system, 건물에너지관리시스템) : 빌딩 내 에너지 관리 설비의 다양한 정보를 실시간 수집·분석해 에너지 사용 효율을 개선하는 시스템이다. 에너지 사용량·설비운전 현황·실내 환경 및 탄소배출량 등을 관리해 주며, 이 시스템을 사용하면 평균 5~15% 가량의 에너지를 절감 할 수 있다.

8) 경기도 평택 고덕지구

평택시 주관으로, 적용면적 13,422,000m^{2}에 2016년부터 2019년까지 스마트 시티(Smart City)를 추진하였다. 주요사업으로는 Smart Safety(도시안전 구축, 교통안전, 범죄안전, 취약계층을 위한 안심강화 단지 구성) 등을 주요 추진사업으로 진행하였다. 주요 적용 요소기술은 스마트 속도감지 시스템, 스마트 가로등, 스마트 횡단보도, 스마트 단속카메라, 스마트 교차로, 대중교통 환승정보, 실시간 신호제어 등의 요소기술을 적용하여 스마트 시티를 건설하였다.

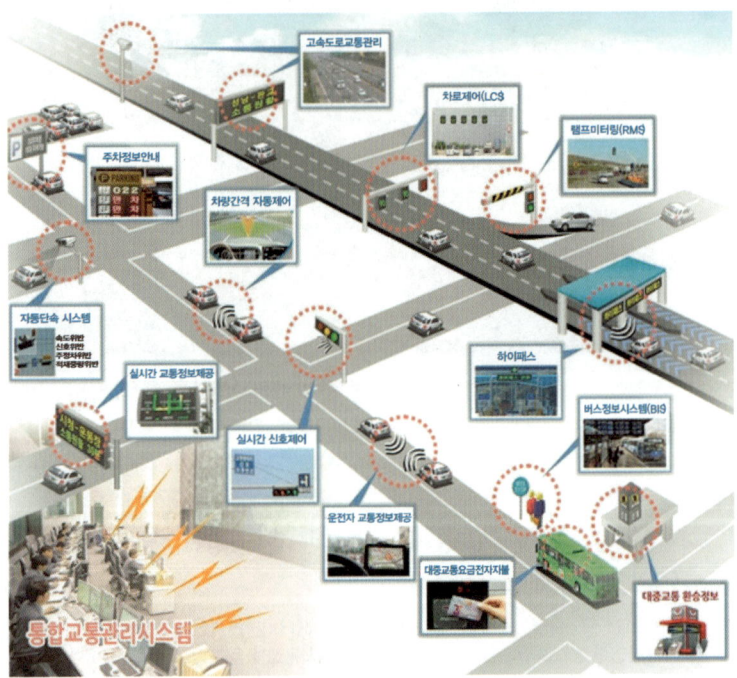

평택 고덕지구 Smart City | 출처 : 평택시 |

8. 국가별 스마트 시티 추진목표 및 추진사례

전 세계적으로 700여 개의 스마트 시티가 구축되어 있다. 각 국가별 스마트 시티 추진목표를 보면 스페인의 바르셀로나는 도시 재생사업으로 시작해 가로등 개선, 대중교통 최적화 등의 목표를 가지고 추진하고 있고, 오스트리아의 수도인 빈(Wien)은 2050년도까지 최고 수준의 삶의 질을 시민에게 제공하기 위해 이산화탄소 배출량 저감, 전체 에너지 소비의 50%를 재사용 가능하게 하는 목표를 가지고 추진하고 있다. 캐나다의 밴쿠버는 세계에서 가장 뛰어난 녹색도시 건설, 탄소 제로, 쓰레기 제로, 에코 시스템 구축 등의 목표를 가지고 추진하고 있다. 각 국가별 스마트 시티 추진목표 및 추진사례를 보도록 하겠다.

세계 주요국 Smart City 추진 현황 | 출처 : 국토연구원 |

1) 미국

  2015년 오바마 행정부에서 각종 도시문제 해결을 위한 R&D 투자계획을 포함하는 스마트 시티(Smart City) 계획을 발표하였다. 주요 정책으로 지역 협력모델 개발, 민간 기술 분야 협력 등 스마트 시티 4대 전략을 추진하였다. 관련 사업으로는 총 1억 6천만 달러 규모의 R&D 사업을 시행하여 교통 혼잡 해소, 경제성장 촉진, 기후변화 대응 등과 관련된 지역문제를 해결하는 데 주요 정책으로 하여 추진하였다.

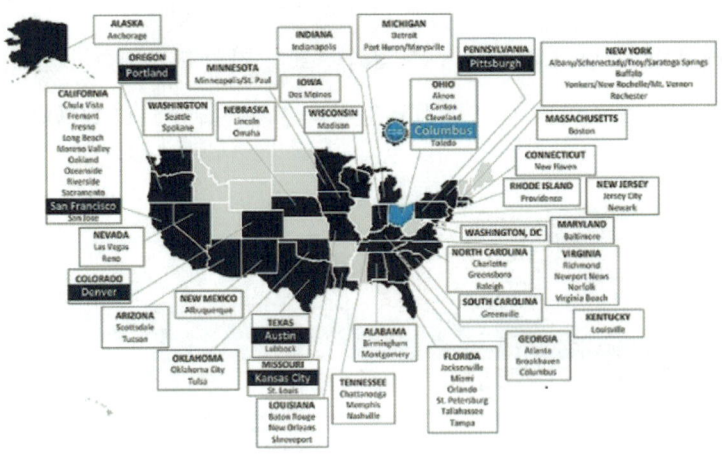

미국의 Smart City 지원도시 현황 ｜출처 : 미국 교통부｜

2) 영국

영국의 런던시는 런던을 세계 최고의 스마트 시티(Smart City)로 만들기 위한 로드맵으로 스마터 런던 투게더(Smarter London Together) 계획을 발표하였다. 스마터 런던 투게더의 주요 미션은 사용자 중심의 서비스 디자인 설계, 도시 데이터의 새로운 활용법 제시, 세계적 수준의 연결성과 스마트 도로 구축, 디지털 리더십과 기술 향상, 도시 전반의 협력 강화로 하고 있다. 관련 사업으로 미 와이파이(Mi Wi-fi) 시범사업 : 디지털 포용 정책의 일환으로 시행, 퓨처 시티 캐터펄트(Future City Catapult) : 도시 혁신과 기업 성장을 위한 리빙랩을 운영하고 지원 활동을 수행하는 기업인 퓨처시티 캐터펄트를 설립, 놀리지 쿼터(Knowledge Quarter) : 스마트 런던 플랜을 기반으로 기술을 구체화시키고 런던의 융복합 IT 기술을 구현하기 위한 플랫폼으로 하여 운영하였다.

글래스고시는 2007년 스마트 시티 프로젝트를 본격적으로 추진하기 위해 TSB(Technology Strategy Board, 국가기술전략위원회)라는 특별위원회 설립하였다. 주요 정책으로는 2013년 장기적인 ICT 산업 발전을 촉진하기 위한 정보 경제전략(Information Economy Strategy)을 발표하였다. 관련 사업으로 글래스고(Glasgow, 영국 런던 북서쪽 약 330km 지점의 에든버러의 클라이드 강 하구에 있는 항만도시로 스코틀랜드의 상공업 중심지) 등에 IBM, 인텔 등 IT 기업과 맞춤형 스마트 시티를 개발하고 있다.

3) 스페인 바르셀로나

매년 바르셀로나에서 스마트 시티(Smart City) 엑스포를 개최하여 스마트 파킹 등 다양한 프로젝트를 추진하고 있다. 스마트 바르셀로나(Smart Barcelona)를 위한 프레임워크(Framework)를 구성하여 MESSI(Mobility, e-Government, Smart City, Systems of Information and Innovation) 정책을 수행하고 있다. 주요 프로젝트인 New Telecom Network는 Optical Fiber와 Mobile Network를 결합하고, Intelligent Data는 대규모 상황실에서 정보를 수집하고 제공하며, Smart Parking은 승용차 및 관광버스에 주차 공간안내 등의 정보를 제공한다. Urban Platform은 iCity 프로젝트 Frame으로 공공 인프라에서 공공 서비스를 제공하고, Smart Lighting은 조명 색깔, 광도 등의 다양한 조명관리 프로그램을 제공하고 있다. O-Government는 시 정부의 활동 등에 대해서 시민들과 소통하고 정보를 공개 하도록 추진하고 있다.

바르셀로나 스마트 쓰레기통 | 출처 : 블룸버그통신 |

4) 네덜란드 암스테르담

EU 협약서에 의해 CO_2와 에너지 소비량 절감을 위해 스마트 미터 설치하여 스마트 그리드 최적화 프로젝트를 추진 중이며, 100개 이상의 민간 주도형 리빙랩(Living Lab)을 운영 중이다. 추진목표는 암스테르담에서 발생하는 연간 CO_2 양을 1990년 대비 2025년까지 40% 절감하고, 암스테르담에서 사용되는 연간 에너지의 양을 1990년 대비 2025년까지 20% 절감하는 것이다. 2009년에 시작된 암스테르담 스마트 시티(Smart City) 계획은 지역 주민, 정부 및 기업이 공동으로 개발한 리빙랩(Living Lab)[88]으로 무선 장치를 통해 상호 연결된 플랫폼에서 실행되어 도시의 실시간 의사결정 능력을 향상시켜 교통량을 줄이고, 에너지를 절약하며 공공안전을 개선하는 것이다. 또한 시 도로는 지자체가 가로등의 밝기를 제어할 수 있는 시스템과 도시에서 실시간으로 교통량을 모니터링하는 스마트 교통량 관제 시스템, 특정 도로의 현재 운행 시간에 대한 정보를 알 수 있는 시스템 등이 구축되어 있다.

---

88 Living Lab : 사회 문제 해결을 위해 정보통신기술(ICT)을 활용해 생활 속에서 발생하는 도시문제를 시민(사용자)이 직접 참여하여 해결하는 시민참여 정책이다. 리빙랩은 MIT(매사추세츠 공과 대학)의 윌리엄 J. 미첼, 켄트 라슨, 알렉스 샌디 펜틀랜드 교수가 처음으로 제시한 개념으로 살아 있는 실험실, 일상생활 실험실, 우리 마을 실험실 등으로 해석되며, 사용자가 직접 나서서 문제를 해결해 나가는 사용자 참여형 혁신공간을 말한다. 동네골목 쓰레기 문제, 주차난, 대기오염과 미세먼지 피해, 내가 살고 있는 주택과 골목, 아파트 단지, 재래시장, 학교 교실, 회사 생산현장, 온라인 커뮤니티 등 우리 사회가 풀어 가야 할 모든 문제가 리빙랩의 대상이 될 수 있으며, 모든 삶의 현장이 실험실이 될 수 있다.

5) 일본 카시와노하

도쿄대의 캠퍼스 타운이며 도쿄의 위성도시인 카시와노하(Kashiwa)는 인구 1,000여 명의 자그마한 도시였으나, 민(미쓰이 부동산), 관(카시와시), 학(도쿄대)이 협업하여 스마트 시티 조성을 위한 대형 프로젝트로 만들어서 성공한 사례이다. 이 프로젝트는 마을 재생과 타운 운영을 관리하는 UDC-K(어반 디자인센터-카시와노하)를 설립하고, 서비스 디자인 기반 중심으로 주민들과 미래도시에 대해 논의하는 거버넌스를 구축하였다. 그 결과 공공, 민간, 학계 등이 다양한 주체의 연계를 통해, 사회적 이슈를 해결하는 도시 개발 플랫폼을 구축하는 목표를 달성하였다.

도쿄 위성도시인 카시와노하 전경 | 출처 : UDC-K |

6) 중국

2015년 중국 중앙정부는 개별적으로 추진해 오던 스마트 시티 정책을 직접 관리하기 시작하였다. 주요 정책으로는 도시인구의 급격한 증가와 도시별 경제적 격차 문제를 동시에 해결하기 위한 방안으로 스마트 시티(Smart City) 정책을 채택하고 있다. 관련 사업으로는 2015년 500개 스마트 시티 구축 계획을 발표하고, 2025년까지 1조 위안(약 182조 원)을 투자할 계획이다. 스마트 시티 건설 6대 정책 방향을 보면, 첫 번째로 광대역 통신망 보급, 두 번째로 계획관리의 정보화(정부정보의 공유), 세 번째로 인프라 시설의 스마트화, 네 번째로 공공 서비스의 간편화, 다섯 번째로 산업발전의 현대화, 마지막으로 지역사회 거버넌스의 세밀화로 정책방향을 수립하여 스마트 시티를 추진하고 있다.

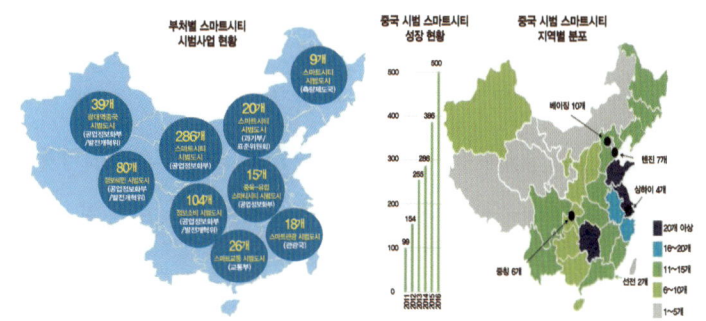

중국의 Smart City 구축현황 | 출처 : 한중과학기술협력센터 |

7) 대만

ICT를 활용한 스마트 기술의 육성과 실증을 위한 방법으로 '리빙랩'을 활용하고 있다. 사회적 이슈인 고령화 문제의 해결을 위해 Suan-Lien(수산리엔) 돌봄 센터 중심의 리빙랩 설립으로 혁신적 돌봄 서비스를 제공하고 있다. 추진방법을 보면, 돌봄 센터 입주민을 핵심 사용자로 규정하여 거주민은 연구자에게 서비스에 대한 피드백 및 아이디어를 제공하고, 3단계(이해→규약→실행)를 통해 실험의 목표와 비전을 구체화 및 실행하고 있다.

8) 캐나다

토론토시는 구글의 모회사 알파벳이 캐나다 토론토에 $3.2km^2$를 재개발해서 스마트 시티 건설 계획인 키사이드(Quayside) 프로젝트를 발표하고, 모빌리티, 공공 공간, 건물 및 주택, 지속가능성, 소셜 인프라, 디지털 혁신 등을 주요 실천과제로 선정하여 운영할 계획이다. 관련 사업으로는 보행자 네트워크 구축(보행자 속도에 더 가깝게 이동할 수 있는 슬로우 존 마련), 지하 운송 시스템(번화한 거리에서 하차, 픽업 및 환승을 위해 이동 허브 주위에 운송 시스템 마련), 반응형 거리 만들기(모든 요소들은 상황에 따라서 조정이 가능하며 모두 개개인의 보행 상황에 맞추어 작동), 팔라먼트 플라자(약 $6,000m^2$ 규모의 광장은 새로워진 워터프론트 오픈 스페이스로 구축), 스마트 쓰레기 처리 시스템 구축(각 이용자의 폐기물 종류에 따라 쓰레기 적절한 쓰레기 처리 방식을 적용하여 친환경을 구축)을 주요 사업으로 진행하였다.

밴쿠버시는 스마트 시티(Smart City) 추진목표를 공동체 의식을 기반으로 한 그린 에너지 중심의 삶의 질 향상과 환경 보존을 통한 도시의 미래 경쟁력 향상 도모에 두고 있다. 이를 추진방법으로 친환경 도시 밴쿠버로의 입지를 굳히기 위해 2020년까지 시민 참여형 친환경 도시 계획인 Greenest City 2020을 발표하였고, 정부 또는 특정 환경 단체의 주도보다는 시민 구성원 모두의 참여를 통한 성과 확산의 중요성을 부각시켰다. 계획 수립 단계에서 3만 5,000명의 시민이 온라인을 통해 의견 제시, 정책 수립 전까지 60명의 공무원과 120개의 기관이 참여하였다.

9) 덴마크 코펜하겐

DOLL(Danish Outdoor Lighting Lab) 리빙랩 프로젝트를 수행하여 스마트 가로등 등의 품질랩(Quality Lab), 가상랩(Virtual Lab), 리빙랩(Living Lab)을 도입하여 에너지 효율이 높은 조명 솔루션을 개발 적용하고 있다. 추진전략으로 2012년 덴마크 정부는 코펜하겐을 2025년까지 탄소 중립 도시로 만들겠다는 청사진을 제시했다. 탄소 중립은 이산화탄소를 배출한 만큼 이산화탄소를 흡수하는 대책을 마련해 실질적으로 배출되는 이산화탄소량을 '제로'로 만드는 것이다. 또한 조명이나 여가생활 시설을 효율적으로 구축하는 것도 코펜하겐이 추구하는 스마트 시티(Smart City)의 모습이다. 이에 가상현실을 활용한 '스튜디오 시네마'를 자체적으로 구축해 시험 운영하고 있다. 완성된 스튜디오 시네마는 한 지역에 건물이 들어서게 되면 어디에 그늘이 생기고 또 어디에 해가 잘 드는지 등을 보여 준다. 추진사례를 보면, 코펜하겐 커넥팅 서비스(도시 광케이블 통신과 무선 통신망을 데이터와 결합하여 디지털 인프라를 구축하고 각 산업에서 발생하는 데이터를 기업·기관·연구소 등의 혁신 주체와 연결하여 도시 전체를 혁신 아이디와 연결하는 서비스), 스마트 가로등 서비스(가로등을 LED로 교체하고 태양열과 풍력을 이용한 전원으로 센서를 부착하여 자동차나 자전거, 사람이 지나갈 때만 조명이 밝혀지도록 설정하여 기존의 가로등 전력 소비 대비 80% 에너지 절약 가능한 서비스), 스마트 사이클링 서비스(자전거 이동성과 접근성을 향상시킬 수 있도록 자전거 도로를 따라 녹색 LED와 센서를 설치하고, 자전거와 버스에 GPS와 스마트 기술을 사용해 자전거와 버스의 움직임을 체크하여 신호를 승용차보다 자전거와 버스에 우선하도록 하는 서비스),

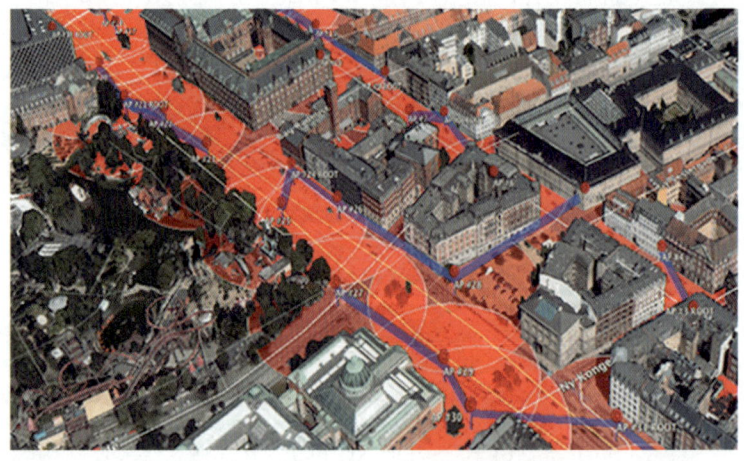

코펜하겐 **스트리트랩** | 출처 : KBS NEWS |

스마트 대기질 관리 시스템(시민들이 대기오염이 가장 적은 지역에 머물게 하거나 가능한 대기오염과 접촉하지 않도록 디지털 기술을 활용하여 대기질 데이터를 모으고 분석하여 오염에 대한 노출을 최소화하는 서비스), 스마트 파킹(도심의 주차문제를 해결하기 위해 이지 파크 시스템을 도입하여 주차 앱이 알아서 주차 공간을 찾아 주는 시스템), 스마트 쓰레기 수거 시스템(코펜하겐 도심의 쓰레기통 5,700개에 센서를 부착하고, 쓰레기가 90% 이상 차면 수거 신호를 보내 쓰레기 수거의 최적의 경로를 안내해 주는 서비스) 등이 설치되어 운영되고 있다.

10) 싱가포르

말레이반도 최남단에 위치한 적도의 작은 도시로서 제주도 면적의 1/3에 인구 약 560만 명이다. 추진조직으로 총리실 산하에 스마트 시티 추진을 위한 SNDGG(Smart Nation and Digital Government Group)[89]를 신설하였다. 추진계획으로는 2015년 사업이 종료된 디지털 미디어 산업 계획인 '싱가포르 미디어 퓨전 플랜(Singapore Media Fusion Plan, SMFP)'과 정보통신 산업개발계획인 'iN 2015(intelligent National 2025)'를 통합한 '인포컴 미디어 2025(Infocomm Media 2025)'를 공표하였다. '인포컴 미디어 2025'의 주요 계획은 스마트네이션 플

---

[89] SNDGG : 스마트네이션 및 디지털 정부청(Smart Nation and Digital Government Office, SNDGO)와 정부기술청 (Government Technology Agency, GovTech)로 구성이 되어있다. 스마트네이션및 디지털 정부청은 프로젝트 기획, 정부의 IcT 기준 및 서비스 품질 개선, 역량 강화등의 업무를 수행하고, GovTech는 2017년 5월부로 총리실 직속기관으로 편입되었고, 스마트네이션 및 디지털 정부 프로그램 집행기관으로 다른 정부기관과의 협업을 통해 디지털서비스를 개발하고 제공한다.

랫폼으로 정부의 모든 기관이 가진 데이터를 연결하고 공유하는 플랫폼을 구축하고, 사이버 보안 연구센터를 설립하여 지능형 교통 시스템과 무인자동차 시스템의 데이터 수집 및 분석하고 있다. 또한 사이버 보안청을 신설하여 사이버 보안 분야의 전략 및 정책 수립을 하고 있다. 스마트 시티 서비스 도입 계획은 마이크로그리드, 에너지관리 시스템(EMS), 에너지 저장장치(ESS), 신재생 에너지 등 스마트 에너지 기술을 바탕으로 세마카우(Semakau) 섬을 자립형 마이크로 아일랜드로 구축하는 것이다. 자율주행 택시는 2016년 8월부터 원노스90 등 일부 지역에서 일반인을 태운 자율주행 택시 6대를 투입해 시범 운행을 시작하였다.

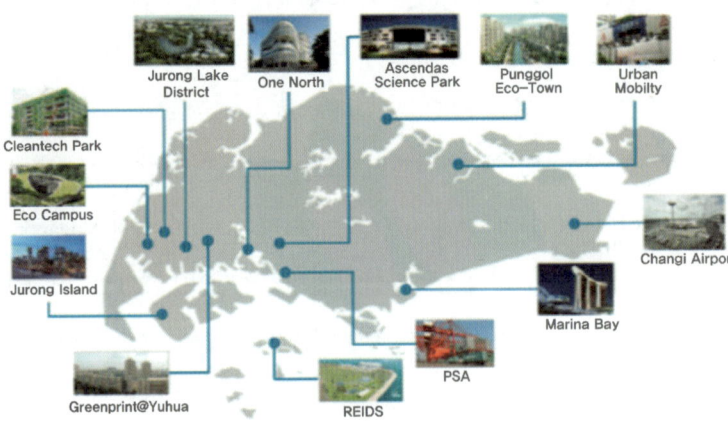

싱가포르 Smart City | 출처 : 솔라시도 |

90 One North : 싱가포르가 적도로부터 북쪽으로 1도 위에 있는 지역적 특성을 반영한 단어로, 싱가포르를 생명공학기술(BT)과 정보통신기술(IT)이 결합한 바이오 허브로 만들겠다는 정부 주도의 장기 계획이다. 원노스 프로젝트는 총 198만㎡에 이르는 면적에 약 20년간 150억 싱가포르 달러(13조 원)가 투입되는 사업이다. 이 프로젝트는 총 3단계로 나눠서 추진 중이고, 1단계(2001~2010년), 2단계(2008년~2015년), 3단계(2012~2020년)로 나누어서 프로젝트를 수행하고 있다.

11) 핀란드 헬싱키 칼라사타마 지구

2008년까지만 해도 버려진 항구였으나, 스마트 시티(Smart City) 개발지역으로 선정된 후, 스마트 칼라사타마 장기전략 수립하여 현재 3천 명이 거주하고 있는 이 지역의 인구를 2030년까지 2만 명으로 늘리고 8천여 개 일자리를 만드는 것이 시정부의 목표이다. 칼라사타마 리빙랩(Living Lab)은 지역 거주민이 직접 솔루션을 개발하고 생활하면서 사용하면서 문제점 등을 개선 프로세스로 진화하고 있다. 대표적인 적용사례는 스마트 폐기물 서비스로 지하 파이프라인 기반 폐기물 수집 시스템을 구축하고 있다. 칼라사타마 지구의 특징은 주민들과 함께 만들어 가는 장기적이고 단계적인 전략 수립 방법론을 구축한다는 것이다.

필린드 헬싱키 칼라사타마 | 출처 : 헬싱키시 |

12) 프랑스

프랑스는 2012년 스마트 시티(Smart City) 보급 확대를 위해 9개 에너지, ICT 특화 클러스터 조성하는 등 200개 이상의 스마트 시티 프로젝트를 계획, 추진하였다. 주요 정책으로는 2014년에 국민의회에서 『에너지전환법(La loi transition energotique)』을 통과시켜 2050년의 에너지 소비를 2012년의 절반 수준으로 줄이는 것을 목표로 하고, 의회는 정책 실현을 위해 스마트 시티를 대안으로 제시하였다. 관련 사업으로는 프랑스 내에 13개의 Eco City Zone을 지정하여 친환경 도시 계획을 수립하고 스마트 시티를 위한 데이터 플랫폼 구축하고 있고 총 1,780여 개 사가 참여하여 총 12억 유로를 투자하고 있다.

13) 독일

베를린시는 도시의 미래 성장을 위해 미래 장소 10여 곳을 선정하고 기업과 경제, 산업 등이 연결되는 네트워크를 구축하고 있다. 베를린은 세계에서 7번째로 스타트업 생태계를 잘 갖춘 도시로 약 4년간 1,300여 개 스타트업체가 입주해 도시 경쟁력을 높이는 것을 스마트 시티 추진목표로 하고 있다. 이를 달성하기 위하여 신축하는 건물은 친환경 'LEED' 골드 인증 취득, 바이오가스 발전, 태양광, 풍력, 지열 등을 적용하여 친환경 도시를 구축하고, 스마트 그리드, 스마트 미터링 등 효율적 에너지 관리 시스템을 적용하고, 더불어 시민들이 참여해 서비스 공동기획, 제품·솔루션을 테스트해 볼 수 있는 열린 공간을 제공하여 베를린 시민들이 참여하는 시티랩을 운영하고 있다. 또한 인공지능과 사물인터넷, 각종 센서를 이용하여 노인, 사회적 약자들이 도시생활을 하거나 도시 시설을 불편하지 않게 사용할 수 있도록 도와주는 시스템을 구축하고 있다.

또 다른 사례로 대규모 항만 규모를 자랑하는 함부르크는 교통문제 해결 및 지속가능한 도시로의 발전을 위한 스마트 시티로의 성장을 목표로 하고 있다. 추진방법은 도시 발전을 위해 시민이 참여하여 지식과 경험을 공유하는 플랫폼인 넥스트 함부르크를 통해 시민의 아이디어를 활용하여 시민들을 지원해 주는 '스마트한 이웃사촌, 도시를 만드는 사람(My smart neighborhood, City-maker)'과 자생적 지속 가능한 친환경 도시를 목표로 하는 제로시티 등으로 구성하고 있다.

14) 사우디아라비아

사우디아라비아는 원유가 GDP의 88%를 차지하고, 인구의 70%가 30세 이하이고 이에 따른 젊은 층의 실업률이 25%인 국가 구조를 개혁하여 원유를 GDP 50% 이하로 줄이고 실업률도 낮추기 위하여 관광과 군수산업에 주력하겠다는 목표로 2016년 4월 25일 '비전 2030'을 발표하였다(출처 : Saudi Arabia; World Bank;ILO : 15-24 years). 이 정책의 일환으로 추진하고 있는 사례가 스마트 시티인 네옴

(NEOM, 새로운 미래) 시티이다. 네옴 시티는 사우디아라비아의 MBS (무함마드 빈 살만 왕세자)가 '미래투자이니셔티브(Future Investment Initiative, FII)'에서 발표한 신도시 계획으로 사우디아라비아 북서부 홍해 인근에 위치하고 있고, 사업비는 5,000억 달러(약 650조 원), 건설면적은 2만 6,500km^2(서울 면적의 44배)로 건설될 미래형 도시이다. 관련 사업으로 정부의 통제를 받지 않고 독립 운영하며 첨단산업단지 및 오락시설 등을 유치할 계획이고, 태양열, 풍력 등 100% 신재생 에너지로만 전력을 공급하고, 4차 산업혁명 요소기술을 활용한 최적 교통망 등의 도시 인프라 구축을 목표로 하고 있다. 2030년까지 100만 명이 거주하고, 38만 개의 일자리 만들 계획으로 네옴 시티, 네옴 베이, 두바 산업존으로 구성되어 있다. 네옴 시티는 자율주행 자동차 등 첨단기술을 갖춘 주거도시를 콘셉트로 하였고, 네옴 베이는 관광, 미디어, 바이오테크, 교육·연구 등을, 두바 산업존은 첨단 항만, 자동차 산업 등 혁신·창조산업으로 구성되어 있다.

네옴 시티 건설계획 | 출처 : 서울신문 |

9. 스마트 시티 서비스

스마트 시티(Smart City)에는 다양한 서비스가 적용된다. 시장조사 기관인 프로스트 앤 설리번(Frost & Sullivan)은 스마트 시티 기술을 8가지 부분으로 나누고 있다. Smart Governance(클라우드 플랫폼 기반 SOC 행정, 교통, 관리, 관광복지 서비스), Smart Energy(개별 건물관리에서 광역도시 단위로 에너지 집합 관리), Smart Building(개별 빌딩 에너지 비용 최소화 및 관리 고도화), Smart Mobility(개인 교통 이동성 향상 및 도시 안전성 고도화), Smart Infrastructure(ICT 활용한 스마트한 공간 활용, 새로운 공간 창조), Smart Technology, Smart Healthcare, Smart Citizen으로 구분한다.

스마트 시티는 재난·안전, 환경, 행정, 교통, 에너지 등과 같은 도시문제를 해결하는 서비스를 제공하고 있으며, 구체적으로 각 서비스의 역할과 기능에 대해서 소개하고자 한다.

교량감시 서비스는 교량에 감시 센서를 설치하여 교량상태 감시 및 중량 초과 차량의 감시·경보해 주는 서비스이다. 주요 기능으로는 교량상태 감시, 교량의 상태 판정, 손상 여부 파악, 구조물 설계 안전성 검증 등을 위해 교량의 주요 부위에 변형률계(Strain gage), 처짐계, 경사계, 온도계, 풍량 풍속계, 가속도계 등의 계측 센서를 설치하고, 무선모뎀 등을 이용하여 교량의 상태를 실시간으로 해당 관리자에게 알려 주고, 중량 초과 차량에 경보해 준다.

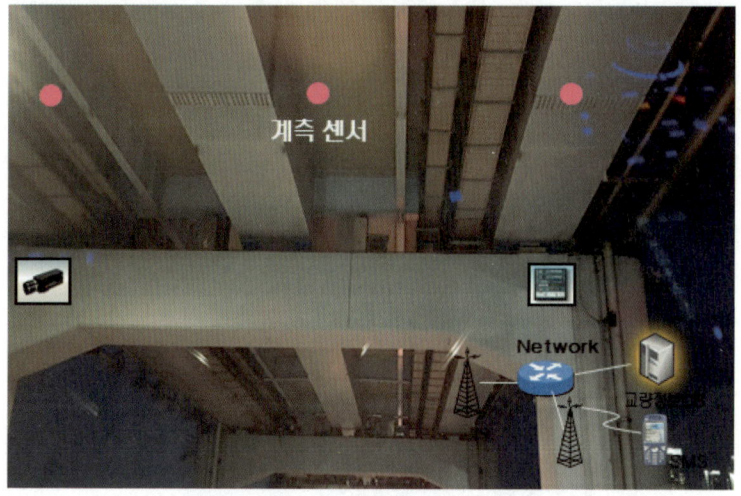

교량감시 서비스 | by s. k

하천 수질관리 서비스는 하천에 센서를 설치하여 물의 수온, pH[91] 등의 오염도를 측정하여 하천의 수질을 관리하는 서비스이다. 주요 기능으로는 오염도 측정 센서에 의해 수질상태를 자동 측정하고 유무선 네트워크를 통해 주기적으로 모니터링하여 오염도 초과 시 해당 관리자에게 SMS 등을 통해 알려 줌으로써 수질오염에 대하여 신속하고 체계적으로 대응하여 폐수방류 등의 오염사고를 미리 방지하여 준다.

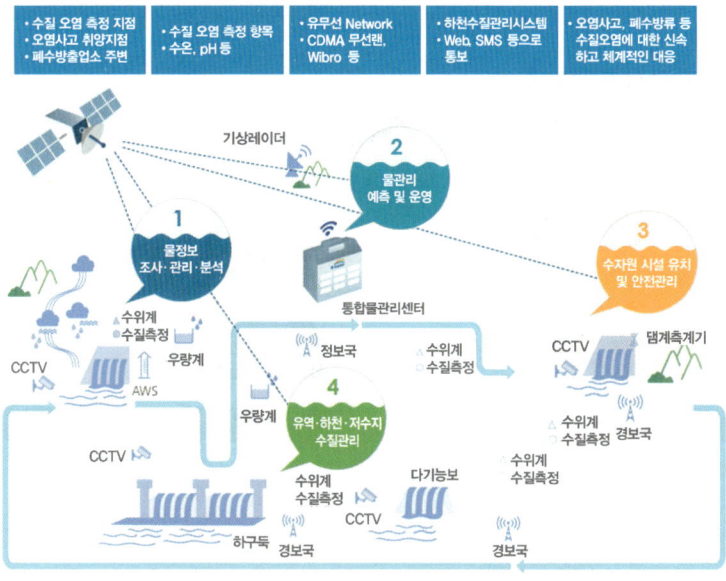

하천 수질관리 서비스 | 출처 : K-Water |

91 pH : 용액 속의 수소 이온 농도로, 용액 1ℓ 속에 존재하는 수소 이온의 그램 이온수를 말한다. p는 지수의 power, H는 수소 이온을 나타낸다. 25℃에서 순수한 물속의 수소 이온 농도는 10-7M(몰농도)이지만, 진한 염산 속의 수소 이온 농도는 약 12M(몰농도)이다. pH로 산성, 중성, 염기성인 수용액을 간단한 숫자로 나타낼 수 있다. 산성 용액의 pH는 7보다 작고, 중성 용액의 pH는 7이고, 염기성 용액의 pH는 7보다 크다.

수목관리 서비스는 수목에 센서를 부착하여 온도와 습도, 일조량, 이산화탄소, 토양 등을 측정 분석해 수목의 질병 예방 및 치료, 각종 병충해 방제 정보를 무선으로 제공하는 서비스이다. 주요 기능으로는 대상 수목에 RFID(Radio Frequency IDentification)[92] 태그를 부착한 후 휴대용 리더기를 활용하여 수목상태를 점검하고 스마트폰과 같은 모바일 기기를 이용해 원격 관리하는 기능이 있다. 이 때문에 생산성과 효율성을 높일 수 있으며, 이력을 수집·관리하여 데이터로도 사용이 가능하다.

수목관리 서비스 | by s. k |

---

[92] RFID : 무선인식이라고도 하며, 반도체 칩이 내장된 태그(Tag), 라벨(Label), 카드(Card) 등에 저장된 데이터를 무선주파수를 이용하여 비접촉으로 읽어 내는 인식시스템이다. RFID 태그는 전원을 필요로 하는 능동형(Active 형)과 리더기의 전자기장에 의해 작동되는 수동형(Passive 형)으로 나눌 수 있다. RFID의 기술은 제2차 세계대전 당시 영국이 자국의 전투기와 적군의 전투기를 자동적으로 식별하기 위해 개발되었다.

스마트 톨링 시스템(Smart Tolling System)은 고속도로 무정차 요금 징수 시스템으로 하이패스 가입 여부와 상관없이 모든 차량의 차량번호를 인식하여 이동거리를 계산한 뒤 요금을 후불로 통보하는 방식이다. 스마트 톨링 시스템 적용 시 통행량은 45% 증가하고, CO_2는 43% 감소하는 등 도시공간 효율성을 증대하는 효과가 있다.

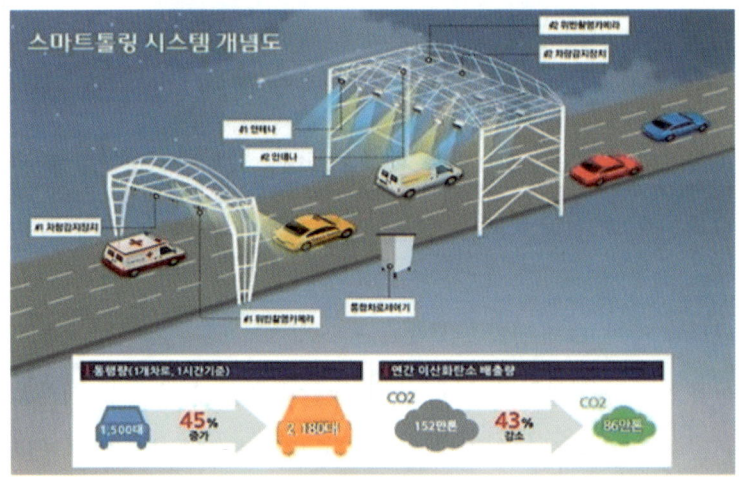

Smart Tolling System | 출처 : 중앙일보 |

스마트 실시간 교통정보 제공 서비스는 도로상에 설치된 감지기 및 CCTV System을 활용하여, 교통정보를 수집하여 우회도로, 돌발 상황, 진행방향 등의 도로의 교통정보를 운전자에게 제공하여 원활한 교통흐름이 되도록 정보를 제공하여 주는 서비스이다.

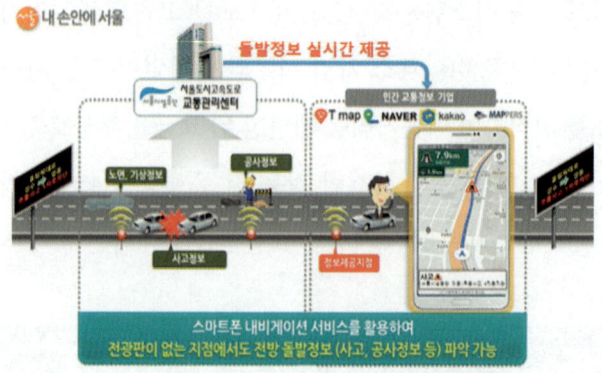

스마트 실시간 교통정보 제공 서비스 | 출처 : 서울시 |

　스마트 대중교통 정보알림 서비스는 대중교통의 위치정보 및 운행정보 등을 알려 주는 서비스이다. 주요 기능으로는 GPS(Global Positioning System, 위성위치확인시스템) 등과 같은 유무선 통신장비가 내장된 자기 ID 발생기 및 VMS(Variable Message Sign, 도로 전광 표지판) 등을 정류장에 설치하여 대중교통의 현재 위치, 운행이력, 배차간격, 차량의 정류장 도착시간 예보, 교통체증 및 교통사고 등의 정보를 실시간으로 시민들에게 알려 주는 서비스이다.

대중교통 정보알림 서비스 | by s. k |

독거노인 케어 서비스는 감지 센서(가스, 화재, 에너지 사용량, 댁 내 움직임 변화 등)를 활용하여 독거노인에게 이상 상황 발생 시 연계기관(소방 방재청, 경찰청 등)으로 자동 통보해 주는 서비스이다. 안정적인 서비스를 제공하기 위해서는 통신감도관리, 전원 복구 시 자동 전원투입 장치, 오류 로그 저장 및 자동복구 장치, AES(Advanced Encryption Standard)[93] 암호화, MAC[94] Group 관리를 통한 혼선방지 등의 기존 시스템 표준을 준용해야 한다.

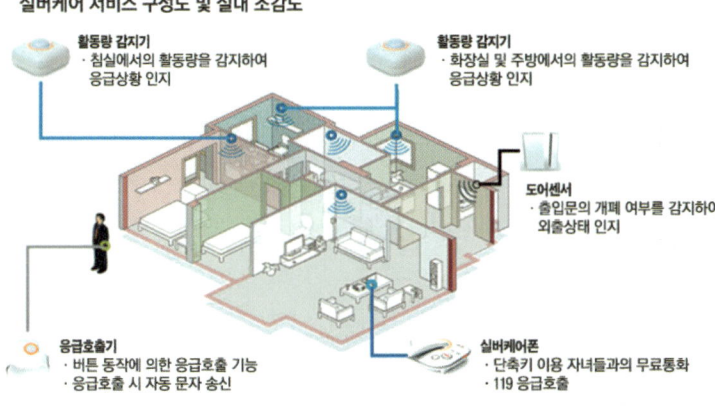

독거노인 케어 서비스 | 출처 : 매일경제 |

93 AES : DES(Data Encryption Standard, 데이터 암호화 표준, 56비트 키를 사용)의 암호화 강도가 점점 약해지면서 새롭게 개발된 암호화 알고리즘이다. 1997년에 NIST는 암호화 알고리즘을 다시 공모했는데, 공모 조건은 향후 30년 정도 사용할 수 있는 안정성, 128비트 암호화 블록, 다양한 키의 길이(128/192/256 비트)를 갖추는 것이었다.

94 MAC : 자원의 보안 등급과 영역을 기준으로 수직적 · 수평적 접근 규칙을 시스템 차원에서 설정해 쓰는 형태를 가리킨다. 주로 군이나 정부기관 등 보안 정보를 다루는 기관에서 쓰고 있다.

도시 주차정보 안내 서비스는 주차 관련 정보를 주차정보 서버에 저장하고 가공한 후 차량 운전자에게 실시간으로 정보를 제공하는 서비스이다. 주요 기능으로는 USN(Ubiquitous Sensor Network)[95] 기반의 센서 네트워크를 통해 주차장 정보를 수집하여 주차수요를 예측하고, 종합안내판을 통하여 권역 주차정보를 제공해 준다. 또한 차량이 주차장 진입구로 접근하는 경우 유도 안내판을 통해 통행을 안내해 주고, 주차장 입구에서는 주차가능 지역에 대한 정보를 차량 운전자에게 실시간으로 알려 준다.

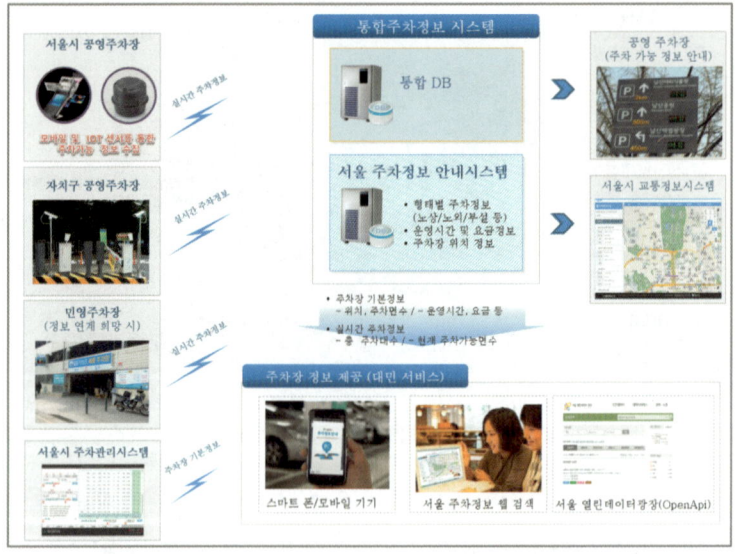

도시 주차정보 안내 서비스 | 출처 : 서울시 |

[95] USN : 필요한 모든 사물에 전자태그를 부착해(Ubiquitous) 사물과 환경을 인식하고(Sensor) 네트워크(Network)를 통해 실시간 정보를 구축, 활용토록 하는 통신망이다. 유비쿼터스 컴퓨팅은 제품, 도로, 다리, 터널, 빌딩 등 모든 물리 공간에 네트워크 통신 능력을 가진 초소형 칩을 내장하여 모든 사물이 지능화되고 네트워크로 연결되어 서로 정보를 주고받는 개념이다.

스마트 주정차 위반 차량 단속 서비스는 주정차 위반 차량을 자동으로 감지하고, 번호판을 인식하여 운전자에게 경고하고 관계기관에 해당 정보를 제공하여 불법 주정차를 사전 방지하는 서비스이다.

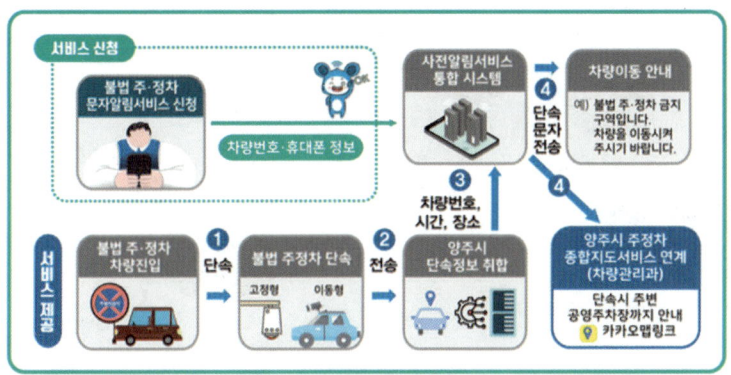

스마트 주정차 위반 차량 단속 서비스 | 출처 : 양주시 |

스마트 쓰레기 처리 서비스(Smart Waste Disposal Service)는 NB-IoT(NarrowBand-Internet of Things, 협대역 사물 인터넷)[96] 센서 쓰레기통과 태양광 압축 쓰레기통을 설치하여 실시간으로 쓰레기 적재량을 알려 주고 처리해 주는 서비스이다. 주요기능으로는 폐기물 적재량 감지센서, 실시간 모니터링 시스템 등을 이용하여 실시간으로

---

96 NB-IoT : 이동통신망을 통해 저 전력 광역(Low Power Wide Area, LPWA) 통신을 지원하는 협대역 사물 인터넷 표준이다. GSM(Global System for Mobile Communications) 또는 LTE(Long Term Evolution) 망에서 좁은 대역을 이용하여, 수백 kbps 이하의 데이터 전송속도와 10km 이상의 광역 서비스를 지원한다. 따라서 수도 검침, 위치 추적용 기기 등과 같이 원거리에 있고 전력소비가 낮은 사물 간의 통신에 적합하다. (IT용어사전, 한국정보통신기술협회)

폐기물 적재 현황을 알려 주고, 적재된 쓰레기는 태양광을 이용해 압축해 준다. 이를 통하여 수거 경로 등을 최소화 및 최적화하여 깨끗한 환경을 제공해 준다.

스마트 쓰레기 처리 서비스 | 출처 : 고양시 |

스마트 가로등 서비스(Smart Streetlight Service)는 가로등을 활용하여 조도 확보뿐만 아니라 공공 WiFi 무선통신인프라(WiFi Hotspot Service), 영상네트워크, 보안(비상벨, 양방향 스피커, 경광등, 영상 센서), LED 전광판(지역정보 및 도시공익정보 제공), 도로 돌발상황 감지(주정차, 역주행, 도로파손, 도로침수, 경사지 붕괴 감시 등), 자율주행 자동차 무선통신 인프라, 주변의 대기환경정보(미세먼지, 일산화탄소, 이산화질소, 아황산가스 등), 전기차, 퍼스널 모빌리티 충전 서비스(EV/Personal Mobility Charging Service)까지 제공한다.

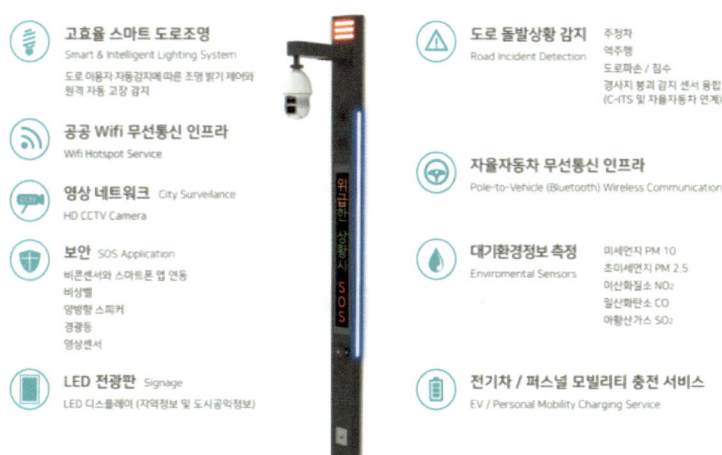

스마트 가로등 서비스 | 출처 : 에펠 |

무인 산불 감시 서비스(Unmanned Forest Fire Monitoring Service)는 도심 주변 산에 온도 센서와 열상카메라를 설치하여 산불이 발생한 경우 신속하게 관계 기관에 알려 줘 산불을 진화할 수 있도록 도와주는 서비스이다. 주요기능은 먼지(Dust) 같이 아주 작은 온도 센서를 산에 뿌려 놓거나 일반 카메라와 열상 카메라를 산에 설치하여 2개의 시스템의 동시 분석을 통하여 산불이 발생한 경우에 관계기관인 소방 방재청과 지자체 담당자 그리고 산림 담당자에게 통보하여 초기에 산불을 진화할 수 있도록 해주는 서비스이다.

무인 산불감시 서비스 | 출처 : 세종시 |

　하천 수위관리 서비스는 호우나 가뭄이 발생하여 하천의 수위 변화가 생길 경우 경보 및 피난을 도와주는 서비스이다. 주요기능으로는 수위측정 센서에 의해 하천의 수위를 일정 시간마다 측정하여 하천 수위에 변화가 있을 경우 관공서나 홍수통제소와 같은 유관기관에 통보하여 신속하게 대처하고, 측정된 정규화된 데이터는 빅데이터로 활용하여 향후 변화를 예측할 수 있게 해 준다.
　문화재 관리 서비스는 주요 문화재에 센서를 부착하여 문화재의 유지관리 및 도난 방지를 위한 서비스이다. 주요기능으로는 문화재의 유지관리를 위하여 문화재 내외에 각종 센서를 설치하여 불꽃, 온도, 습도, 연기 등을 감지하고 도난 위험이 있는 각종 문화재

| 문화재 관리 서비스 | 출처 : 문화재청 |

에는 네트워크 카메라를 설치하여 감시하고 이상이 발생할 경우 관계기관과 문화재 담당자에게 실시간으로 알려 준다.

스마트 도시관제 시스템은 이미지 객체 탐지 기술과 딥러닝(Deep Learning) 기술을 통한 수배차량 및 범죄자를 검거 등을 하는 서비스이다. 주요기능으로는 이벤트 상황 발생한 경우 지능형 CCTV(Intelligent Closed Circuit Television)[97]가 자동 감지하여 감지된 이벤트 상황을 파악한 후 신속한 사고처리가 가능하고, 범죄 이력자의 얼굴을 판별하여 단지 내로 들어올 경우 관리자 및 구성원에게 통보하여 사전에 범죄를 예방할 수 있다. 또한 불꽃 등을 판별하여 화재 발생 시 관리자와 소방 방재청에 자동 통보해 준다.

---

97 Intelligent Closed Circuit Television : 지능형 CCTV는 저조도 컬러영상표출 기능 등을 탑재하고 배회감지, 카메라 훼손감지, 투기감지, 불법 주정차감지, 이상음원감지, 침입감지, 도난·분실 감지, 열지도(사람이 일정기간 동안 움직인 동선을 누적하여 열지도로 표시하여 동선 분석을 통한 시설물 효율적인 관리계획 수립), 피플 카운팅(사람을 인식하여 들어오고 나간 사람의 수를 카운팅) 등을 통하여 방범뿐만 아니라 효율적인 시설물 관리에 활용된다.

스마트 도시관제 서비스 | 출처 : sarada |

　상수도 누수관리 서비스는 상수도에 누수가 발생한 경우 통합관제센터와 상수도 시설관리 담당에게 연락하여 즉각적으로 경보 및 복구하여 주는 서비스이다. 주요기능으로는 CCTV와 누수감지 센서(유량계, 압력계 등)를 설치하고 이를 통해 상수도에 누수현상이 발생하는 경우 상수도 시설담당(상수도 사업소)에게 통보해 신속하게 조치하여 수돗물을 안정적으로 공급해 준다.

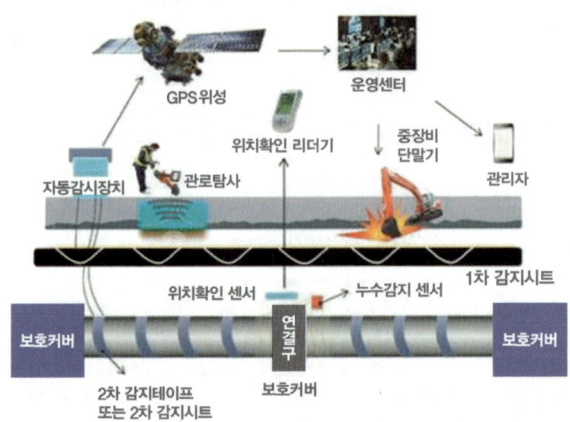

상수도 누수관리 서비스 | 출처 : 환경미디어 |

스마트 속도, 신호 위반차량 감시 서비스는 과속, 버스전용차로 위반, 신호위반, 과적 등 교통법규위반 행위를 실시간으로 파악하여 자동으로 행정 처리해 주는 서비스이다.

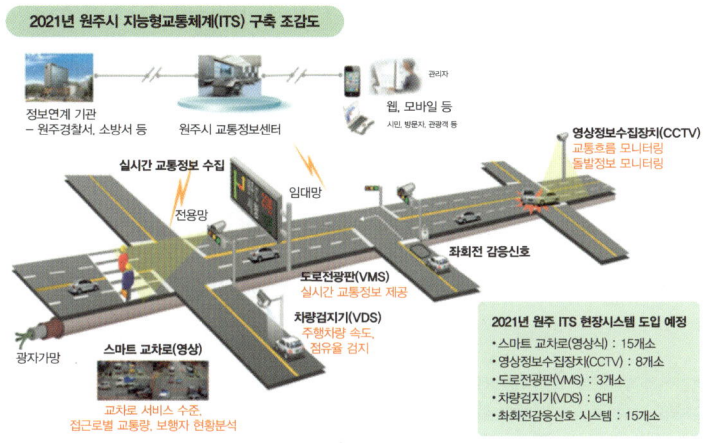

스마트 속도, 신호 위반차량 감시 서비스 | 출처 : 원주시 |

스마트 횡단보도 서비스는 보행자의 안전한 도로 횡단을 위한 서비스이다. 주요기능으로는 정보제공 디스플레이, 차단봉 및 음성안내 장치 등의 다양한 장비를 설치하여 보행자의 안전한 도로 횡단을 할 수 있도록 유도하여 주고, 관련 정보는 인터넷을 통하여 경찰청 및 관련 담당자에게 통보하여 준다.

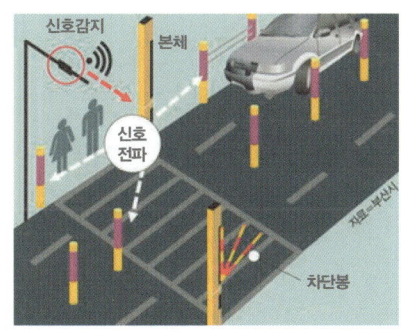

스마트 횡단보도 서비스 | 출처 : 부산시 |

스마트 실시간 교통감응 제어 서비스는 교통량 속도수집 장치, CCTV, 센서 등을 통해 수집된 다양한 교통정보를 기반으로 한다. 이는 교차로 신호주기, 신호연동, VMS(Variable Message Sign)[98] 교통정보 표출 등 교통상황의 변화에 따라 실시간으로 주방향 직진 시간을 제외한 좌회전 신호를 최소화하여 주고, 불필요한 대기신호를 최소화해 주는 서비스이다. 실시간 교통정보 감응신호 운영방식(Actuation control)을 시범 실시한 결과, 기존 고정신호 운영방식(Time of day, TOD)에 비해 시간당 12%의 차량 통행량이 증가하고, 제어로 인한 지체 시간은 37% 감소하는 효과가 있다.

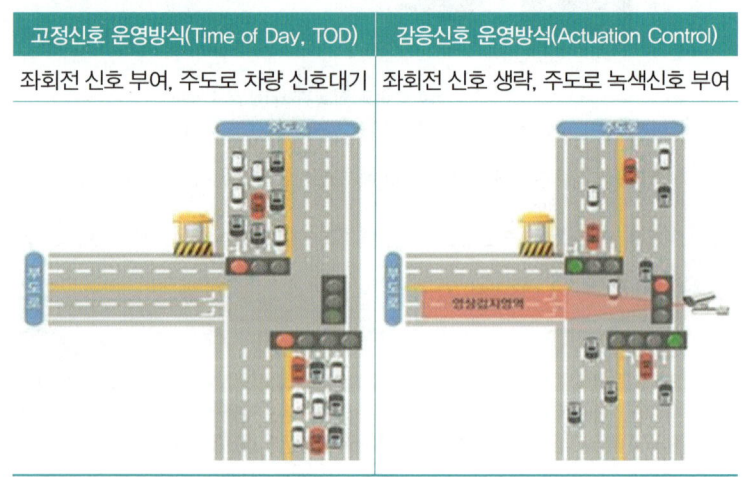

스마트 실시간 교통감응제어 서비스 | 출처 : 부산시 |

[98] VMS : 도로 이용자에게 교통, 도로, 기상상황 및 공사로 인한 통제 등에 대한 실시간 정보를 제공함으로써 교통흐름의 효율화와 통행의 안전성을 향상시키기 위한 장비를 말한다. 문자 및 심벌 등으로 표출하는 문자식과 경로선택의 용이성 증대를 위한 도형식 등으로 크게 구분된다.

스마트 보행자 자동인식 신호기 서비스는 횡단보도 정지선에서 보행자를 자동으로 인식하여 녹색 보행 신호를 주고, 보행자 보행 시 횡단보도에 조명을 밝게 하여 보행자를 안전하게 보호해 주는 서비스이다. 기대효과로는 이용자가 없을 때에는 차량 주행 신호만 주기 때문에 지나가는 차량의 신호 위반율을 줄일 수 있고, 횡단보도를 건널 때만 보행신호를 요청하기 때문에 무단 횡단하는 사람이 감소하는 효과가 있다. 도로교통공단 교통과학연구원에 따르면, 스마트 보행자 자동인식 신호기를 설치한 경우 연료비, 매연, 시간낭비 등의 사회적 비용을 감안했을 때 한 곳당 연간 4억 원 정도의 사회적 비용이 절감되는 것으로 예측하고 있다.

스마트 보행자 자동인식 신호기 서비스 | 출처 : LG전자 |

수직 자동화 식량 생산시설(Smart Farm Plant)은 환경·생태계 변화로 인한 식량 부족에 대비하여 고부가가치 식량 생산이나 식량 생산이 어려운 지역에 적용 가능한 서비스로 빛, 온도, 습도, 공기

스마트 팜 플랜트 시스템 | 출처 : 대전시 |

등의 조절이 가능한 환경을 구축하여 언제, 어디서나 날씨에 상관없이 연중 생산이 가능하고, 생육환경부터 생산까지의 모든 과정을 통제가능하며 에너지와 자원낭비를 막을 수 있을 뿐만 아니라 생산량 인위 조절 등의 모든 과정을 자동화 시스템으로 운영한다.

스마트 도서관(Smart Library) 서비스는 태블릿 PC, 스마트폰 등에서 도서관 정보서비스를 이용할 수 있는 스마트 미디어 기반 도서관으로 도서관의 서적 및 도서관 이용 가능 여부 등을 확인할 수 있는 정보를 제공해 주는 서비스이다. 주요 기능으로는 열람실 좌석현황 및 좌석배정, 보존도서 대출현황, 시설물 예약, 자료검색 뿐만 아니라 일반적인 공지사항인 이용시간, 층별 안내, 연락처 안내 등을 알려 주는 서비스이다.

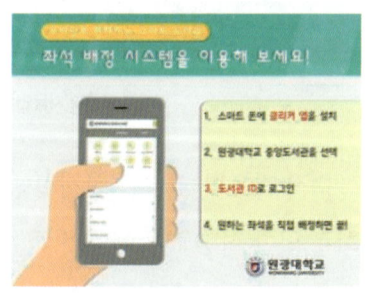

스마트 도서관 서비스 | 출처 : 원광대학교 |

스마트 톨링 시스템(Smart Tolling System)은 고속도로 무정차 요금 징수 시스템으로 하이패스 가입 여부와 상관없이 모든 차량의 차량번호를 인식하여 이동거리를 계산한 뒤 요금을 후불로 통보하는 방식이다. 스마트 톨링 시스템 적용 시 통행량은 45% 증가하고, CO_2는 43% 감소하는 등 도시공간 효율성을 증대하는 효과가 있다.

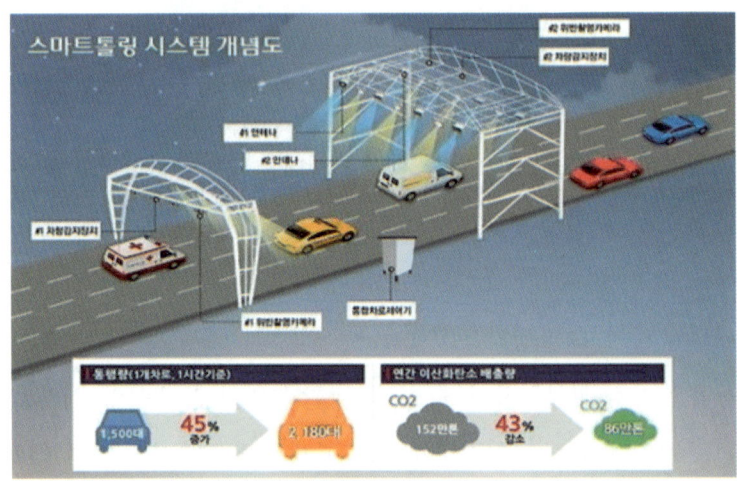

Smart Tolling System | 출처 : 중앙일보 |

스마트 실시간 교통정보 제공 서비스는 도로상에 설치된 감지기 및 CCTV System을 활용하여, 교통정보를 수집하여 우회도로, 돌발 상황, 진행방향 등의 도로의 교통정보를 운전자에게 제공하여 원활한 교통흐름이 되도록 정보를 제공하여 주는 서비스이다.

스마트 실시간 교통정보 제공 서비스 | 출처 : 서울시 |

　스마트 대중교통 정보알림 서비스는 대중교통의 위치정보 및 운행정보 등을 알려 주는 서비스이다. 주요 기능으로는 GPS(Global Positioning System, 위성위치확인시스템) 등과 같은 유무선 통신장비가 내장된 자기 ID 발생기 및 VMS(Variable Message Sign, 도로 전광 표지판) 등을 정류장에 설치하여 대중교통의 현재 위치, 운행이력, 배차간격, 차량의 정류장 도착시간 예보, 교통체증 및 교통사고 등의 정보를 실시간으로 시민들에게 알려 주는 서비스이다.

대중교통 정보알림 서비스 | by s. k |

랫폼으로 정부의 모든 기관이 가진 데이터를 연결하고 공유하는 플랫폼을 구축하고, 사이버 보안 연구센터를 설립하여 지능형 교통 시스템과 무인자동차 시스템의 데이터 수집 및 분석하고 있다. 또한 사이버 보안청을 신설하여 사이버 보안 분야의 전략 및 정책 수립을 하고 있다. 스마트 시티 서비스 도입 계획은 마이크로그리드, 에너지관리 시스템(EMS), 에너지 저장장치(ESS), 신재생 에너지 등 스마트 에너지 기술을 바탕으로 세마카우(Semakau) 섬을 자립형 마이크로 아일랜드로 구축하는 것이다. 자율주행 택시는 2016년 8월부터 원노스90 등 일부 지역에서 일반인을 태운 자율주행 택시 6대를 투입해 시범 운행을 시작하였다.

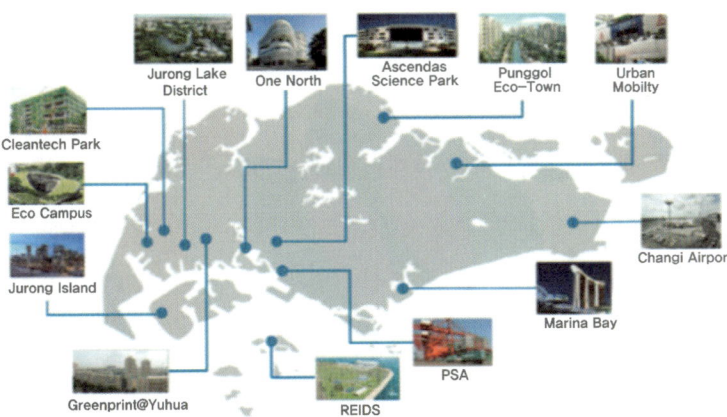

싱가포르 Smart City | 출처 : 솔라시도 |

90 One North : 싱가포르가 적도로부터 북쪽으로 1도 위에 있는 지역적 특성을 반영한 단어로, 싱가포르를 생명공학기술(BT)과 정보통신기술(IT)이 결합한 바이오 허브로 만들겠다는 정부 주도의 장기 계획이다. 원노스 프로젝트는 총 198만㎡에 이르는 면적에 약 20년간 150억 싱가포르 달러(13조 원)가 투입되는 사업이다. 이 프로젝트는 총 3단계로 나눠서 추진 중이고, 1단계(2001~2010년), 2단계(2008년~2015년), 3단계(2012~2020년)로 나누어서 프로젝트를 수행하고 있다.

스마트 대기질 관리 시스템(시민들이 대기오염이 가장 적은 지역에 머물게 하거나 가능한 대기오염과 접촉하지 않도록 디지털 기술을 활용하여 대기질 데이터를 모으고 분석하여 오염에 대한 노출을 최소화하는 서비스), 스마트 파킹(도심의 주차문제를 해결하기 위해 이지 파크 시스템을 도입하여 주차 앱이 알아서 주차 공간을 찾아 주는 시스템), 스마트 쓰레기 수거 시스템(코펜하겐 도심의 쓰레기통 5,700개에 센서를 부착하고, 쓰레기가 90% 이상 차면 수거 신호를 보내 쓰레기 수거의 최적의 경로를 안내해 주는 서비스) 등이 설치되어 운영되고 있다.

10) 싱가포르

말레이반도 최남단에 위치한 적도의 작은 도시로서 제주도 면적의 1/3에 인구 약 560만 명이다. 추진조직으로 총리실 산하에 스마트 시티 추진을 위한 SNDGG(Smart Nation and Digital Government Group)[89]를 신설하였다. 추진계획으로는 2015년 사업이 종료된 디지털 미디어 산업 계획인 '싱가포르 미디어 퓨전 플랜(Singapore Media Fusion Plan, SMFP)'과 정보통신 산업개발계획인 'iN 2015(intelligent National 2025)'를 통합한 '인포컴 미디어 2025(Infocomm Media 2025)'를 공표하였다. '인포컴 미디어 2025'의 주요 계획은 스마트네이션 플

---

89 SNDGG : 스마트네이션 및 디지털 정부청(Smart Nation and Digital Government Office, SNDGO)와 정부기술청 (Government Technology Agency, GovTech)로 구성이 되어있다. 스마트네이션 및 디지털 정부청은 프로젝트 기획, 정부의 ICT 기준 및 서비스 품질 개선, 역량 강화등의 업무를 수행하고, GovTech는 2017년 5월부로 총리실 직속기관으로 편입되었고, 스마트네이션 및 디지털 정부 프로그램 집행기관으로 다른 정부기관과의 협업을 통해 디지털서비스를 개발하고 제공한다.

수목관리 서비스는 수목에 센서를 부착하여 온도와 습도, 일조량, 이산화탄소, 토양 등을 측정 분석해 수목의 질병 예방 및 치료, 각종 병충해 방제 정보를 무선으로 제공하는 서비스이다. 주요 기능으로는 대상 수목에 RFID(Radio Frequency IDentification)[92] 태그를 부착한 후 휴대용 리더기를 활용하여 수목상태를 점검하고 스마트폰과 같은 모바일 기기를 이용해 원격 관리하는 기능이 있다. 이 때문에 생산성과 효율성을 높일 수 있으며, 이력을 수집·관리하여 데이터로도 사용이 가능하다.

수목관리 서비스 | by s. k |

---

92 RFID : 무선인식이라고도 하며, 반도체 칩이 내장된 태그(Tag), 라벨(Label), 카드(Card) 등에 저장된 데이터를 무선주파수를 이용하여 비접촉으로 읽어 내는 인식시스템이다. RFID 태그는 전원을 필요로 하는 능동형(Active 형)과 리더기의 전자기장에 의해 작동되는 수동형(Passive 형)으로 나눌 수 있다. RFID의 기술은 제2차 세계대전 당시 영국이 자국의 전투기와 적군의 전투기를 자동적으로 식별하기 위해 개발되었다.

하천 수질관리 서비스는 하천에 센서를 설치하여 물의 수온, pH[91] 등의 오염도를 측정하여 하천의 수질을 관리하는 서비스이다. 주요 기능으로는 오염도 측정 센서에 의해 수질상태를 자동 측정하고 유무선 네트워크를 통해 주기적으로 모니터링하여 오염도 초과 시 해당 관리자에게 SMS 등을 통해 알려 줌으로써 수질오염에 대하여 신속하고 체계적으로 대응하여 폐수방류 등의 오염사고를 미리 방지하여 준다.

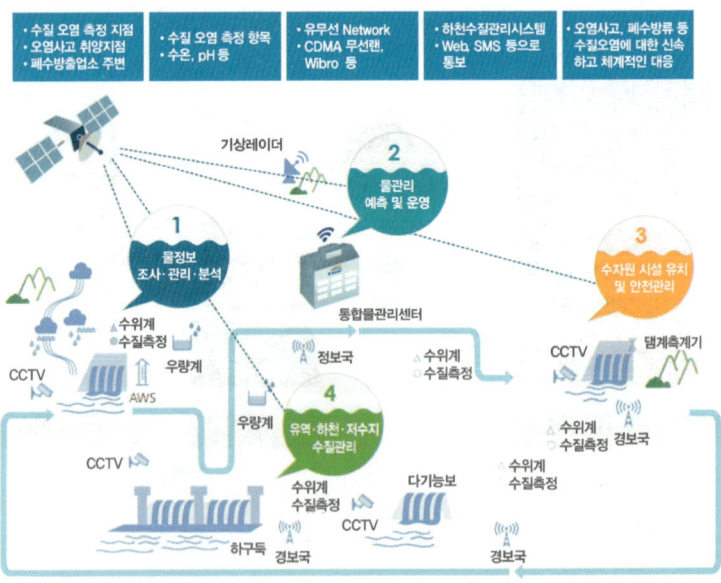

하천 수질관리 서비스 | 출처 : K-Water |

91 pH : 용액 속의 수소 이온 농도로, 용액 1ℓ 속에 존재하는 수소 이온의 그램 이온수를 말한다. p는 지수의 power, H는 수소 이온을 나타낸다. 25℃에서 순수한 물속의 수소 이온 농도는 10-7M(몰농도)이지만, 진한 염산 속의 수소 이온 농도는 약 12M(몰농도)이다. pH로 산성, 중성, 염기성인 수용액을 간단한 숫자로 나타낼 수 있다. 산성 용액의 pH는 7보다 작고, 중성 용액의 pH는 7이고, 염기성 용액의 pH는 7보다 크다.

통합관제센터(Integrated Operation Center, IOC)는 통합 플랫폼을 통해 스마트 시티의 모든 관제를 실시간으로 관리·운영한다. 주요 기능으로는 도시 시설물 관리, 교통정보 분석, 사고관리, 불법 주차단속, 범죄발생 사전예방, 통합 모니터링 및 관리 등을 하고 있다. 통합 플랫폼은 방범·방재, 교통, 환경, 시설물 관리 분야 등에서 동시 다발적으로 발생할 수 있는 도시의 다양한 상황 이벤트를 종합하여 처리하는 도시 상황 통합관리 도구이다. 통합 플랫폼 기능으로 IoT 센서, 스마트 시티 서비스의 이벤트 정보를 모니터링하여 도시의 긴급 상황정보를 통합 모니터링하고, 적기 대응을 위해 신속하게 전파지원하고, 도시 긴급 상황의 신속한 파악을 위하여 관계 시스템을 연계하고 통합하여 단일 화면에 표출하고, 사전에 정의된 프로세스에 따라 신속 대응이 이루어지도록 지원하는 것이다. 최종적으로는 전국의 지자체가 하나로 연결되는 통합 플랫폼의 표준화 추진이 필요하다.

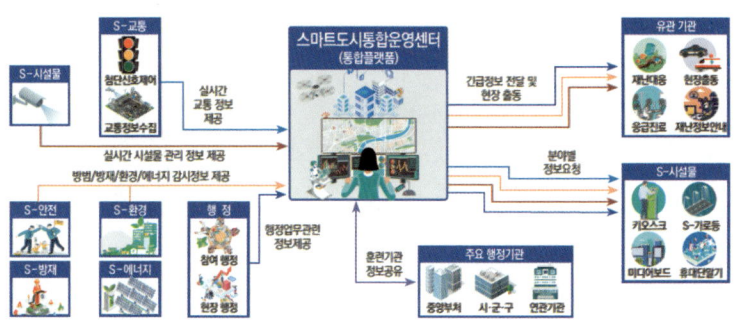

통합관제센터 | 출처 : 국토교통부 |

3 PART
스마트 홈

1. 스마트 홈 정의

스마트 홈(Smart Home)은 주거환경에 정보통신기술(Information and Communication Technology, ICT)과 인공지능기술(Artificial Intelligence Technology, AIT)을 적용하여 사용자에게 편리하고 안전한 삶이 가능하도록 인간중심적 생활환경 서비스를 제공하는 집을 말한다.

Smart Home | by s. k |

스마트 홈(Smart Home)의 근간인 정보통신기술(ICT)이 일상화되면서 각종 가전제품에 사물인터넷(IoT)을 탑재하여 스마트한 홈을 구축하고 있다. 더불어 스마트 홈이 집 안의 가전제어 수준을 넘어 자동차와 연계되어 자동차에서 집 안에 있는 에어컨을 ON · OFF 할 수도 있고 온도 조절도 가능하다. 또한 집 방문자 확인 및 냉장고 내부 상태를 확인할 수도 있다. 반대로 방에서도 차량상태의 확인이 가능하여 집이나 사무실에서 차량 온도를 점검하고 연료가 얼마나 남았는지 확인할 수 있다. 홈 투카, 카투홈이 완벽하게 이루어질 것이다. 지금까지는 가전제품 대부분이 원격제어 수준에 그쳤지만 이제 딥러닝(Deep Learning)을 적용하여 사용자의 생활 패턴을 파악하여 서비스를 제공하는 방향으로 진화하고 있다. 냉장고, 세탁기, TV, 공기청정기, 로봇청소기, 오븐, 에어컨, 정수기, 가스레인지 등 다양한 분야에서 적용하고 있다. 예를 들어, 에어컨은 실제 사용자의 사용 패턴을 분석하여 기존 에어컨이 특정 공간을 균일하게 냉방하는 방식과 달리 사용자가 주로 머무는 공간을 파악하여 냉방을 할 수 있도록 한다. 비데는 IoT를 접목하여 비데 사용자의 실제 사용량과 패턴을 기반으로 필터의 교체 주기나 노즐 세척 및 청소 시기 등을 알려 주기 때문에 위생적으로 사용할 수 있다. IoT 정수기는 정수기 고장을 스스로 진단해서 서비스 센터와 연결해 사용자가 모르는 사이에 고장을 진단하고 처리하여 준다. 가스레인지는 스마트폰 앱으로 집 밖에서 가스불을 확인하고 끌 수도 있을 뿐만 아니라 일정기간 사용하지 않을 시 스마트폰으로 통보해 줌으로써 요즘 사회 문제화되고 있는 고독사 문제를 해결하는 목적으로도 사용할 수 있다.

영국에 본사를 둔 글로벌 시장조사 업체인 IHS Markits Ltd에 의하면 전 세계 스마트 홈(Smart Home) 시장규모는 2017년 220억 달러에서 2023년에는 1,920억 달러로 약 8.7배 성장할 것으로 예상하고 있다. 또한 국내 스마트 홈 시장규모도 2017년 15조 원에서 2025년에는 31조 원으로 약 2.1배 성장할 것으로 전망하고 있다.

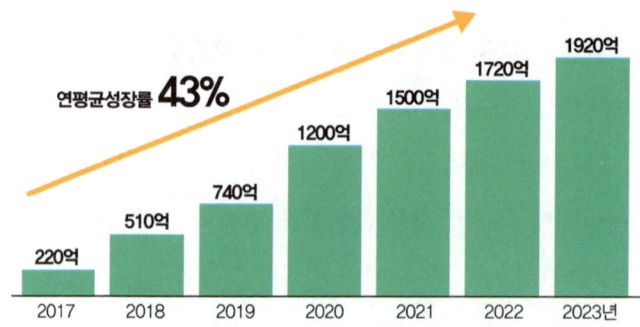

전 세계 Smart Home 시장규모(단위 : 달러) | 출처 : IHS Markit Ltd |

2. 디지털 홈 변화

디지털 홈은 근거리 무선 통신 방식인 직비(ZigBee)[99]나 지-웨이브(Z-wave)[100] 등이 개발되고 발전함으로써 지속적으로 발전과 변화를 해 왔다. 그 변화를 보면 인터폰, 비디오폰 시대를 거쳐 1990년대 아파트 건설 붐을 타고 홈 오토메이션 시스템(Home Automation System)이 구축이 되었다. 홈 오토메이션 시스템은 단순 명령에만 동작하는 단방향 방식으로 스위치, 리모컨, 냉난방기 등의 조작만 가능한 가정 내 자동화 시스템이 구축되었다. 이어서 1998년 인터넷 보급 활성화로 홈 오토메이션 시스템이 구축이 되었다.

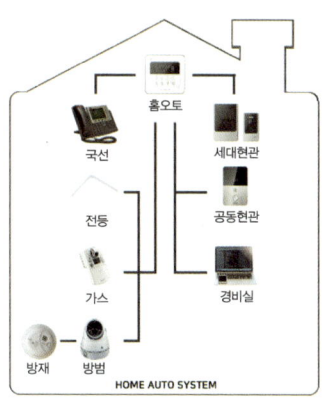

Home Automation System | by s. k |

---

99 Zigbee : 가정·사무실 등의 무선 네트워킹 분야에서 10~20m 내외의 근거리 통신을 위한 기술이다. IEEE 802.15.4 표준 중 하나로 저속, 저비용, 저전력의 무선망을 위한 기술로 2.4GHz, 915MHz(미국), 868MHz(유럽)의 주파수대를 가지고 있다. 스마트 그리드나 원격검침 등과 같은 산업용 센서 네트워크 분야에서 이용되기 시작하였으나, 최근에는 스마트 홈 분야에 적용되고 있다. 데이터 전송속도는 20~250kbps이다.

100 Z-wave : 가정·사무실 등의 무선 네트워킹 분야에서 30m 내외의 근거리 통신을 위한 기술이다. 908.42MHz(미국) 및 주변의 주파수 밴드에서 동작하고 Wi-Fi, Bluetooth, ZigBee 등 활용처가 높아 혼잡한 2.4GHz 주파수 기반의 통신 기술에 비해 간섭에 자유로운 점이 장점이고 232개의 디바이스가 연결될 수 있다. H/Net의 컨트롤 용도로 사용되고 있으며 전송속도는10~40kbps이고 ZigBee에 비해 전력효율이 우수하다.

홈 네트워크 시스템(Home Network System)은 단지 내에 네트워크 장비를 설치하여 가정 내 기기들이 서로 통신이 가능한 쌍방향 방식으로 터치에 의해 조작 및 동작이 가능해졌고, 홈 서버를 통해 외부에서 기기 제어, 홈 모니터링 등이 가능해졌다.

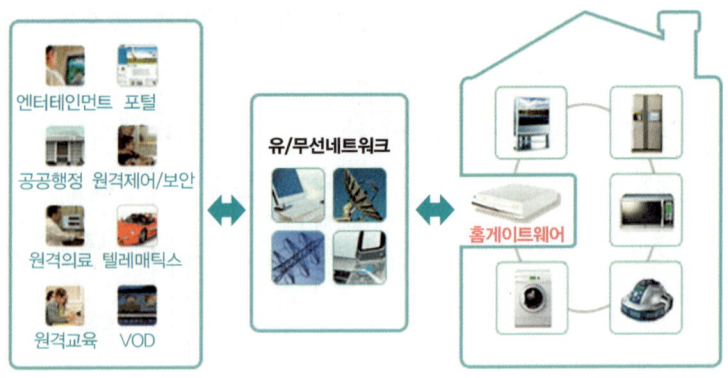

Home Network System

현재는 사물인터넷(IoT), 인공지능(AI) 등의 출현으로 Smart Home System이 구축되고 있다. Smart Home System은 모든 사물이 인터넷으로 연결되어 시간과 공간의 제약이 없어지고, 모든 기기들이 음성명령으로 제어됨으로써 한층 더 쉽고, 편리하게 사용이 가능하도록 진화하고 있다. 현재 스마트 홈 분야에서 가장 앞선 기술은 인공지능 음성인식(스마트 스피커 중심) 기반의 Smart Home이다. 국내뿐만 아니라 해외에서도 활발하게 추진 중에 있고, 인공지능 스피커 시장 점유율을 보면, 아마존의 알렉사가 28.3%로 제일 큰 시장을 구축하고 있고 이어서 구글이 24.9 %, 바이두가

10.6%, 알리바바가 9.8%, 샤오미가 8.4%, 애플이 4.7% 순으로 뒤를 이끌고 있다(2019년 4분기 기준, 스트래티지 애널리틱스).

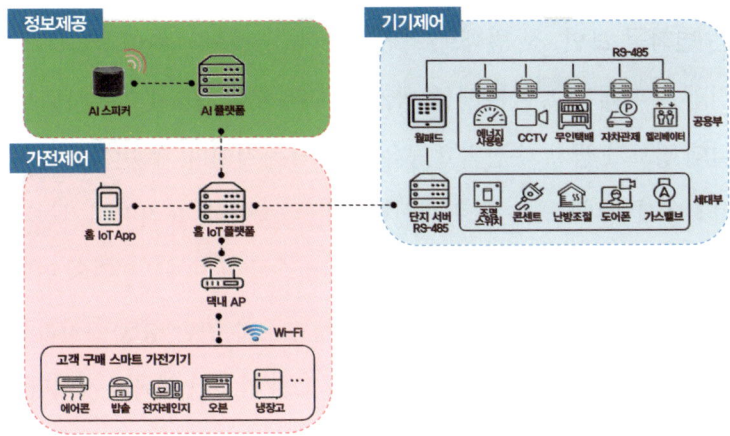

Smart Home System | s. k |

아직 한국의 SK, KT, 네이버 등은 선전하고 있지 못하지만 앞으로 시장규모는 더욱더 커질 수 있어 지금부터라도 철저한 준비가 필요할 것이다. 더불어 향후에는 최근에 미국 라스베이거스에서 열린 국제전자제품 박람회에서 최대 화두였던 5G(5th generation mobile communications, 5세대 이동통신)[101] 기술이 스마트 홈에 접목이 되면 스마트 홈의 기술은 더욱더 가속화될 것이다.

[101] 5G : 초고속(최대 다운로드 속도 20Gbps, 최저 다운로드 속도 100Mbps), 초지연(1ms : 0.001초 지연 되는 것은 사용자가 느낄 수 없는 수준으로 실시간 느낌), 초연결($1km^2$ 반경 안의 100만개 기기에 사물인터넷 서비스를 제공해야 하고, 시속 500km 고속열차에서도 자유로운 통신이 가능해야 한다)의 차세대 통신망이다. 국제전기통신연합(ITU)은 2015년 10월 전파통신총회를 열고, 5G의 공식기술명칭을 IMT(International Mobile Telecommunication)-2020으로 정했다. 2GHz 이하의 주파수를 사용하는 4G와 달리, 5G는 28GHz의 초고대역 주파수를 사용한다. 5G 다운로드 속도는 현재 이동통신 속도인 300Mbps에 비해 70배 이상 빠르고, 1GB 영화 한 편을 10초 안에 내려 받을 수 있는 속도이다.

3. 스마트 홈 추진방향

스마트 홈(Smart Home)이 가져오는 변화를 보면, 첫 번째로 초연결사회(Hyper-connected Society)로 진입 및 확대이고, 이는 사물, 공간 등 모든 것이 인터넷으로 서로 연결돼 정보가 생성, 수집되고 공유, 활용되는 것이다. 두 번째로 단순 가전에서 스마트 가전으로 변신해 가는 과정이다. 프리미엄 가전과 웰빙 가전이 IoT와 결합된 스마트 홈 서비스를 구현하고 인간의 편의성 향상을 가져온다. 세 번째로 표준화 선점을 위한 경쟁이 심화될 것이고 스마트 홈을 둘러싼 업종 간 주도권 싸움이 심화될 것이다.

스마트 홈(Smart Home)의 장·단점을 보면, 장점으로는 첫째, 주거생활에 ICT 기술을 도입하여 인간의 삶을 보다 편리하게 만들어 주고, 둘째, 단순한 주거의 의미에서 벗어나 생활환경 서비스를 전반적으로 제어·관리해준다. 셋째, 안전 및 보안 체계 구축을 통한 안전한 삶을 보장해 주고, 넷째, 자신의 삶의 리듬이나 기호에 맞게 시스템의 개별적 제어가 가능하다. 다섯째, 노인 및 자녀들을 위한 건강 모니터링 등의 서비스 제공이 가능하고, 여섯째, 불필요한 가전 전력소모, 조명의 낭비 요소 등을 제거하여 친환경 및 에너지 절감효과가 있다. 단점으로는 첫째, 인간의 삶의 어려움을 해결하기보다는 기술혁신 기반의 도입이 주가 되고, 둘째, 인간 삶의 자율성보다는 주거생활까지 기계적인 효율성을 추구한다. 셋째, 기술적인 향상에 반해 시민의식과 경제적, 사회적, 제도적 환경이 미비하고, 넷째, 스마트 홈 설치하고 유지 보수를 위한 장비의 비용이 고가이며, 설치가 복잡하고 설치할 때 배선 교체, 급수 설비, 난방 시스템, 창문 교체, 문, 블라인드 교체 등이 필요하다. 다섯째, 전력공급이 중단 될 경우 시스템 작동이 불가하여 정상적인 작동을 위해서는 발전기 등의 별도의 공간이 필요하다.

스마트 홈 적용에 따른 문제점 및 해결방안에 대해서 보면, 2020년까지 300억 개의 사물인터넷(IoT) 기기가 주택, 산업, 차량, 헬스 분야 등 생활 전반에 연결될 것으로 2019년 '가트너(Gartner) 보고서'에서 나타나고 있다. 이는 보안사고 시 피해의 심각성을 보여 주는 것이다. 보안은 사물인터넷(IoT) 서비스 성공에 가장 중요한 핵심 요소로 부각하고 있는데 주요 사물인터넷(IoT) 보안 위협의 사례를 보면 표와 같다.

분야	보안 취약성 및 공격 유형
CCTV	CCTV에 탑재된 카메라 해킹으로 사생활 영상 유출
스마트 가전	스마트 가전에 탑재된 카메라로 실시간 영상 유출
홈 IoT	도어락 해킹, 전력량 해킹, 가스락 해킹, 전등 해킹
통신네트워크	DoS, DDoS[102], 프로토콜 보안 취약성, 부적절한 방화벽사용
디바이스	비인가된 접근, Worm, 기밀성, 무결성 공격, 복제 공격

[102] DDoS(Distributed Denial of Service) : 여러 대의 공격자를 분산 배치하여 동시에 동작하게 함으로써 특정 사이트를 정상적인 서비스를 제공할 수 없도록 만드는 해킹방식의 하나로 해킹방식은 공격 목표인 사이트의 컴퓨터 시스템이 처리할 수 없을 정도의 엄청난 분량의 패킷을 동시에 범람시킴으로써 네트워크의 성능을 저하시키거나 시스템을 마비시키는 방식으로, 공격은 악성코드나 이메일 등을 통하여 일반 사용자의 PC를 감염시킨 다음 C&C(명령제어)서버의 제어를 통하여 특정한 시간대에 수행한다.

이에 따른 해결방안으로 세대 내 기기로부터 영상 해킹에 대비하기 위하여 세대 내에 영상을 촬영 할 수 있는 CCTV(Closed-circuit Television) 탑재를 지양하고, 디지털 도어락, 가스 ON 기능과 같이 방범과 화재의 위험이 있는 기기는 인터넷 연결을 전용망으로 구축하여야 한다. 결국은 근본적으로 해킹이 될 수 없는 블록체인 (blockchain)과 같은 해킹보호 알고리즘(Algorithm)의 개발이 필요하다.

한국 스마트 홈의 장·단점을 보면, 장점으로는 첫째, IoT의 확산 및 5G 상용화가 빠르며, 둘째, 관련 기술 보급의 확산속도가 빠르다. 셋째, 국민들의 스마트 홈에 대한 높은 선호도로 다른 국가에 비해 상대적으로 관심이 많고, 넷째, 고품질 주거문화 및 생활편의의 수요가 증가하고 있다. 다섯째, 스마트 홈 관련 디바이스 및 통신 서비스 경쟁력이 좋고, 여섯째, 풍부한 스마트 홈 인프라 등을 보유하고 있다. 마지막으로 스마트 홈 활성화 및 보급에 관련하여 정부의 의지가 높다는 것이다. 반면에 단점으로는 첫째, 스마트 홈 이용료의 부담이 높고, 둘째, 내수시장의 한계가 있다. 셋째, 핵심 유망기술 전문 인력이 부족하고, 넷째, 유망기술에 대한 경쟁력이 낮다. 다섯째, 국내 표준 부재로 인한 사업자 간 연동이 부족하고, 여섯째, 대기업체에 편중된 시장 구조를 가지고 있다. 일곱째 개방형 생태계가 구축이 안 되어 있고, 마지막으로 차별화된 서비스, 콘텐츠 경쟁력이 부재하다는 것이다.

4. 국가별 스마트 홈 추진사례

　　　　　　　　　　　　미국의 스마트 홈은 집 안의 기기를 음성인식 및 음성제어가 가능한 스마트 홈 시스템을 구축하는 방향으로 진화되고 있다. 이는 앞으로 다가오는 미국의 인구 정책과도 밀접한 관계가 있다. 미국의 85세 이상의 인구는 2050년까지 1,900만 명이 넘을 것으로 추산되기 때문에 노령인구에 적절한 시스템인 음성인식 및 음성제어가 가능한 인공지능 기기를 활용한 스마트 홈이 다가오는 미국 인구의 변화에 대응하기에 가장 적절한 방식이다. 또한 건강을 위한 스마트 홈을 추구하고 있는데 웨어러블 기기, 센서 등을 통해 식단, 활동량, 영양상태, 수면의 질, 전반적인 건강상태 등을 추적하는 시스템이 포함되며, 이는 노년층뿐만 아니라 젊은 층까지 사용 계층이 확대되고 있다. 미국의 스마트 홈 시장규모는 전 세계 스마트 홈 시장의 32%를 차지하고 있고, 시장 점유율도 세계 스마트 홈 시장 매출액 및 스마트 홈 보급률 기준 1위를 차지하고 있다. 또한 글로벌 조사기관인 이비스 월드(IBIS World)는 향후 5년간 미국의 스마트 홈 시장은 연평균 17.4% 성장할 것이며, 55억 달러 규모에 이를 것으로 전망하고 있다.

　중국의 스마트 홈은 지역사회, 건축, 인테리어 관련 정책을 통해 스마트 홈 발전을 촉진하고 있다. 스마트 홈 추진으로 중국의 도시화의 가속, 에너지 사용의 급증 및 산업구조 전환의 요인이 되고 있다. 도시화의 가속 측면을 보면, 도시 인구의 증가로 주택, 상하수도, 전기, 가스 등의 인프라가 부족해지고, 이에 따라 에너지 사용이 급하게 증가하고 있다. 이로 인하여 에너지 자급률이 하락하고, 또한 스모그나 미세먼지 등과 같은 환경 문제가 사회적인 이슈로 대두되고 있다. 산업구조 전환 측면을 보면, 개인 소비 유발로 투자 주도형 성장에서 소비 주도형 성장으로 전환하는 중국의 전반적인 사회체계가 변화하고 있는데, 이는 스마트 홈의 양면을 보여주고 있는 것이다. 중국 스마트 홈 시장 현황은 다양한 산업과 연관해서 소비자 또한 큰 수요를 보이고 있어, 2022년도에는 2,175억 위안을 돌파할 것으로 전망하고 있다.

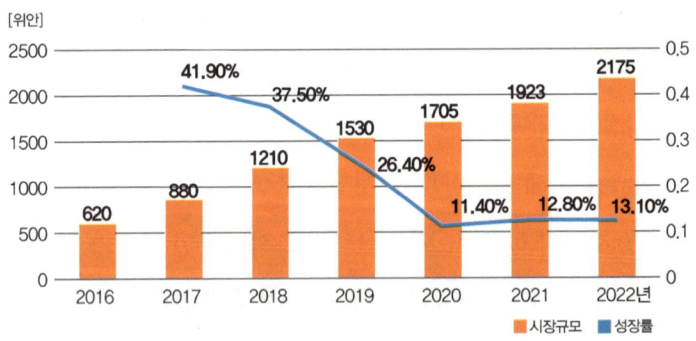

중국의 Smart Home 시장규모 | 출처 : iimedia research |

5. 업체별 스마트 홈 추진사례

국내 스마트 홈 추진사례를 보면, 건설사와 통신사가 서로 협업을 통해 스마트 홈을 추진하고 있다. 대우건설은 LG 유플러스, 네이버와 스마트 홈 서비스 업무협약을 체결하고 스마트 홈을 구축하고 있다. 협업내용을 보면 건설사인 대우건설은 스마트폰 앱을 통해 전등을 ON/OFF하고 세대 내에 있는 가스제어 및 엘리베이터 호출, 냉난방기 가동 등 세대 내 기기를 제어하는 부분을 담당하고, 통신사인 LG유플러스는 TV, 세탁기, 청소기 등 가전을 제어하는 부분을 담당하고 있다. 포털사인 네이버는 날씨정보, 음악검색 등 다양한 정보 검색 및 개인비서 역할의 포털 서비스를 제공하는 부분을 담당하여 서로 협업하여 스마트 홈을 구축하고 있다.

대우건설 Smart Home | 출처 : DAEWOO E&C |

현대건설도 SKT와 스마트 홈 서비스 업무협약을 체결하고 스마트 홈을 구축하고 있다. 협업내용을 보면 스마트폰으로 연동 가능한 가전제품을 제어할 뿐만 아니라 사물인터넷 기반 세대 내 에너지 소비 모니터링 앱을 적용하여 에너지 사용을 최적 관리하는 스마트 홈을 구현하고 있다.

GS건설은 카카오, 아마존 알렉사와 제휴하여 스마트 홈을 구축하고 있다. 또한 스마트 홈 전담조직인 SPACE팀에서 자체 스마트 홈 플랫폼인 자이(Xi) 플랫폼을 개발하고 있다.

현대산업개발도 SKT와 스마트 홈 서비스 업무협약을 체결하고 스마트 홈을 구축하고 있다. 협업내용을 보면 월패드 내에 음성인식 모듈을 탑재하여 자체적으로 스마트 홈을 구현하고 있다.

삼성건설도 삼성전자와 스마트 홈 서비스 업무협약 체결하고 스마트 홈을 구축하고 있다. 협업내용을 보면 인공지능 스피커를 자

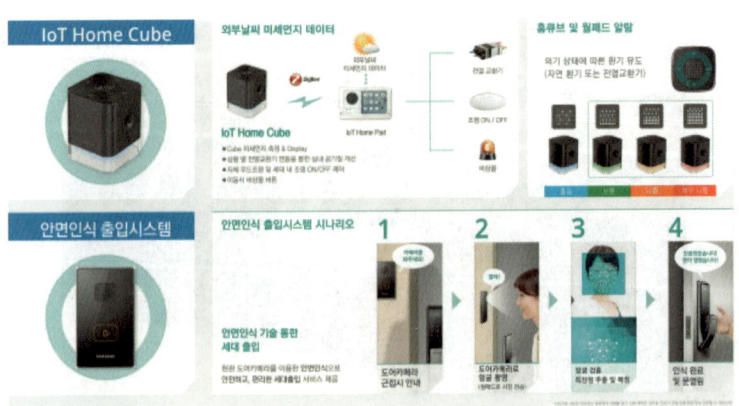

삼성건설 Smart Home | 출처 : 삼성건설

체 개발하여 자체 플랫폼으로 스마트 홈을 구축하고 있다. 서비스 방식은 음성인식 모듈은 월패드, 주방 TV 등 가전에 탑재하는 방식이다.

 통신사별 스마트 홈 추진사례를 보면 각 통신사별로 전용 인공지능 스피커를 출시하여 인공지능 스피커를 중심으로 스마트 홈을 추진하고 있다. SKT는 '누구' AI 스피커를 출시하여 플러그, 에너지 미터, 공기질 모니터, 스위치, 스마트 가전, 문 열림 센서, 비상벨, 미아 방지밴드, 가스차단기 등의 70개사 300개의 아이템을 연동하는 서비스를 제공하고 있다. 이 서비스의 특징을 보면 자사 인공지능(AI) 플랫폼을 티맵(T MAP)에 탑재하고, 소형기기와 센서류에 Wi-Fi칩을 내장하여 제어하고 있다. SKT는 현대건설, SK건설, LH, 롯데건설 등과 같은 대형 건설사와 협업하고 있다.

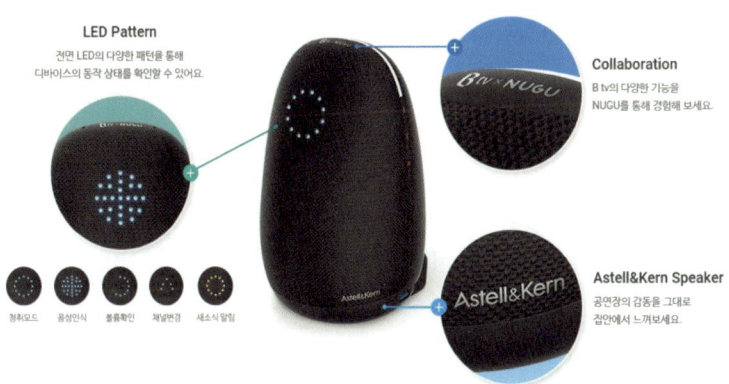

SKT "AI SPEAKER" | 출처 : SKT |

LG유플러스는 '클로바' 인공지능(AI) 스피커를 출시하여 에너지 (멀티탭, 전기료 알리미, 플러그, 스위치, 온도조절기), 안전(화재 감지기, 금고, CCTV, 가스 잠금, 도어락, 열림 감지기, 주방 소화 장치), 건강(공기질 알리미), 스마트 가전 등의 서비스를 제공하고 있다. 특징을 보면, 네이버 인공지능(AI) 플랫폼과 제휴하고 소형기기와 센서류를 제어하고 있다. LG유플러스는 대우건설과 네이버 등과 협업하고 있다.

KT는 '기가지니' 인공지능(AI) 스피커를 출시하여 홈캠, 에어닥터, 플러그, 멀티 탭, 열림 감지기, 가스 안전기, 스마트 헬스(바이크, 체중계, 골프, 밴드 등), 스마트 가전 등의 서비스를 제공하고 있다. 특징을 보면 LTE 통신을 탑재하여 야외에서도 사용이 가능하다. 더불어 KT B2C(Business to Consumer) 서비스를 제공하고 있다. KT는 대림건설, 한화건설 등과 협업하고 있다.

국내 업체별로 스마트 홈 추진 전략 및 세부 진행사항을 보면, LH는 홈 오토메이션, 홈 네트워크, 스마트 홈을 거쳐 지능형 스마트 홈으로 진화를 하고 있다. 현재의 유선통신에서 무선통신을 추가하여 지능형 Smart Home 기술개발 중에 있고, 지능형 전력량계로 전기, 가스, 난방, 급탕, 수도를 양방향으로 검침하고, IoT 층간소음 센서 및 경보 시스템을 개발하여 실증 사업에 적용을 하고 있다.

현대건설은 Hi-oT 시스템을 개발하고 모바일 앱을 통해 주택의 조명, 난방, 환풍기 및 빌트인 가전을 조회 및 제어하고, 커뮤니티 시설 예약 및 이용 현황을 한눈에 파악할 수 있는 서비스를 제공하고 있다.

커넥티드 리빙 아파트
| 출처 : 삼성전자 |

삼성전자는 인간 중심적이고 개인의 라이프스타일에 최적화된 인공지능(AI)을 탑재한 가정용 서비스 로봇 개발하여 적용하여 기술이 소비자의 삶에 어떤 경험과 변화를 줄 수 있는지를 반영한 개인-홈-도시 관점의 커넥티드 리빙 솔루션을 적용하고 있다.

LG전자는 자사가 보유한 스마트 가전 및 플랫폼 기술 역량과 전략적 제휴를 통한 인공지능과 홈넷 업체들의 기술을 통합하여, 고객 맞춤형 홈 IoT 솔루션인 LG ThinQ Home을 제공하고 있다. LG ThinQ Home은 사용자 맞춤형 서비스 및 하나의 앱으로 스마트 가전 및 홈넷 시스템 제어가 가능하고, 타사 서비스와 연계 가능하여 신규 서비스 및 기기 확장이 용이한 장점이 있다.

SKT는 오픈 플랫폼으로 다양한 기기들을 연결하여, 원격으로 제어·조정하여 가족 Care 서비스, 안전 서비스 및 에너지 절감 서비스를 제공하고 있다.

스마트 홈의 차별화된 솔루션은 Air, Energy, Easy, 알리미로 구분되며, 실내공기 정화, 효율적 에너지 관리, 내 위치에 따른 맞춤 서

SKT 'Smart Home' | 출처 : SKT |

비스 제공, 집 상태 실시간 모니터링으로 집 안에 있는 기기 및 스마트 가전을 원격으로 제어하는 특징을 가지고 있다.

해외 업체별 스마트 홈(Smart Home) 추진사례를 보면, 구글의 구글홈, 혼다, 애플, 아마존의 에코 등 굵직한 소프트웨어 및 자동차 업체까지 홈 IoT용 플랫폼을 만들어 보급하고 있다.

구글의 스마트 홈 적용사례를 보면, 화장실에는 스마트 변기가 대소변을 분석하여 사용자의 건강상태를 알려 주는 원격의료 진료가 가능하고, 거실에는 3D, VR 환경이 구축되어 있고, 주방에는 밖에서도 지시하여 요리할 수 있고, 현관에는 자동 보안 시스템이 갖춰져 있어 편리하고 안전한 집으로 구성되어 있다.

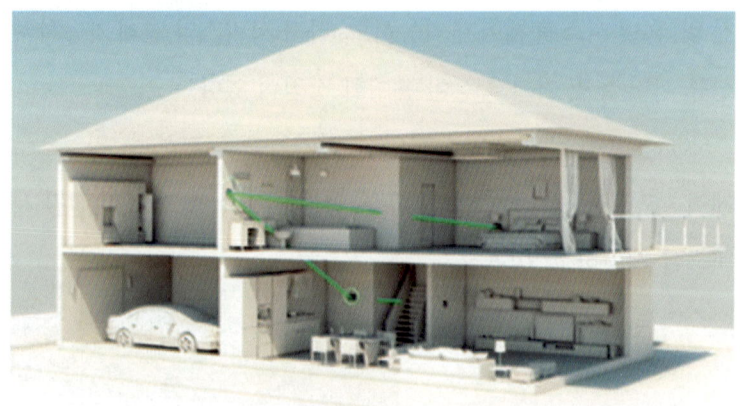

구글의 Smart Home | 출처 : 구글 |

혼다의 스마트 홈(Smart Home) 적용사례를 보면, 에너지 소비량보다 에너지 생산량이 더 많은 주택으로 구축하며, 조명에 생체리듬을 반영하고, 친환경 건설 재료를 사용(저탄소 콘크리트)하며 빗물을 재이용하는 설비 등이 갖추어져 있는 보안, 에너지, 편리성을 모두 겸비한 미래형 주택을 만들었다.

혼다의 Smart Home | 출처 : 혼다 |

미국, 이동통신 사업자인 AT&T의 Digital Life을 통하여 스마트폰, 태블릿, PC, 데스크톱 등을 통해 이용자가 탄력적으로 가정 내 모든 상황을 통제할 수 있도록 하는 3G 및 Wi-Fi[103] 기반의 통합형 가정 관리 시스템을 제공하고 있다. Digital Life는 AT&T가 인수한

---

103 Wi-Fi : Ethernet 혹은 유선랜(Wired LAN)이라 부르는 컴퓨터 네트워킹 기술을 무선화한 것이다. 무선 환경에서도 유선랜과 같은 수준의 속도와 품질로 데이터 통신을 할 수 있도록 한 것이 Wi-Fi 혹은 무선랜 기술이다. Wi-Fi라는 이름을 갖게 된 것도, 무선(Wireless) 방식으로 유선랜과 같은 뛰어난 품질(Fidelity)을 제공한다는 뜻으로 Wireless Fidelity를 줄여서 부르는 말이다.

영상 보안 전문기업인 산부(Xanboo) 기술을 Anchor value로 개발되었고, 크게 Simple Security와 Smart Security로 구분하고 있다.

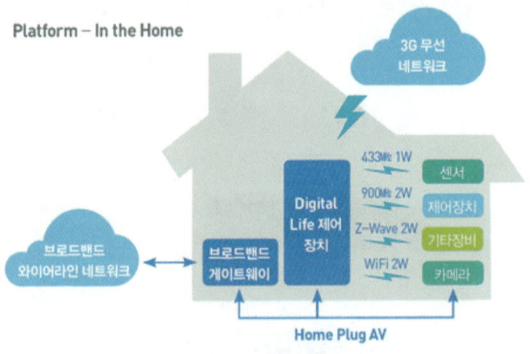

AT&T의 'Digital Life' | 출처 : AT&T |

미국의 2위 케이블 방송사인 Time Warner Cable은 가정 보안 및 자동화 솔루션 중심의 스마트 홈 서비스인 Intelligent Home 서비스를 제공하고 있다. Intelligent Home 서비스의 주요 내용은 24시

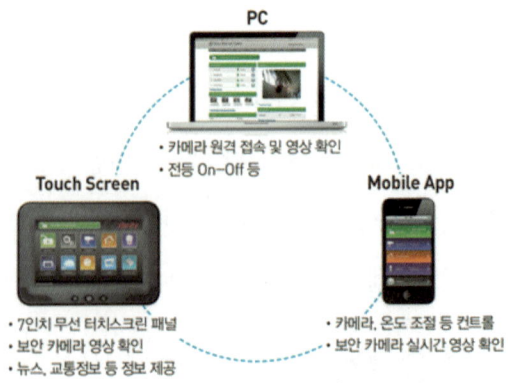

Time Warner Cable의 스마트 홈 | 출처 : Time Warner Cable |

간 보안, 홈 모니터링, 전등, 온도조절이며, 월 39.99달러의 기본 이용료에 Time Warner Cable 초고속 인터넷 또는 방송 서비스를 가입자에게 제공하고 있다.

미국 아마존(Amazon)의 스마트 홈 기기 에코(Echo)는 다양한 가전제품과 연동되며 음성으로 명령하는 것이 가능하다. 에코와 연동 가능한 기기는 250여 개가 넘을 정도로 아마존은 시장을 주도하고 있고, 아마존 제품으로는 자동차를 위한 에코 오토, 스마트 전자레인지, 보이스 어시스턴트(보안), 스마트 플러그, DVR(Digital Video Recorder) 등이 연동 가능하다.

Echo Dot AND Echo Tap | 출처 : Amazon |

중국의 샤오미는 스마트폰 제조에서 스마트 홈 분야로 무게 중심을 옮겨 스마트폰과 연동된 다양한 가전 및 생활용품 등을 출시하고 있다. 샤오미 최고경영자 레이쥔의 샤오미 스마트 홈 전략은 '스마트폰을 중심으로 모든 기기들을 연결하는 것'이라고 하고, 향후 모든 가전의 스마트화를 진행하겠다고 선언하였다.

중국의 하이얼은 중국 최초로 스마트 홈 시장에 진출하였으며, 자체 스마트 홈 시스템인 U-Home 출시하였다. U-Home은 통신망, 인터넷, TV 방송망, 전력망 등을 통합한 네트워크 플랫폼으로 유무선을 결합해 모든 설비 간에 서로 정보 전달이 가능하고, 가전, 안전보호, 조명, 가스 유출 및 용수 누수 감시 등이 가능하다.

U-Home System | 출처 : 하이얼 |

앞으로 가전사와 건설사, 통신사와 건설사, 통신사와 가전사 등이 종횡무진 콜라보레이션(collaboration)을 이루어 소비자의 행동패턴, 생활패턴을 파악하고 파악한 빅데이터(Big Data)를 바탕으로 스마트 홈(Smart Home)의 거대한 시장을 개척하고 선점하기 위하여 각 분야에서 사활을 건 경쟁이 이루어질 것이다.

6. IoT 기술을 활용한 스마트 홈

IT의 발전에 따른 IoT 기술을 활용하여 편리성, 보안, 건강 등 다양한 분야에 접목하여 스마트 홈을 구축하고 있다. Smart Door Lock은 열쇠 없는 스마트 도어락을 적용하여 실시간으로 문 열림 정보 파악이 가능하여 방범 기능과 텍스트 표기 기능이 있어 외출 시 메모를 전달할 수도 있다. 또한 일정 기간 동안 문 열림 정보가 없으면, 관리자 및 지정된 스마트폰으로 통보하여 노인 고독사 방지용도 등으로도 활용이 가능한 스마트 도어락이다.

Smart Door Lock | 출처 : 조선비즈, 애플 |

Magic glass는 전류 감응형 유리104를 적용하여 평상시에는 투명

---

104 전류 감응형 유리 : 전기화학 반응을 이용해 전기신호에 따라 유리창의 색과 명암을 변하게 하는 기술이다. 두 장의 ITO(Indium Tin Oxide, 전기 전도성을 가진 투명 도전막) 필름 사이에 고분자 액정이 방울 형태로 분산되어 있는 구조로 되어 있어 전원이 인가되지 않은 Off 상태에서는 액정 분자가 무작위로 배열되어 있어 빛의 산란에 의해 불투명한 상태를 보이게 되고, 전원이 인가된 On 상태에서는 액정분자가 전기장의 방향으로 정렬되어 빛이 통과할 수 있어 투명하게 보인다.

하게 유지되어 개방감과 가족 소통을 유도하고, 불투명 적용 시에는 개인적인 공간으로 활용하고 벽체 및 신발장, 가구장 등에 적용하여 다양한 용도로 활용이 가능한 매직미러이다.

Magic glass | 출처 : 써밋갤러리 |

Interfloor noise alarm system은 층간소음 센서를 적용하여 해당 세대에 경보·알림을 통해 층간소음을 사전에 예방해 주는 시스템이다. 소음이 일정 dB 이상 초과하여 발생하는 경우 원인 제공자에게 관련 정보를 알려 주어 주의할 수 있도록 해 주고, 적극적인 대응으로 소음 단계별 설정에 따라 월패드 및 지정된 전화번호에 SMS로 알려 주고, 세대 조명 소등 등의 기능을 적용하여 사전에 소음으로 인한 분쟁을 예방하는 데 활용가능한 층간소음 경보 시스템이다.

Interfloor noise alarm system | 출처 : DAEWOO E&C |

    Smart Water Care System은 단지 내 공급되는 급수, 조경수 등을 실시간으로 수질을 측정하여 오염물질 유입 등을 감시·관리하여 주고 이상 유무를 수질 전광판과 세대 내 월패드, SMS(short message service, 단문 메시지 서비스)[105] 등을 통하여 입주자 및 관리자에게 수

Smart Water Care System | 출처 : K-WATER |

105 SMS : 휴대전화를 이용하는 사람들이 별도의 다른 장비를 사용하지 않고 휴대전화로 짧은 메시지(영문 알파벳 140자 혹은 한글 70자 이내)를 주고받을 수 있는 서비스이다. SMS의 개념은 독일과 프랑스의 통신사 간에 무선 통신을 위한 GSM(Global System for Mobile Communications) 표준을 위한 협력과정에서 프리드하임 힐러브란트(Friedheim Hillebrand)와 베르나르 길레바에르트(Bernard Ghillebaert)에 의해 1984년에 창안되었다.

질 정보를 제공해 주는 스마트 수질관리 시스템이다.

IoT pump는 부스터 펌프에 사물인터넷(IoT) 센서를 부착하여 원격지에서 PC, 모바일, 태블릿 PC 등으로 제어 및 모니터링할 수 있다. 또한 이를 통해 고장 발생 시 신속한 원인분석 및 대처가 가능하다. 이 시스템을 적용 시 관리효율이 증대되고, 부품교체 이력 및 부품 교체시기에 대한 정보 제공, 고장 정보 등을 사전에 알 수 있어 사전 사고 예방 및 사고 발생 시 조기 조치가 가능하여 피해를 최소화하는 데 활용할 수 있다.

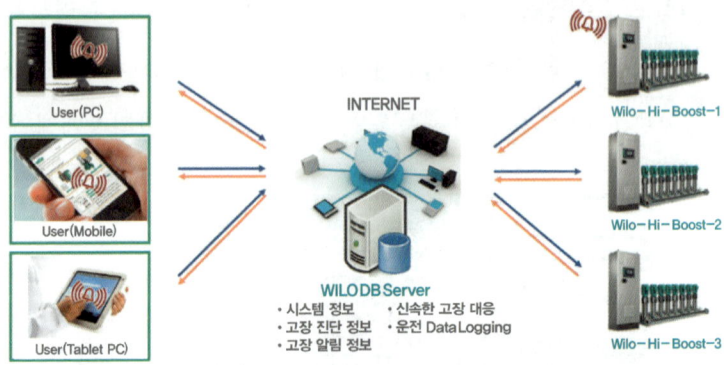

IoT pump | 출처 : WILO |

스마트 방범창은 외부인이 집 안 및 주요시설물에 침입을 시도할 경우 침입감지 센서106가 충격 및 기울기 등을 감지하여 등록된

106 침입감지 센서 : 국가주요 시설물, 빌딩, 주거시설, 산업시설 등에서 발생 가능한 범죄나 무단침입자를 감지하여 경보나 통보를 해 주는 센서로 마이크로파, 초음파, 레이저, 유리 파괴 검지기, 마그넷 스위치, 마이크로 스위치, ITV 카메라(industrial television camera, 공업·의학·교통·운수산업 등에 따라 사용되는 카메라) 등이 사용되고 있다. 사람이 감지할 수 없는 초음파나 마이크로파, 적외선 등을 사용하여 침입물을 검출하는 비접촉형 침입 센서가 많이 사용된다.

스마트폰으로 즉시 알려 주는 시스템이다. 외부 침입을 실시간으로 확인 가능하고 빠른 대처가 가능하여 범죄를 사전에 방지할 수 있다.

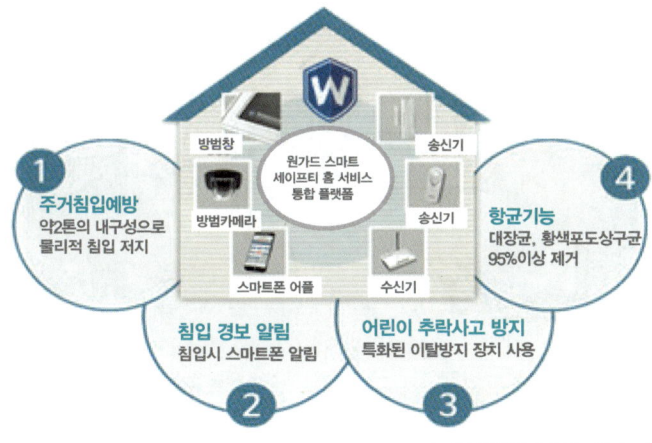

스마트 방범창 | 출처 : 원가드 |

스마트 욕실은 샤워용 수전에 IoT 밸브를 내장하여 물의 온도, 물의 양 등을 스마트폰 등으로 원격에서 제어할 수 있어 편리하게 사용이 가능하고, 퇴근 전 목욕물 받기 등이 가능하며, 목욕모드별로 물의 양을 조절할 수 있어 물을 절약할 수 있다. 뿐만 아니라 샤워기 대신 천장에서 물이 흐르는 스피커 내장형 샤워부스, 움직임을 감지할 수 있는 모션디텍터(Motion detector)[107]와 스마트폰 거치대가 장착된 용변기, TV 모니터가 달린 세면대 캐비닛, 음악의 리

---

[107] Motion detector : 평상시에는 준비 동작 상태에 있다가 사람이나 물체의 움직임이 발생하면 자동으로 감지하여 동작하는 센서로서 불필요한 에너지 소비를 줄일 수 있고 이에 따른 장비 용량도 줄일 수 있다. 특히, 방범용 CCTV와 같은 경우에는 이벤트 발생 시 빠르게 조회가 가능하고 DVR(Digital video recorder)과 같은 저장장치 장비의 용량을 작게 가져갈 수 있는 장점이 있다.

듬에 맞춰 흔들리는 욕조 등 즐거운 목욕을 할 수 있는 용도로 사용이 가능하다.

스마트 욕실 | 출처 : 한국일보 |

　스마트 변기는 주기적, 반복적으로 사용자의 대소변을 분석하여 사용자의 건강상태를 알려 주는 변기이다. 질병 감시장치로 활용이 가능할 뿐만 아니라 사용자가 좋아하는 음악이 나오는 등 다양한 치료 목적으로 사용이 가능하다.

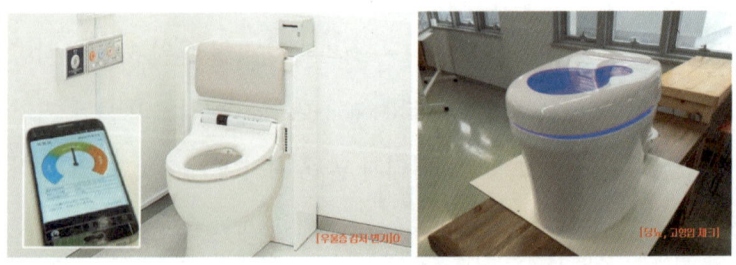

스마트 변기 | 출처 : TOTO, 조선비즈, 울산과학기술원 |

7. 현재의 스마트 홈

현재의 스마트 홈(Smart Home)은 세대 내 각종 기기 및 스마트 가전 등을 앱으로 확인 및 제어가 가능하고, 세대 내에서 세대기기들을 인공지능 스피커로 음성제어를 하고 있는 추세이다.

Smart Home system

그럼 지금부터 단지 외부, 단지 출입구, 지하주차장, 아파트 공용부, 단위세대 그리고 옥외 부분에 어떻게 적용되고 있는지 장소별로 구분하여 알아보겠다.

1) 단지 외부

단지 외부에서 세대 내 기기인 조명, 환기, 가스, 보일러, 에어컨 및 스마트 가전인 세탁기, 전기밥솥, 로봇 청소기, 제습기 등의 확인 및 제어를 앱을 통해 하고 있다. 또한 단지 내의 환경 상태인 미세먼지, 유해가스, 온도, 습도, 소음 등을 각종 센서에 의해 확인하고 일부 기기는 앱을 통해 제어하고 있다.

단지 외부 제어 시스템 | 출처 : DAEWOO E&C |

2) 단지 출입구

Smart Vehicle Access control System은 차량이 단지 내에 진입 시 차번인식 시스템에 의해 등록되어 있는 입주자의 스마트폰 블루투스(Bluetooth)를 활성화하여 단지진입 모드로 전환하고, 입주자 차량인 경우에는 차량 입차 여부를 세대에 통보해 주고, 일반차량인 경우에는 경비실과 연락하여 승인 후 단지 내 진입이 가능하도록 시스템이 갖추어져 있는 스마트 차량 출입관리 시스템이다.

Smart Parking Management System

3) 지하주차장

Smart Lighting Control System은 차량 또는 보행자의 이동경로를 감지하여 주차장 내 조명을 효율적으로 운영하는 스마트 조명 제어 시스템이다. 평상시에는 최소 조도 상태를 유지하다가 차량 진입을 감지하면 최대 밝기 상태로 변화되어 에너지 절감 효과를 얻을 수 있는 시스템이다.

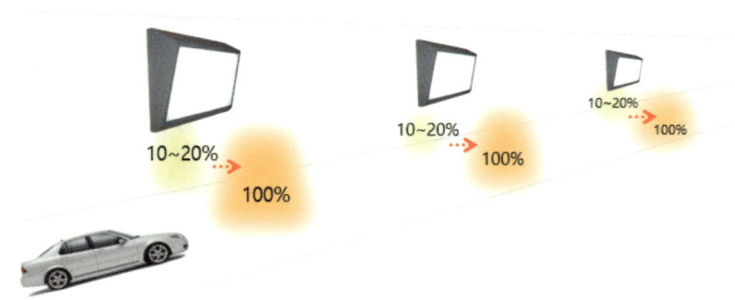

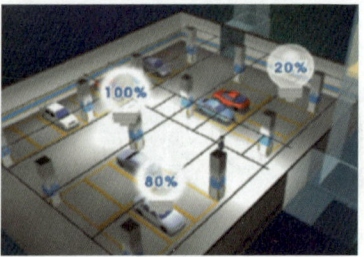

[평상시 20% 점등유지]   [차량 접근시 20% → 100% 점등]

Smart Lighting Control System

　Smart vacuum cleaning System은 단지 내 지하주차장에서 차량 내부를 간단하게 청소할 수 있는 스마트 진공청소 시스템이다.

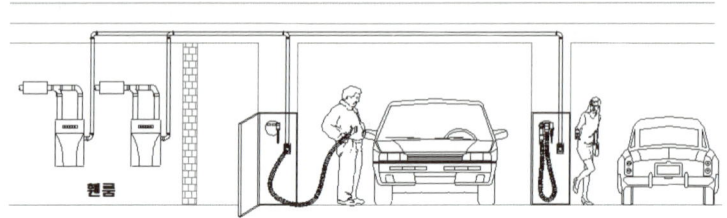

Smart vacuum cleaning System

　Smart Parking Management System은 카메라 센서, 초음파 센서 등으로 센싱하여 주차관제, 주차유도, 주차위치를 자동으로 월패드 및 스마트폰 등으로 전송해 주는 스마트 주차관리 시스템이다. 주차관리 시스템은 주차관제 시스템, 주차유도 시스템, 주차위치 인식 시스템으로 구성되어 있다. 주차관제 시스템은 차단기, 차번 인식 시스템, 만차 표시등, 경광등 등으로 주차장 입구에서 차량의 입차와 출차를 관장하고 주차장의 차량 주차 가능 대수를 주차장

입구에서 알려 주는 시스템이다. 주차유도 시스템은 주차유도표지, 주차 만공차 Lamp 등으로 주차장 내에서 Parking Lot의 만공차 현황을 만공차 Lamp 색상을 통해 알려 주고, 차량을 안전하게 주차할 수 있도록 안내해 주는 시스템이다. Smart Parking Management System은 Parking Lot의 만공차 현황 및 주차 후 세대 내 월패드 및 스마트폰, 키오스크(KIOSK) 등에서 자기 차 위치를 확인할 수 있는 주차위치인식 시스템이다.

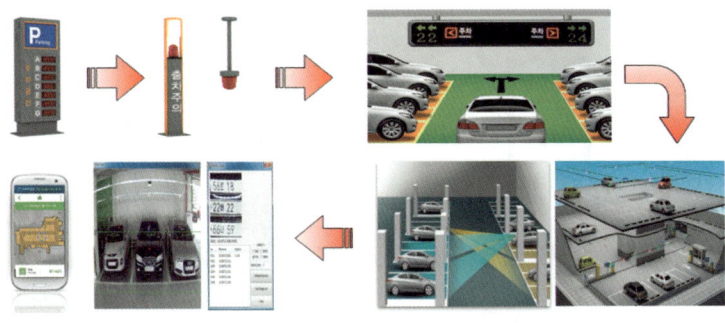

Smart Parking Management System

Smart Emergency Call System은 지하주차장의 비상벨과 스마트폰이 블루투스 통신을 하여 사용자의 위치를 인식하여 주고, 비상상황 발생 시 스마트폰의 비상버튼이나 비상벨을 누르면 방

Smart Emergency Call System

재실의 장비와 연동하여 실시간으로 CCTV로 추적하고, 녹화 및 관계자에게 SMS로 전송해 주는 스마트 비상호출 시스템이다.

Smart Clean Air System은 일산화탄소(CO)[108] 센서에 의해 지하주차장에 있는 유해가스 농도를 감지하여 지하주차장 환기 시 유인팬에 의해 관련법[109]에 준한 기준 이하로 자동차 매연 및 미세먼지를 제거해 주는 스마트 클린에어 시스템이다.

Smart Clean Air System

---

[108] CO : 무색, 무취의 기체로서 산소가 부족한 상태로 연료가 연소할 때 불완전연소로 발생한다. 사람의 폐로 들어가면 혈액 중의 헤모글로빈과 결합하여 산소보급을 가로막아 심한 경우 사망에까지 이르게 한다. 일산화탄소는 연탄의 연소 가스나 자동차의 배기가스 중에 많이 포함되어 있으며, 큰 산불이 일어날 때도 주위에 산소가 부족하여 많은 양의 일산화탄소가 발생되기도 하고 담배를 피울 때 담배연기 속에 함유되어 배출되기도 한다.

[109] 주차장법 시행규칙[국토교통부령제882호]제6조[노외주차장의 구조, 설비기준] ① 법 제6조 제1항에 따른 노외주차장의 구조ㆍ설비기준은 다음 각호와 같다. 8.노외주차장 내부 공간의 일산화탄소 농도는 주차장을 이용하는 차량이 가장 빈번한 시각의 앞뒤 8시간의 평균치가 50PPM 이하[「다중이용시설 등의 실내공기질관리법」 제3조 제1항 제9호에 따른 실내주차장은 25PPM 이하]로 유지되어야 한다. – 2021.8.27

Electric vehicle Charging management System은 관련법110에 의하여 옥외 및 지하주차장에 설치하여 전기자동차 충전뿐만 아니라 충전상태 및 요금정보를 실시간으로 확인할 수 있는 친환경 전기자동차 충전관리 시스템이다.

Electric vehicle Charging management System

FZSS(Five Zones Security System)는 단지 내 보안 시스템으로 옥외, 지하주차장, 공동현관, 엘리베이터내부, 세대 내부 5개 구역으로 구분하여 설치하여, 단계별로 보안을 체계화하여 입주자들에게 안전한 주거 환경을 제공해 주는 시스템이다. 1st Zone인 옥외에는 차번인식 시스템, 지능형 CCTV 등을 설치하여 단지 내로 들어오는 차량을 감시하고, 2nd Zone인 지하주차장에는 비상벨, 주차위치 인식, 고화질 CCTV 등을 설치하여 지하주차장에서 발생할 수 있는 위험요소에 대비하고, 3rd Zone인 공동현관에는 로비폰, 원패스

---

110 『환경친화적 자동차의 개발 및 보급촉진에 관한 법률시행령(2016.6.30.)』: 대부분의 주차장과 500세대 이상의 아파트, 특별시·광역시·특별자치시·도의 조례 기준으로 급속·완속 충전시설 반영할 것. 『주택건설기준 등에 관한 규칙(2017.12.26)』: 500세대 이상의 아파트(주택단지)는 급속·완속 충전시설 반영할 것

시스템 등을 설치하여 허가된 사람만이 출입할 수 있도록 통제하고, 4th Zone인 엘리베이터 내부에서는 비상인터폰, 지능형 CCTV 등을 설치하여 엘리베이터 내부에서 발생할 수 있는 범죄를 사전에 예방해 주고, 마지막 5th Zone인 세대 내부에는 스마트 도어카메라, 디지털도어록 등을 설치하여 안전한 주거환경을 제공해 준다.

Five Zones Security System

　FZCS(Five Zones Clean air System)는 미세먼지를 감지하고 차단하는 시스템으로 단지 입구, 지하주차장, 엘리베이터 홀, 엘리베이터 내부, 세대 내부 5개 구역으로 구분하여 설치하여, 미세먼지의 오염도를 알려 줄 뿐만 아니라 효과적으로 차단하여 입주민들에게 쾌적한 환경을 제공해 주는 시스템이다. 1st Zone인 단지입구에서는 공기질 측정기를 설치하여 365일 단지 내 공기질 정보를 제공하고, 2nd Zone인 지하주차장에서는 미세먼지가 감지되는 경우 유인 팬과 급배기 팬을 활용하여 자동 환기하여 주고, 3rd Zone인 엘리베이터 홀에서는 미세먼지 감지에 의한 자동환기로 쾌적한 환경제공 및 결로를 방지해 주고, 4th Zone인 엘리베이터 내부에서는 UV(Ultraviolet Ray) 살균램프에 의한 공기를 정화하여 주고, 마지막 5th Zone인 세대 내부에서는 세대 내부에 설치되어 있는 미세먼지 감지 센서에 의해 미세먼지가 감지되는 경우 세대 내부에 설치되어 있는 전열교환기가 작동하여 자동 환기됨으로써 미세먼지를 차단해 준다.

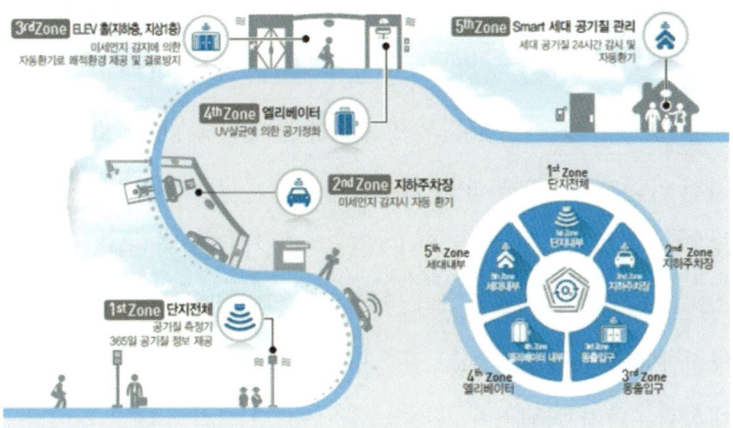

Five Zones Clean air System

4) 단지 공용부

Automated delivery service System은 단지의 공용부인 동 입구나 필로티, 관리실, 경비실에 설치하여 택배가 도착한 경우 월패드나 스마트폰 등으로 알려 주어 배달원의 세대 방문 없이 안전하게 택배 수령이 가능한 무인택배 시스템이다.

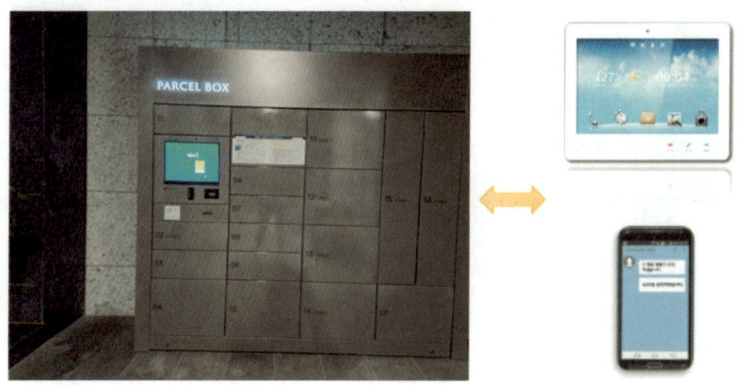

Automated delivery service System | by s. k |

Smart Baro-Pass System은 공동현관 로비 폰과 Smart KEY 또는 사전 인증된 스마트폰과 블루투스 통신하여 공동현관문이 자동으로 열릴 뿐만 아니라 자기 세대 해당층 승강기를 자동 호출해 주는 스마트 바로패스 시스템이다. 향후에는 세대현관문이 자동화되어 양손에 짐을 가지고 있어도 입주자를 인지하여 공동현관문부터 세대현관문까지 원패스가 가능한 시스템으로 진화해 나갈 것이다.

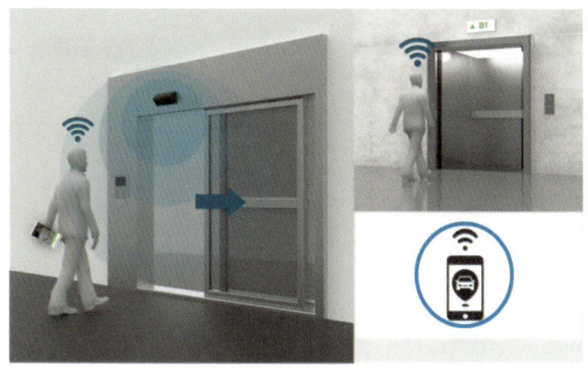

Smart Baro-Pass System

Human body sensing type radiation heating system은 원적외선 복사난방 패널을 적용하여 동절기 엘리베이터를 기다리는 동안 따뜻하고 쾌적한 환경을 제공하는 인체 감지형 복사난방 시스템이다. 제어방법은 온도센서에 의한 개별제어 방식과 CCMS (Central Control Monitoring System)에 의한 중앙제어방식이 있다.

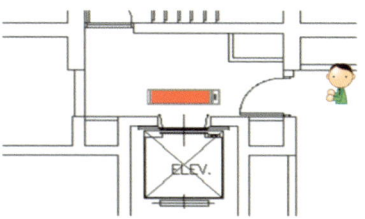

Human body sensing type radiation heating system | by s. k |

Smart Clean air System은 승강기 홀에 미세먼지 감지센서를 설치하여 미세먼지가 발생할 경우 급기·배기 환기설비를 작동하여 쾌적한 환경을 유지시켜 주는 스마트 클린에어 시스템이다.

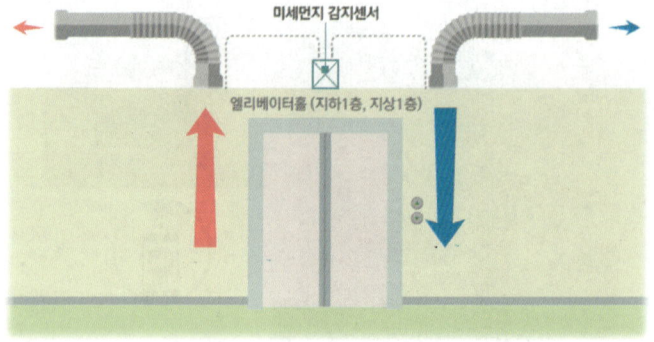

Smart Clean air System

Smart Digital Watt-hour Meter는 태양광 발전 시스템, 연료전지 시스템, 전력회생 엘리베이터 시스템에서 발전한 전기를 양방향으로 전력량을 계량할 수 있는 스마트 디지털 전력량계이다.

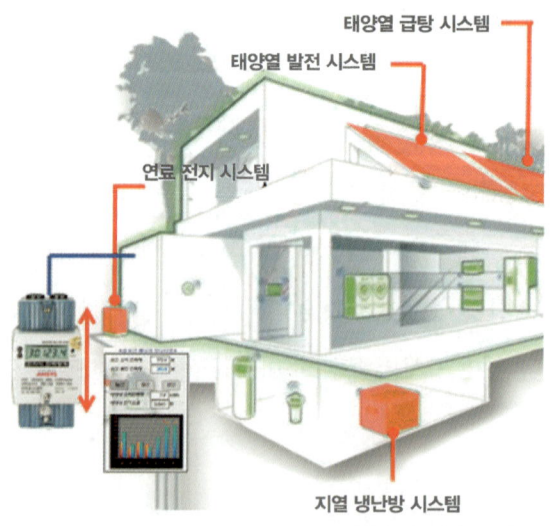

Smart Digital Watt-hour meter

Smart Elevator System
| 출처 : GYG elevator |

Called Guard System은 세대 내에 설치되어 있는 각종 방범·방재 센서(화재 감지기, 방범 스위치, 적외선 감지기, 충격 감지기 등)와 방재실에 설치되어 있는 홈네트워크 서버가 연동하여 단지 내 비상상황이 발생하는 경우 관리사무소, 112, 119, 출동 경비업체와 같은 해당 기관에 통보하여 신속하게 대처할 수 있도록 해 주는 출동경비 시스템이다.

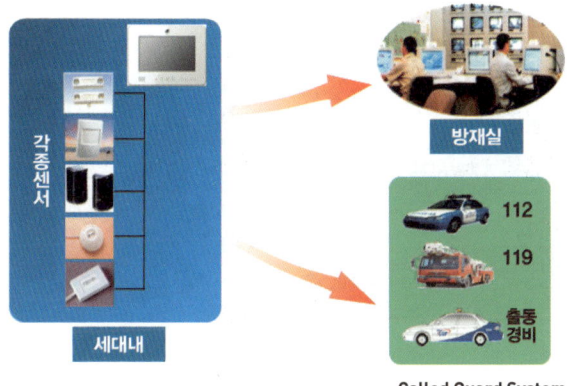

Smart Elevator System은 엘리베이터 내부에 UV(Ultraviolet Ray)[111]

---

111 UV : 자외선의 약칭으로 자외선은 가시광선의 단파장 380~400nm를 장파장 측으로 하고, 단파장 측은 1nm까지의 파장 범위의 전자파이다. 자외선은 시각으로는 느껴지지 않지만, 화학작용, 살균작용이 강하기 때문에 화학선이라고도 한다. 태양광에 다량으로 포함되어 있으며, 주로 단파장 측은 대기 중의 분자, 특히 오존(O_3)에 흡수되거나, 산란되기 때문에 지상에 도달하는 것은 장파장 측의 일부분이다. 상공에 오존층이 없으면, 전 파장의 UV가 대량으로 지상에 도달하게 되어 피부암 등을 발생시킨다.

살균램프 및 청정필터 에어컨, 대류형 공기정화 시스템, TEN KEY[112], LCD Monitor 등이 설치되어 있다. 또한 엘리베이터 내부에 이상음원 감지 기능이 있어 이상음원 감지 시 엘리베이터 내부에 설치되어 있는 지능형 CCTV 시스템과 연동하여 방재실과 관계자에서 SMS로 연락하여 조기에 사고 예방해 주는 스마트 엘리베이터 시스템이다.

KIOSK[113]는 단지 내 공지사항, 주차 차량위치, 단지 내 시설물 예약, 무인택배 정보 등을 제공하고, 로비, 지하 주차장 등에 설치하여 편리하게 단지 내 정보를 제공해 주는 시스템이다.

KIOSK

112 TEN KEY : 숫자를 입력하기 위한 키보드로, 보통 형식에서는 1에서 9까지의 숫자가 3×3으로 배열되어 있고 0만이 큰 치수의 키보드로 되어 있는 방식이다. 키펀치 머신, 탁상 계산기, 푸시버튼 전화기 등의 키는 이 방식이다. 0에서 9까지의 키를 필요한 만큼 몇 줄이든지 늘어놓은 것을 풀 키(full key)라고 부르는 데에 대한 상대어이다.

113 KIOSK is In Middle East trade through the desert, on resting places such as oasis stand were installed in the form of shop. KIOSK is derived from it. Service booth where frequent traffic place by people and goods is called KIOSK. In these days, this device in unmanned public places is operated and the user get information, purchasing, ticketing, registration processing.

5) 세대 내부

　Smart Door Lock System은 세대의 현관에 설치되는 시스템으로 사람이 접근하는 경우 현관 앞을 자동 녹화 및 저장하고 녹화된 영상이나 사진을 스마트폰으로 확인가능한 스마트 도어락 시스템이다. 스마트 도어락은 비밀번호, Smart KEY, 생체인식[114], 스마트폰 등으로 LOCAL 및 원격에서 제어가 가능하다.

스마트폰 사진 확인

월패드 녹화 및 저장

Smart Door Lock System　| by s. k |

---

[114] Biometrics : 지문, 얼굴, 홍채, 망막, 정맥 등의 신체적인 특성과 글씨체, 음성, 걸음걸이 등의 행동학적 특성 등 개별적인 생체 특성을 이용해 보안 시스템에 활용하는 기술로 모바일 생태계가 확장되면서 생체인식 기술은 디바이스 자체의 보안 솔루션뿐만 아니라 컨트롤러로서 본격적으로 적용될 것으로 전망된다.

Smart Life Information System은 세대 현관에 설치되는 시스템으로 감지 센서에 의한 외출 시 필요한 정보를 능동적으로 제공하는 시스템이다. 주요 기능으로는 날씨정보, 엘리베이터 호출, 주차 위치 표시, 전등·가스 일괄제어, 방범설정 기능 등을 가지고 있는 스마트 생활정보 시스템이다.

Smart Life Information System

Smart Home Network System은 세대의 거실에 설치되는 시스템으로 세대 내 각종 기기(조명, 냉·난방, 가스밸브 등)의 동작 확인 및 제어, 원격검침(전기, 수도, 가스, 온수, 열량) 확인, 통화기능(세대 다자간 화상통화, 경비실, 공동현관), 실시간 에너지 모니터링, 날씨 정보 확인, 차량 도착 확인, 엘리베이터 호출,

Smart Home Network System | by s. k |

관리사무소 콘텐츠 서비스 확인(공지사항, 관리비 등), 단지 내 커뮤니티 시설 예약, 스마트폰과 연동기능(조명, 냉 . 난방, 가스밸브 off) 및 스마트 가전을 제어(세탁기, 로봇 청소기, 제습기 등)해 주는 것과 같이 다양한 서비스를 제공해 주는 스마트 홈 네트워크 시스템이다.

　Real time Energy Monitoring System은 세대의 거실에 설치어 전기, 가스, 수도, 온수, 냉난방 시스템의 순간 및 누적 에너지 생산량 및 소비량을 실시간으로 모니터링하고 과거 사용량 분석을 통하여 에너지 사용량 예측이 가능하고, 설정값 초과 시 경고음 발생하는 기능이 있어 에너지 초과사용에 대한 경각심을 줄 수 있는 실시간 에너지 모니터링 시스템이다.

Real time Energy Monitoring System | by s. k |

Vacuum cleaning System

    Vacuum cleaning System은 세대의 거실과 침실에 설치되어 진공으로 청소하는 시스템이다. 거실 및 침실의 벽체에 매립되어 있는 흡입구 장치에 연결하여 손쉽고 편리하게 청소할 수 있는 시스템으로 몸체를 발코니에 설치하여 미세먼지 발생을 최소화 해주는 진공청소 시스템이다.

    High efficiency room ventilation system은 세대의 거실에 설치되어 있는 시스템으로, 신선한 공기를 공급하고 오염된 공기를 배출하며, 온·습도를 조절하여 쾌적한 환경을 제공하는 환기 시스템이다. 특징으로는 세대 환기 시 버려지는 폐열을 회수하고, 유입공기와 열교환을 하여 에너지를 절약하며, 버려지는 열을 회수하면 70~90%의 에너지 절감 효과가 있는 고효율 실별 환기 시스템이다.

High efficiency room ventilation system

AI Smart Premium Switch는 세대 내 거실 및 침실에 설치하는 시스템으로 하나의 기구에 조명제어, 냉·난방제어, 대기전력제어, 에너지 사용량 모니터링, 환기제어 등의 여러 가지 기능을 하나의 기구로 통합하여 간단한 음성 명령이나 전용 앱을 통하여 제어가 가능하다. 또한 홈네트워크 시스템과 유선 연동이 가능하고 스마트폰과 블루투스로 연동하여 음성 및 전용 앱으로 제어가 가능한 인공지능(AI) 스마트 프리미엄 스위치이다.

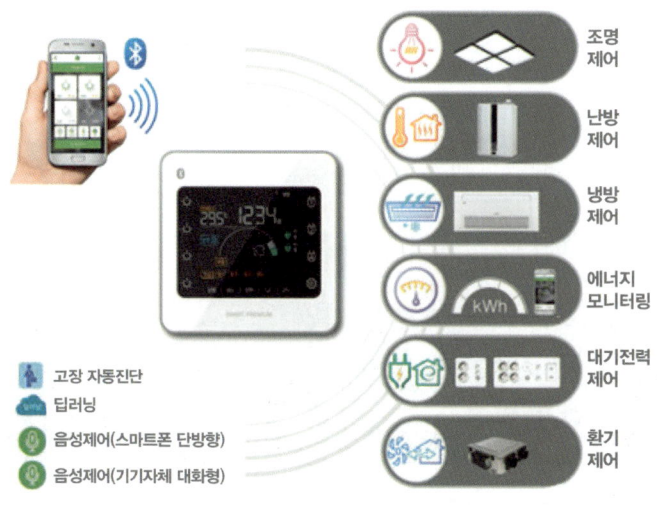

AI Smart Premium Switch | 출처 : CLIO |

Smart Living Lighting System은 세대의 거실과 주방에 설치되는 시스템으로 거실등, 주방등, 발코니등의 밝기와 색온도(Color temperature) 조절, 거실의 전동커튼 제어를 통해 사용자의 생활 패턴에 맞게 자동으로 식사모드, 영화감상모드, 파티모드, 와인모드 등의 분위기를 연출해 주는 스마트 리빙 라이팅 시스템이다. 모드별 작동 시나리오를 보면, 식사모드는 거실 커튼이 열리면서 거실의 모든 조명은 꺼지고, 식탁등과 주방등은 디밍(Dimming) 연출을 통해 서서히 켜짐으로써 편안한 분위기로 식사할 수 있는 최적의 조건이 조성된다. 영화감상모드는 거실 커튼이 닫히면서 거실간

구분	커튼	거실등 (디밍)	거실 간접등	주방등 (디밍)	식탁등 (디밍)	발코니등
식사모드	open	0%	0	100%	100%	x
영화모드	close	0%	0	0%	0%	x
파티모드	open	100%	0	100%	100%	0
와인모드	close	0%	0	0%	50%	x

Smart Living Lighting System | 출처 : CLIO |

접등만 켜지고 다른 조명들은 모두 꺼짐으로써 TV를 시청할 수 있는 차분한 분위기를 만들어 준다. 파티모드는 거실의 커튼이 열리고, 거실과 주방의 모든 조명이 켜짐으로써 전체적인 분위기를 밝고 쾌활하게 조성해 준다. 마지막으로 와인모드는 거실 커튼이 닫히면서 거실등과 거실간접등, 주방등이 꺼지고 식탁등만 은은하게 디밍 연출이 되어 특별한 이벤트나 차, 와인 등을 마시는 분위기를 연출하는 경우에 사용할 수 있다.

Home Trash Conveying system은 세대 내의 주방 싱크대에 설치되어 전용배관을 통해 음식물 쓰레기를 집 안에서 간편하게 처리할 수 있는 세대 내 음식물 쓰레기 이송 시스템이다. 이 시스템은 위생적이고 편리함을 줄 수 있지만, 지속적인 유지·관리 비용이 발생하는 문제점을 가지고 있다.

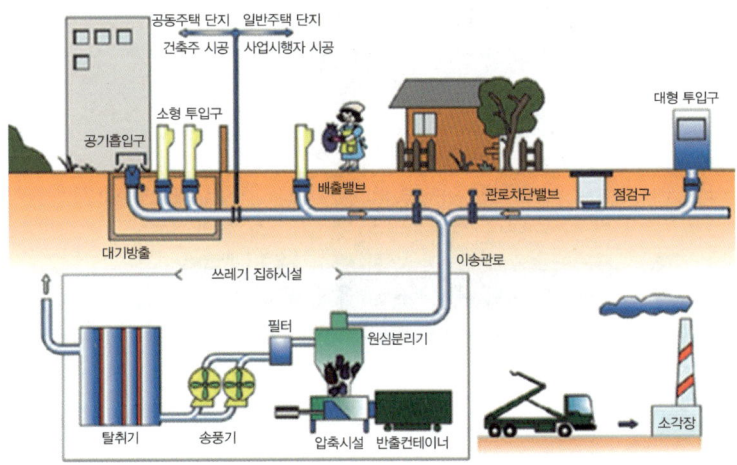

Home Trash Conveying system

Sensor type sink water tap은 센서식 싱크수전으로 발의 동작을 감지하여 싱크 수전을 개폐할 수 있는 방식으로 외부요인에 의한 오동작이 없는 초음파 센서가 적용되어 있다. 세대 내 주방 싱크대 하단에 설치되어 미관상 보이지 않아 인테리어적으로도 깔끔하고, 설거지할 때 세제나 기타 오염된 손으로 싱크수전 레버를 조작하지 않아도 되며, 양손에 그릇 등을 들고 있어도 발로 제어가 가능하므로 편리하고 위생적이다. 또한 누수를 감지하는 시스템이 내장되어 있어서 누수하자를 사전에 감지할 수 있을 뿐만 아니라 사용 중에 자동에서 수동으로도 전환도 가능해 사용성이 우수한 센서식 싱크 수전이다.

Sensor type sink water tap | 출처 : 진명홈바스 |

Safety inducing light는 세대의 욕실에 설치되는 시스템으로 평상시에는 불이 꺼져 있다가 사람이 접근하면 적외선 센서로 인체를 감지하여 전등이 점등되고, 사람이 감지되지 않으면 자동으로 소등되어 심야에 눈부심 없이 화장실을 이용할 수 있을 뿐만 아니라 유도등 역할을 하는 심야안전 유도등이다.

Safety inducing light | 출처 : DAEWOO E&C |

Smart Magic Mirror는 세대 내 파우더룸에 설치되어 거울 앞에 다가서면 내장된 카메라에 의해 날씨, 미세먼지, 교통정보, 단지공지사항 등의 일상적인 생활정보 등을 실시간으로 제공해 준다. 뿐만 아니라 개인 건강관리, 개인 스케줄 관리, 특화된 뉴스 정보 등 개인 맞춤형 정보를 제공해 준다. 더불어서 자기차량 위치정보, 엘리베이터 호출, 세대 내 기기 동작상태 확인 및 제어가 가능하고, 사용자의 피부 상태를 분석하여 화장법 등을 알려 주고 피부암 진단까지도 해 주는 스마트 매직미러이다.

Smart Magic Mirror | 출처 : YTN |

　Smart emergency bell은 세대 욕실에 설치되는 시스템으로 욕실에서 비상상황 발생 시 비상 버튼스위치를 눌러서 관련자에게 긴급하게 알람 및 호출을 할 수 있는 스마트 비상벨 시스템이다.

Smart emergency bell | 출처 : DAEWOO E&C |

Smart Bio Lighting System은 침실에 설치되어 우울증이나 정서 불안, 시차적응 등을 치료하기 위해 조명을 이용하는 라이팅 테라피(Lighting-Therapy)를 실생활에 적용한 시스템이다. 세대 내 침실의 주등과 간접등의 밝기 및 RGB(Red-Green-Blue)[115] 조절을 통해 사용자의 바이오리듬에 맞게 기상모드(Morning Mode), 취침모드(Sleep Mode), 휴식모드(Relax Mode), 학습모드(Study Mode) 등과 같이 다양하게 조명을 연출해 주는 스마트 바이오 라이팅 시스템이다. 모드별 작동 시나리오를 보면, 기상모드는 아침에 갑작스럽게 조명이 켜지는 것이 아니라 태양이 서서히 떠서 밝고, 화창한 아침의 분위기가 되는 것과 같이 일정 시간 동안 디밍(Dimming)으로 RGB와 Warm & Cool을 조절하여 정해진 시간에 상쾌하게 기상할 수 있도록 도와주는 역할을 한다. 취침모드는 편안한 심신 안정을 위해 조명을 어둡게 디밍 조절하고 서서히 꺼지도록 하면서 지정 시간 이후 완전하게 소등됨으로써 편안한 숙면을 취할 수 있도록 조명을 조절해 준다. 휴식모드는 휴식, 영화감상, TV시청, PC를 사용할 경우에 청색을 중심으로 눈의 피로를 덜어 주고 시력을 보호해 줄 수 있는 조명 분위기로 부드럽고 안락한 분위기를 조성해 준다. 마지막으로 학습모드는 주등과 간접등을 공부할 때 피로감을 덜어 줄 수 있는 녹

---

115 RGB : 적·녹·청색에 의해 색을 정의하는 색 모델, 또는 색 표시 방식이다. 빛의 3원색인 적·녹·청을 혼합하여 색을 나타내는 RGB 방식은 컬러텔레비전이나 컴퓨터의 컬러 모니터, 또는 인쇄 매체가 아닌 기타 빛을 이용하는 표시 장치에서 채용되고 있다. 화면상의 한 점의 색은 3색의 조합으로 만들어지는데, R은 적색, G는 녹색, B는 청색, R+G=황색, R+B=붉은 보라색, B+G=청록색, R+G+B=백색, R·G·B의 어느 것도 가해지지 않으면, 즉 어느 것도 비춰지지 않으면 흑색이 된다. 이와 같이 R·G·B가 비춰지는가, 그렇지 않은가의 조합에 따라 색을 만들면 8색이 된다.

색과 청색 조명 중심으로 색온도(Color temperature)[116]와 조도를 조절하여 공부와 독서 등을 할 때 능률을 높여 줄 수 있도록 생체리듬에 맞춰 집중력이 향상될 수 있는 방의 분위기로 연출해 준다.

연출모드	주등 (Red)	주등 (Green)	주등 (Blue)	간접등 (Warm)	간접등 (Cool)
Morning Mode	25% ▶ 100%	0%	25% ▶ 100%	켜짐	꺼짐
Sleep Mode	50% ▶ 0%	50% ▶ 0%	50% ▶ 0%	꺼짐	꺼짐
Relax Mode	0%	0%	100%	꺼짐	꺼짐
Study Mode	0%	100%	100%	꺼짐	켜짐

Smart Bio Lighting System | 출처 : CLIO |

[116] Color temperature: 색을 나타내는 한 가지 방식으로, 흑체복사에서 나오는 빛의 색이 온도에 따라 다르게 보이는 것에 착안하여 온도로 색을 나타낸 것이다. 단위는 온도의 표준단위인 K (켈빈)을 쓴다.

6) 옥외

Smart Seismic detection & Alarm System은 단지 내에 스마트 지진계를 설치하여 홈네트워크, 엘리베이터, 비상방송, 무인경비, 주차관제 시스템과 연동하여 지진이 발생할 경우 단계별로 지진강도에 따른 행동요령을 실시간으로 입주자에게 전달하고, 신속하게 피난할 수 있도록 도와주는 스마트 지진감지 경보시스템이다.

구분	연동 시스템	시나리오
CASE 1 (진도 3~4)	H/net 시스템 연동	H/net 월패드 POP-UP & SMS 문자 발송
CASE 2 (진도 5 이상)	• H/net 시스템 연동 • ELEV. 시스템 연동 • 비상방송 시스템 연동 • 무인경비 시스템 연동 • 주차관제 시스템 연동	• H/net 월패드 POP-UP & SMS 문자 발송 & 가스V/V 차단 • ELEV. 가까운 층으로 이동 & ELEV. 운행중지 상태 유지 • 안내방송 송출(단위세대, 공용부위) • 1층 및 지하층 공동현관 자동문 자동 오픈 • 주차 차단기 자동 오픈

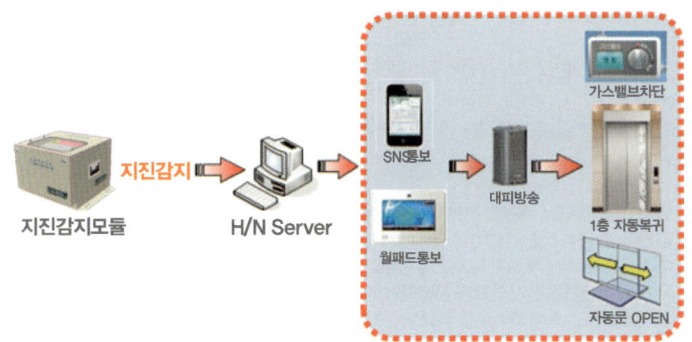

Smart Seismic detection & Alarm System | by s. k |

Elevator Power Regenerative System은 승강기 운행 시 발생하는 에너지를 전력으로 변환한 시스템이다. 카와 균형추 중 무거운 쪽의 하강 운동 시, 그 무게에 의해 권상기를 돌려 전기를 생산하는 시스템이다. 엘리베이터 전력회생 시스템을 적용 시 약 10~30%의 에너지 절감 효과가 있다.

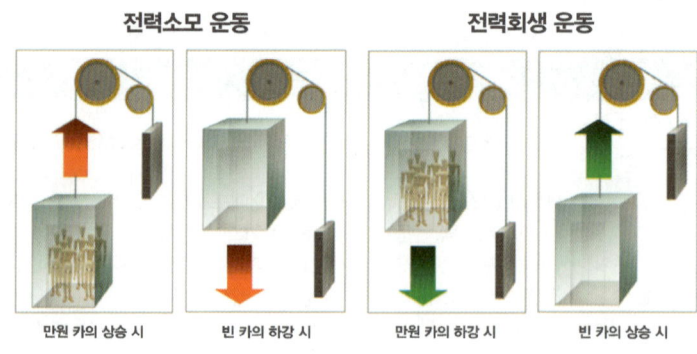

Elevator Power Regenerative System

Small Scale Co-generation System은 단지 내에서 LNG(Liquefied Natural Gas, 도시가스)[117]를 연료로 발전기를 가동하여 전기를 생산하고, 남는 폐열은 난방 및 급탕으로 이용함으로써 에너지 효율을 80~95% 높일 수 있는 시스템이다. 누진세로 인한 과다한 전기요

---

[117] LNG : 가스전에서 채취한 천연가스를 정제하여 얻은 메탄을 냉각해 액화시킨 액화천연가스를 말한다. 천연가스를 -162℃의 상태에서 냉각하여 액화시킨 뒤 부피를 1/600로 압축시킨 것이다. LNG는 무색ㆍ투명한 액체로 주성분이 메탄이라는 점에서 LPG와 구별된다. 우리나라의 경우 해외 천연가스 산지의 LNG 공장에서 액화시킨 것을 LNG선으로 도입하고, 이를 LNG 공장에서 기체화시킨 후에 파이프를 통해 발전소나 수용가에 공급하고 있다. LNG는 기화할 때의 냉열에너지를 전력으로 회수할 수 있다. 1950년대 이후 도시가스가 석탄가스에서 천연가스로 전환되면서 현재 도시가스로 주로 사용되고 있으며, 전력ㆍ공업용으로도 이용되고 있다.

금을 절감시켜 주고 폐열을 사용할 수 있어 높은 효율로 운전이 가능한 소형 열병합 발전시스템이다.

Small Scale Co-generation System

　　Energy Saving & Management System은 신재생 에너지(태양광, 태양열, 지열, 연료전지 등)를 이용하여 친환경 에너지를 생산하고, 패시브 요소와 액티브 요소를 활용하여 에너지 소비를 최소화할 뿐만 아니라 ESS(Energy Storage System, 에너지 저장 장치)[118]나 빗물 저류조[119] 등으로 전기에너지와 물 에너지 등을 저장하여 사용할 수 있

---

118 ESS : 일반 가정에서 사용하는 건전지나 전자제품에 사용하는 소형 배터리도 전기에너지를 다른 에너지 형태로 변환하여 저장할 수 있지만 이런 소규모 전력저장장치를 ESS라고 말하지는 않고, 일반적으로 수백 kWh 이상의 전력을 저장하는 단독 시스템을 ESS라고 한다. ESS는 전기 에너지를 적게 사용할 때 저장하고 필요할 때 공급함으로써 에너지 이용효율 향상 및 전력 공급시스템 안정화에 기여할 수 있다. 에너지 저장은 저장방식에 따라 물리적 에너지 저장과 화학적 에너지 저장으로 구분할 수 있다. 물리적 에너지저장으로는 양수발전과 압축공기 저장 등을 들 수 있으며, 화학적 에너지 저장으로는 리튬이온(Li-ion) 배터리, 납축전지, NaS(나트륨황) 전지 등이 있다.

119 빗물 저류조 : 폭우시 빗물을 저장하여 재해 예방을 하고, 평상시에는 저장한 물을 이용하여 화단의 물을 주거나 청소하는데 사용하여 물자원의 재활용하는 용도로 사용하는 것.

는 시스템을 설치하여 건물 내 에너지를 효율적으로 운영하는 에너지 관리 시스템이다. 대우건설은 DEMS(Daewoo Energy Management System)을 적용하여 에너지 사용을 단계별로 관리할 뿐만 아니라, 궁극적으로는 Zero Energy House & Building을 달성하기 위한 시스템을 구축하고 있다.

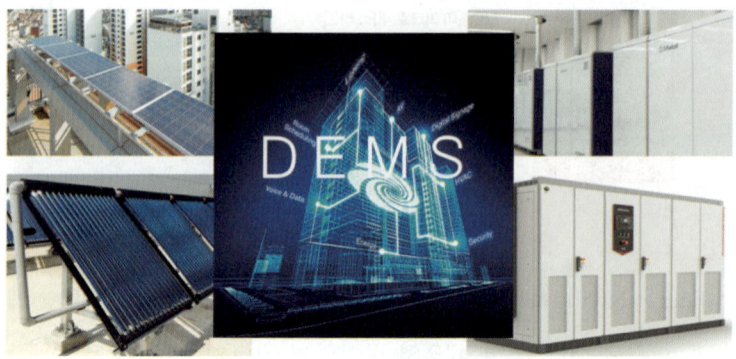

Energy Saving & Management System | 출처 : DAEWOO E&C |

8. 미래의 스마트 홈

지금까지는 사용자가 직접 조작하고 제어하여 기기가 동작하였다면, 앞으로 다가올 미래의 스마트 홈은 캄테크(Calm-tech) 기술이 적용되어 기기가 스스로 그 환경을 파악하여 조작하고 제어함으로써 사람에게 보다 더 편리함을 제공하는 형태로 진화될 것이다. 철저한 보안시설이 구축되어 있는 현관부터 거실, 침실, 서재, 주방, 욕실, 그리고 옥외 부분에 이르기까지 어떠한 시스템이 어떻게 구축되어 운영이 될 것인지 장소별로 구분하여 알아보겠다.

세대 현관에는 분산형 데이터 저장 기술인 블록체인(Block Chain)[120] 기술이 연계된 생체인식(biometrics) 도어가 설치되어 있어 입주자를 자동으로 인식하여 방범모드를 자동 해제 및 출입을 허가해 주고, 현관 입구에 설치되어 있는 에어샤워 시스템은 몸에 묻은 오염물질을 제거해 준다. 또한 현관 벽면에 설치되어 있는 매직미러(magic mirror)는 아파트 공지사항, 주차위치, 택배 도착 상태 등을 확인할 수 있고, 외출 시에는 외출하려는 목적지를 지정하면 차량의 내비게이션에 목적지의 정보가 전달되어 안내해 주고, 택배수령

---

[120] Block Chain : 일반적인 금융시스템은 한국은행이 발행하고 시중은행이 유통하고 금융 감독원이 감독하는 시스템으로 운영되는 반면, 블록체인은 P2P(peer to peer, 개인과 개인이 직접 연결되어 파일을 공유하는 것)체계에서 개개인이 발행하고 유통하고 신뢰를 바탕으로 이루어지는 금융거래이다. 일반적인 금융은 컴퓨터에서 웹(Web)이나 스마트폰에서 앱(APP)으로 운영되는 반면, 블록체인은 댑(DAM)으로 운영된다. 모든 구성원이 분산형 네트워크를 통해 정보를 검증하고 저장하며 실행함으로써 특정인의 임의적인 조작이 어렵도록 설계된 분산형 플랫폼이다. 블록체인은 컴퓨터 해킹을 막는다는 의미에서 공공 거래장부라고 부른다.

요청 시 로봇에 의한 배달 시스템이 가동되어 집 앞까지 배달하여 준다.

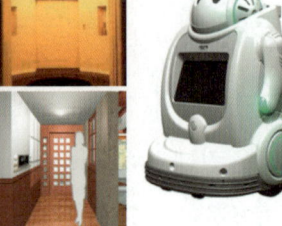

발코니 유리창에는 염료 감응형 태양전지(Dye Sensitized Solar Cell, DSSC)[121]가 적용되어 전기를 생산하고 벽지에는 발광체가 있어 조명역할을 수행할 것이다.

거실에는 스마트 테이블과 양방향 DTV(Digital Television)가 설치되어 있어 T-banking, T-commerce[122], T-education 등과 원격제어, 원격영상 의료상담, 네트워크 게임 등 다양한 미래형 서비스로 각종 엔터테인먼트를 즐길 수 있고 온도·습도 및 산소 농도를 입주자의 건강상태에 맞춰

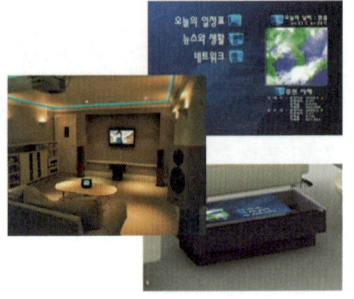

[121] DSSC : 얇은 유리막 사이에 특수염료를 넣어 식물이 광합성을 하듯 빛을 흡수해 전기를 생산해 내는 기술이다. Si나 박막 태양전지와 같이 p형과 n형 반도체의 접합을 사용하지 않고 전기화학적 원리에 의해 전기를 생산하므로 이론효율이 33%에 이르고 친환경적이어서 그린 에너지로 가장 적합한 태양전지이다. 실리콘 태양전지에 비해 전력 생산 효율은 다소 떨어지지만 하루 중 전기를 발생시키는 시간이 길고, 생산 단가가 현저하게 낮다. 플라스틱 기판에 부착하면 건물 곡선 면에도 적용할 수 있고 색상이 다양하다.

[122] T-Commerce : 텔레비전(television)과 상거래(commerce)를 결합한 단어로, 양방향 데이터 방송을 통해 소비자가 TV 시청 중에 전화를 사용하지 않고 전용 리모컨을 사용해 상품 정보를 검색하고 구매하고 결제까지 한번에 마칠 수 있는 양방향 서비스를 말한다. TV 홈쇼핑은 드라마를 보다가 배우의 의상을 구매하려면 PC에서 일일이 해당 상품을 검색해 구매해야 하나 T-커머스의 경우에는 영화나 드라마, 스포츠경기 등을 보다가 화면을 상거래용으로 전환, 상품 정보를 보고 구매할 수 있다.

최적의 상태로 자동 조절해 주는 항공조 시스템이 설치되어 있다. 또한 자연 채광 및 자동 조도 제어가 가능한 시스템이 설치되어 있고, 가정용 로봇이 방범, 원격교육, 가전 등을 제어하여 준다.

 침실에는 음성 인공지능 Speaker로 블라인드, 모션베드(Motion bed), 조명, 빌트인 가구 등을 동작한다. 모션베드에서 TV를 보던 사용자가 몸의 움직임이 없으면 침대가 이를 확인하고 침대의 각도를 자동으로 조절해 주고 조명과 TV 전원 등을 알아서 꺼 주는 등 숙면을 취할 수 있는 취침모드로 전환하여 준다. 또한 상황인식 서비스가 작동하여 사용자의 상황에 따라 조도 및 음향, 환기를 자동으로 제어하며 취침 중에는 재택질병진단시스템이 사용자의 상태를 체크하여 응급상황 발생 시 자동으로 지정 병원 등으로 통보하여 조치하여 준다. 드레스룸에는 옷장에 매직미러가 설치되어 있어 자신에게 맞는 옷을 가상으로 입어 보고 주문하기도 하며, 외부 날씨에 맞는 다양한 드레스 코드를 선택하여 준다.

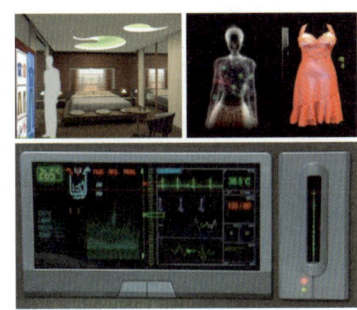

 서재에는 인공지능 시스템이 적용이 되어 사용자의 생활패턴을 인식하고, 최적으로 조명 및 환기 시스템을 작동하고, 화상 회의 시스템 및 자동번역 시스템에 의한 재택근무도 할 수 있다. 더불어 원격으로 화상교육을 실시하고, 활동에 적합한 온습도, 산소농도 제

어 및 학업에 도움을 주는 항공조 시스템과 라이트 테라피(Light Therapy)123를 이용하여 거주자의 심리 상태와 바이오리듬을 최적화해 주고 학업에 도움  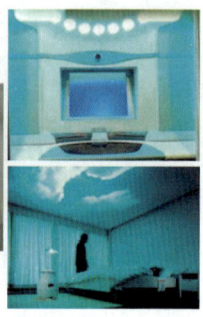 을 주는 바이오 라이팅 시스템이 갖추어져 있다.

주방에는 스마트 조리대가 있어 재료를 조리대에 올려놓으면 자동으로 재료에 적합한 요리 목록을 알려 주고, 매직미러(magic mirror)는 요리를 하다가 손을 사용하기 힘든 상황에서 음성 명령으로 레시피(recipe)를 찾을 수 있다. 또한 싱크대 높이가 사람의 키에 맞춰 자동으로 조절된다. 스마트 냉장고는 저장되어 있는 재료로 조리 가능한 요리를 알려 줄 뿐만 아니라 부족한 요리 재료를 자동 주문하여 주며, IoT 기술을 이용한 야채 재배

---

123 Light Therapy : 혈중의 세로토닌(serotonin) 농도를 증가시키고 뇌에서 세로토닌의 활성도를 높여 준다. 세로토닌의 활성증가는 기분을 밝게 해 주며 우울증을 치료하는 효과가 있으며 또한 식욕을 떨어뜨려 비만의 개선 효과가 있다. 빛은 낮 시간 동안의 멜라토닌(melatonin) 분비를 억제하는 작용을 한다. 빛에 의하여 억제된 멜라토닌이 야간에 집중되어 분비되므로 수면을 유도하고 숙면에 큰 역할을 한다.

장치에 의해 신선한 야채를 자급자족할 뿐 만 아니라 공기청정기 등의 환기 시스템이 작동하여 주방 내 유해물질 제거 하는 등 최적 환경을 조성해 주는 시스템이 설치되어 있다.

욕실은 집 안의 작은 병원이 될 것이다. 욕실의 매직미러 (magic mirror)는 사용자를 인지 하여 피부진단 및 마사지 정보 등을 맞춤 제공하여 주고, 스마트 욕조는 사용자에 따라 사용 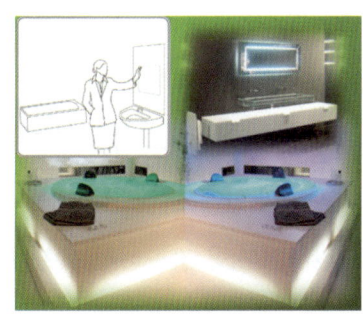 자가 원하는 적당한 온도와 시간을 설정해 줄 뿐만 아니라, 바이오 라이팅 시스템이 적용되어 안락한 분위기에서 목욕할 수 있도록 도움을 준다. 스마트 변기는 건강관리시스템과 연계하여 혈압, 뇨당, 체지방, 맥박 등을 체크하여 운동방법이나 식이요법을 추천해 준다.

공용부 및 부대시설에는 편리하고 경제적이고 안전한 다양한 시설이 갖추어져 있다. 단지 내 상가에는 미국 아마존과 같은 비대면 스마트 쇼핑공간이 설치되어 있어 물건 구매 시 자동으로 결제되어 관리비에 청구가 된다. 커뮤니티 시설에는 AI 헬스장이 설치되어 있어 전문 트레이너가 없어도 사용자가 쉽게 따라 할 수 있도록 운동 프로그램이 제공되고 사용자의 동작을 파악하여 정확한 자세를 코칭해 준다. 또한 단지 내 옥외에 배송된 드론 택배는 택배 로봇에 의해 승강기를 이용하여 세대 앞까지 배송해 주고, 단지 내 지하주차장에는 자율주행 셔틀 주차장이 설치되어 있어 단지 외의 자
율 셔틀과 연계하여 단지 내를 운행하면서 노약자나 장애인들에게 편리하게 사용 가능하게 시설이 되어 있다.

   옥외에는 신재생 에너지(태양광, 태양열, 지열, 연료전지 등)를 이용하여 에너지를 자급자족하고, EMS(Energy Management System)를 적용하여 사용자의 에너지 사용 패턴을 분석하여 효율적으로 에너지를 관리하여 준다. 자동차는 주택에 전력을 공급하고, 주택은 자동차에 연료 공급하는 완전한 스마트 그리드 시스템이 구축될 것이다. 보도블록에는 스마트 페이빙이 설치되어 있어 보행자가 이동하면 에너지가 생산된다. 또한 인공지능으로 운영되는 무인 항공기가 보행자 및 건물을 감시하는 스마트 패트롤이 설치되어 경비원이 감시하기 어려운 고층이나 위험한 지역을 감시해 줄 것이다. 더불어 드론 택배가 가능하도록 드론 착륙장이 설치되고 드론으로 배달된 택배는 단지 내 택배 로봇이 세대까지 배달해 준다.

　지금까지 1차 산업혁명, 2차 산업혁명, 3차 산업혁명 때 산업사회가 어떻게 변화해 왔는지에 대해서 알아보았다. 또한 현재 진행 중인 4차 산업혁명이란 무엇이고, 여기에 따른 4차 산업혁명의 요소기술들은 무엇이 있고, 이러한 요소기술들이 산업에는 어떻게 적용이 되고 더불어서 건설 산업에는 어떻게 활용되고 있는지에 대해서도 알아보았다.

　마지막으로는 이러한 변화에 대응하여 건설 산업도 지속적으로 발전하고 성장하기 위해서는 스마트 건설(Smart Construction), 스마트 시티(Smart City), 스마트 홈(Smart Home) 방향으로 나가야 한다고 제시한다.

Epilogue

4차 산업혁명에 대응하기 위한
건설 산업의 준비

앞에서 산업사회의 변화와 그에 따른 건설 산업의 변화과정, 4차 산업혁명은 무엇인가, 그리고 4차 산업혁명 요소기술과 각각의 요소기술이 건설 산업에 어떻게 적용하고 있는지 사례 중심으로 알아보았고, 마지막으로 4차 산업혁명에 따른 건설 산업의 방향에 대해 알아보았다. 4차 산업혁명은 하드웨어와 소프트웨어의 융합이라고 볼 수 있다. 따라서 하드웨어 기술과 소프트웨어 기술의 기초가 잘 갖추어져 있는 국가가 성공할 수밖에 없다. 하드웨어의 근간은 제조업이고, 대한민국은 독일, 일본과 더불어 제조업 중심 국가이다. 또한 대한민국은 세계적으로 인정해 주는 IT 강국으로서 소프트웨어를 잘할 수 있는 기초가 튼튼한 나라이다. 이러한 좋은 조건에서 성공적으로 4차 산업혁명을 이끌어 간다면 대한민국의 밝은 미래가 보일 것이다.

마지막 정리를 하면서 4차 산업혁명이 가지고 있는 여러 가지 특·장점을 우리 산업과 사회에 빠르게 자리매김하기 위한 몇 가지 제안을 해 본다.

첫째, 다양한 연구 분야의 연구자 간의 협력이 필요하고 이를 뒷받침해 주는 학회, 협회 구성이 필요하다.

둘째, 각 분야에서 나온 우수한 결과물을 바로 상용화할 수 있는 산학협력 체계를 구축해야 하며 이를 위하여 기업은 학교에 필요로 하는 재능과 기술을 요구해야 하고 학교나 교육기관은 이러한 요구사항을 적시적기에 반영한 인력을 양성할 수 있는 학과나 프로그램을 만들어야 한다.

셋째, 정부에서는 필요한 법 개정 및 정비하고, 관련 분야의 인재를 확보하고 육성할 수 있는 국가공인자격 제도 등을 신속히 확보해야 한다.

마지막으로 연구결과에 대한 지식재산권인 산업재산권이나, 지적재산권을 선제적으로 확보하여 3차 산업혁명에서와 같이 선진국에 비해 뒤처지는 실수를 해서는 안 될 것이다.

건설 산업은 인류가 존재하는 한 지속적일 수밖에 없다.

또한 4차 산업혁명은 결코 먼 미래의 이야기가 아니라 현재 진행형이다. 지금부터라도 제대로 준비하지 않으면 생존이 불가능하게 될 것이다. 전통적인 건설 산업의 영역만 고집한다면 효율적인 생산이 불가능하고 타분야와의 갈등도 커질 것이다. 4차 산업혁명의 요소기술들을 건설 생산체계에 반영하여 건설 산업이 타분야에 종속되지 않도록 과거와는 전혀 다른 방식의 설계, 시공, 유지보수 등 전 방위적으로 준비하고 대책을 세워야 할 것이다. 더불어 다른 산업과 융·복합하고 또 다른 신기술, 신공법 등을 발굴하고 개발하는 등의 새로운 시장을 개척하여 영속적으로 건설 산업을 키워 나가야 하겠다.

4차 산업혁명 시대에서는 많은 분야의 직업들이 없어지고 새로운 직업들이 나타날 것이다. 4차 산업혁명 시대에 지속적으로 건설 산업이 성장하고 살아남기 위해서는 1차, 2차, 3차 산업혁명 때 변화와 혁신을 통하여 새롭게 발전해 온 것과 같이 4차 산업혁명 시대에도 다시 한번 변화와 혁신을 통하여 재성장의 도약을 마련하여야 할 것이다.

4차 산업혁명
스마트 건설, 스마트 시티, 스마트 홈

초판 인쇄 발행일 2023년 1월 2일

지은이   김선근
펴낸이   이종권
펴낸곳   (주)한솔아카데미
출판등록 1998년 2월 19일 제 16-1608호

주소   서울시 서초구 마방로 10길 25 트윈타워 A동 2002호
전화   02 575 6144
팩스   02 529 1130
홈페이지 www.bestbook.co.kr

ISBN   979-11-6654-259-6   93320
정가   19,500원

※ 잘못 만들어진 책은 구입하신 서점에서 바꾸어 드립니다.